U0183915

"十四五"高等教育智能制造专业群系列教材

机械工程测试技术基础

杜向阳◎主编

中国铁道出版社有限公司

2023年·北京

内 容 简 介

本书是一本介绍检测技术的专业基础教材,涵盖了工程类检测技术相关内容,既包括传统的检测技术,也包括智能传感器、智能网络传感器等新生的检测技术。

全书共 11 章,包括绪论、信号及其描述、测试装置基本特性、传感器、模拟信号的获取与处理、数字信号的获取与处理、测量误差分析与处理、虚拟仪器及 LabVIEW 技术、智能检测技术、嵌入式系统与开发和实训练习等。

本书力求知识的全面性、应用性、实用性,能够同时满足高等教育自动化、机械、仪器仪表、测控等工程类的传统专业和智能制造等新专业检测教学培养的需要,也可供力学、化工等专业的学生学习。

图书在版编目(CIP)数据

机械工程测试技术基础 / 杜向阳主编 . —北京:
中国铁道出版社有限公司,2023.7
"十四五"高等教育智能制造专业群系列教材
ISBN 978-7-113-29919-4

Ⅰ.①机… Ⅱ.①杜… Ⅲ.①机械工程-测试技术-
高等学校-教材 Ⅳ.①TG806

中国国家版本馆 CIP 数据核字(2023)第 020467 号

书　　名:**机械工程测试技术基础**
作　　者:杜向阳

策　　划:曾露平　　　　　编辑部电话:(010)63551926
责任编辑:曾露平
封面设计:郑春鹏
责任校对:安海燕
责任印制:樊启鹏

出版发行:中国铁道出版社有限公司(100054,北京市西城区右安门西街 8 号)
网　　址:http://www.tdpress.com/51eds/
印　　刷:三河市兴达印务有限公司
版　　次:2023 年 7 月第 1 版　2023 年 7 月第 1 次印刷
开　　本:787 mm×1 092 mm　1/16　印张:15　字数:364 千
书　　号:ISBN 978-7-113-29919-4
定　　价:45.00 元

前　言

党的二十大报告中指出"要建设现代化产业体系,坚持把发展经济的着力点放在实体经济上,推进新型工业化,加快建设制造强国、质量强国、航天强国、交通强国、网络强国、数字中国。"检测技术和检测系统是获取各种物理信息的必要手段。在当今的信息时代,各行各业的工程技术人员都必须具备这方面的专业知识。

检测技术是以物理学、生物学、电子学、微电子学、自动控制、计算机等为基础的一门综合性很强的技术学科。它的发展依赖于生产工艺的提高、大规模和超大规模集成电路的发展、计算机技术的发展和各种新型材料的出现等;另一方面,人们对研究对象更深入的了解以及研究领域的进一步拓宽,也推动了检测技术的发展。从设立这门课至今已有40多年的历史。在这些年中,随着时间的推移和科技的发展,新测量技术不断涌现,如生物传感器、IC测试、虚拟仪器和网络、智能测试技术等在不断产生和发展,已成为测试领域新的态势。我们认为科学技术发展到今天,这门课程也应同步发展,有必要让学生了解和掌握这些新技术、新器件和新方法,以便学生毕业后踏上工作岗位,能跟上时代的步伐。为适应现阶段工程生产的要求,也为了适应国内高等院校各传统专业及智能制造工程等新专业教学培养需求,培养具有可以适应现代工程生产能力和创新能力,跟上不断发展的技术步伐的现代化人才,决定编写《机械工程测试技术基础》。该书既能满足原有传统专业同时又满足新专业检测教学人才培养需要。

在编写本书时,考虑当今培养的学生应是具有多元化专业基础知识的综合性人才,因此,全书除了对各种检测技术进行原理性介绍以外,在应用方面进行了突出介绍。这不仅能满足学生的好奇心以及对新事物强烈渴求的愿望,也可以提高他们检测基础方面的完整性。

本书力求检测技术的全面性、系统性、简洁性,有利于不同专业的同学选择本专业相应的内容,并形成完整的专业检测知识体系,前10章后有复习与思考,帮助同学们对所学知识进行理解和巩固。

本书由上海工程技术大学杜向阳任主编,苗晓丹、孙晓任副主编。杜向阳负责第1、3章、第5~11章的编写工作;李桂琴负责第4章的编写工作;苗晓丹负责2.1~2.3节的编写工作、孙晓负责2.4节的编写工作。

由于编者水平有限,加之检测技术发展迅速,书中难免有不足和不妥之处,殷切希望各院校师生和广大读者提出宝贵意见。

编　者
2023 年 1 月

目　录

第1章　绪　论 ………………………… 1

1.1　测试技术的地位及作用 ………… 1
1.2　测试技术的种类及系统组成 …… 1
1.3　现代测试技术的发展动向 ……… 2
思考与练习 ………………………… 3

第2章　信号及其描述 ………………… 4

2.1　信号的分类和描述 ……………… 4
2.2　周期信号 ………………………… 8
2.3　非周期信号 ……………………… 9
2.4　随机信号 ………………………… 11
思考与练习 ………………………… 23

第3章　测试装置基本特性 …………… 26

3.1　概　述 …………………………… 26
3.2　测量系统的静态特性 …………… 28
3.3　测量系统的动态特性 …………… 30
3.4　实现不失真测量的条件 ………… 40
3.5　测量系统动态特性参数的测定 … 42
思考与练习 ………………………… 44

第4章　传　感　器 …………………… 45

4.1　概　述 …………………………… 45
4.2　电阻式传感器 …………………… 46
4.3　电感式传感器 …………………… 49
4.4　涡流式传感器 …………………… 53
4.5　电容式传感器 …………………… 57
4.6　热敏电阻 ………………………… 61
4.7　压电式传感器 …………………… 63
4.8　热电偶 …………………………… 65

4.9　光电传感器 ……………………… 67
4.10　红外传感器 …………………… 72
4.11　超声波传感器 ………………… 75
4.12　毫米波雷达传感器 …………… 76
4.13　数字式传感器 ………………… 77
4.14　生物传感器 …………………… 90
思考与练习 ………………………… 101

第5章　模拟信号的获取与处理 …… 103

5.1　概　述 ………………………… 103
5.2　电　桥 ………………………… 103
5.3　信号的调制与解调 …………… 108
5.4　信号的放大与滤波 …………… 112
5.5　模拟信号的显示与记录 ……… 117
思考与练习 ……………………… 119

第6章　数字信号的获取与处理 …… 121

6.1　数字信号获取与处理系统简介 … 122
6.2　模拟信号的数字化 …………… 122
6.3　数字信号的预处理 …………… 126
6.4　数字信号处理 ………………… 127
思考与练习 ……………………… 136

第7章　测量误差分析与处理 ……… 137

7.1　测量误差 ……………………… 137
7.2　系统误差的发现与剔除 ……… 140
7.3　随机误差分析 ………………… 144
7.4　粗大误差的判定与剔除 ……… 148
7.5　测量结果误差的估计 ………… 150
7.6　误差分配与测量方案的选择 … 155
思考与练习 ……………………… 156

第8章 虚拟仪器及 LabVIEW 技术 …… 158

8.1 虚拟仪器概述 ………… 158

8.2 虚拟仪器的分类 ………… 160

8.3 虚拟仪器软件 LabVIEW ……… 162

8.4 用 LabVIEW 进行测试仪器编程实例 …… 165

8.5 程序调试技术 ………… 166

8.6 LabVIEW 测量与控制模块 …… 167

思考与练习 ………… 168

第9章 智能检测技术 ………… 169

9.1 独立智能传感器 ………… 170

9.2 智能传感器网络 ………… 170

9.3 多传感器信息融合 ………… 190

思考与练习 ………… 193

第10章 嵌入式系统与开发 …… 194

10.1 主控计算单元 MCU 的发展 …… 194

10.2 单片机基础知识 ………… 199

10.3 ARM 基础知识 ………… 206

10.4 MIPS 基础知识 ………… 210

10.5 嵌入式操作系统与嵌入式编程 … 212

思考与练习 ………… 215

第11章 实训练习 ………… 216

11.1 电阻式传感器的振动实验 …… 216

11.2 压电加速度式传感器的特性实验 …… 217

11.3 超声波传感器的位移特性实验 … 217

11.4 湿度式传感器的原理实验 …… 219

11.5 低压电力线中继远程抄表 …… 219

参考文献 ………… 234

第1章
绪　论

学习目标

1. 了解测试技术的含义及系统组成基本内容；
2. 掌握电测法的概念、特点、系统基本组成及各部分的功能；
3. 了解测试技术的应用领域、发展方向；
4. 明确测试技术的任务、学习方法及学习要求。

在改革开放的过程中，机械工业面临着提高技术、更新产品的要求，这就需要革新生产技术，改善经营管理，提高产品质量和经济效益。机械工程测试技术是机械工业满足上述各方面需求的基础技术之一。

1.1　测试技术的地位及作用

人类认识客观世界和掌握自然规律的实践途径之一是试验性的测量——测试。测试技术包括测量和试验两方面，它应用于不同的领域并在各个自然科学研究领域起着重要作用。从尖端技术到生活中的家电，从国防到民用，都离不开测试技术。先进的测试技术也是生产系统不可缺少的一个组成部分。机械工程测试过程一般为从检测对象拾取机械状态信号，再将机械状态信号转换为电信号，信号经中间变换与处理后输入后续处理设备进行分析处理，提取有用信息，然后显示与记录。

机械工程测试包括测量、试验、计量、检验、故障诊断等。

1.2　测试技术的种类及系统组成

测试的目的就是获得研究对象的状态、运动和特征等方面的信息。测试技术的种类以传感器输出的形式分类，常见的有机械测试技术、光学测试技术和电测技术。电测技术显示出突出的优势。电测技术具有下列主要优点：

①准确度和灵敏度高，测量范围广；
②电子装置惯性小，测量的反应速度快，具有比较宽的频率范围；

③能自动连续地进行测量,便于自动记录,并能根据测量结果,配合调节装置,进行自动调节和自动控制;

④采用微处理器组成智能化仪器,可与微型计算机一起构成测量系统,实现数据处理,误差校正,自监视和仪器校准功能;

⑤可以进行远距离测量,从而能实现集中控制和遥远控制;

⑥从被测对象取用功率小,甚至完全不取用功率,也可以进行无接触测量,减少对被测对象的影响,提高测量精度。

测试系统的结构框图如图1.1所示,它由传感器、信号变换、信号处理或微型计算机等环节组成或经信号变换环节后,直接显示和记录。

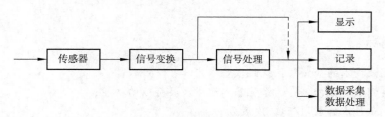

图 1.1　测试系统的结构框图

传感器是将外界信息按一定规律转换成可以被该测试系统识别的物理形式的装置。电测技术的传感器是将外界信息按一定规律转换成电量(电压、电流、频率等)的装置,然后对该电信号进行测量,从而确定被测量的值。它是实现自动检测和自动控制的首要环节。目前除利用传统的结构型传感器外,大量物性型传感器被广泛采用。结构型传感器是以物体(如金属膜片)的变形或位移来检测被测量的,物性型传感器是利用材料固有特性来实现对外界信息的检测,它有半导体类、陶瓷类、光纤类及其他新型材料等。

信号变换环节是对传感器输出的电信号进行加工,如将信号除噪、功率放大、调制与解调等。原始信号经该环节处理后,变换成具有一定信噪比、便于识别、便于传输、记录、显示、转换以及可进一步后续处理的信号。

1.3　现代测试技术的发展动向

随着材料科学、微电子技术和计算机技术的发展,测试技术也在迅速发展,从单一学科向多学科相互借鉴和渗透,形成综合各学科成果的测量系统。智能传感器和计算机技术的发展和应用,使得测试系统向自动化、智能化和网络化的方向发展;测试系统的在线实时测试能力在迅速提高;测试与控制密切结合,实现"以信息流控制能量流和物质流"。

测试项目和测试范围与日俱增,测试对象趋向复杂,测试速度和测试精度要求不断提高,这就使传统的单机单参数测试已经不能适应科技发展的要求,迫切要求测试技术不断改进与完善,自动测试系统是适应该要求的产物。自动测试系统(Automatic Test System,ATS)是指以计算机为核心,在程控指令的指挥下,能自动完成某种测试任务而组合起来的测试仪器和其他设备的有机整体。自动测试系统是将测试技术与计算机技术和通信技术有机结合在一起的产物。

作为直接与被测量接触的测试系统第一环节的传感器,其主要发展趋势有下面几个:

一是开展基础研究,探索新理论,发现新现象,开发传感器的新材料和新工艺;

二是实现传感器的集成化、多功能化和智能化;

三是研究生物感官,开发仿生传感器。

思考与练习

1. 简述测试的目的是什么?
2. 简述电测技术的主要优点。
3. 简述传感技术和测试系统的现状和发展方向。
4. 举例说明测试技术在工业自动化生产中的应用。

第 2 章

信号及其描述

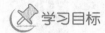学习目标

1. 了解信号的种类、特点；
2. 掌握信号的描述方式、确定信号时域描述与频域描述转换的数学方法；
3. 熟练掌握周期信号与非周期信号的频谱分析方法、步骤及其频谱特点；
4. 了解随机信号的统计特征参数，掌握稳态信号、非稳态信号的分析方法。

信号有确定性信号和随机信号两大类，确定性信号有周期信号和非周期信号的类别，确定性信号与非周期信号还有各自的种类，同样随机信号也有自己的类别。对不同类型的信号进行分析研究，使用的方法也有差异，只有使用了正确的方法，才能获得真实可靠的相关信息。因此，看待问题，使用的方法不能千篇一律，需要有针对性地使用对应的方法进行研究、处理，对症下药，才能获得有效的结果。

在生产实践和科学试验中，通过对被测对象的测量将获得大量的与被测对象特性相关的物理量信号。这些信号常以随时间变化的波形表达出来。信号是信息的载体，包含着所需要的信息，信息则是信号所载的内容。信息与信号是互相联系的两个概念，但信号不等于信息，在大多数情况下，仅通过对这些波形的一般观察，是很难获取所需要的信息的。信号分析的目的是：突出、识别、提取信号中的有用信息。信号的频谱分析，是最经典的信号分析技术之一。

2.1　信号的分类和描述

2.1.1　信号的分类

对实际信号，可以从不同角度、不同特征以及不同的使用目的进行分类。

①根据信号函数的自变量连续与否，可将信号分为连续信号与离散信号两种。

若信号在时域的数学表达式中的自变量（时间）取值是连续的，则称为连续信号；如果信号中的自变量取离散值，则称为离散信号，如图 2.1 所示。时间和幅值均为连续的信号称为模拟信号。若信号的自变量和幅值都取离散值的，称为数字信号，模拟信号与数字信号的幅值可以

是连续的,也可以是离散的。这里"数据"与"信号"可以通用。计算机的输入、输出信号都是数字信号。

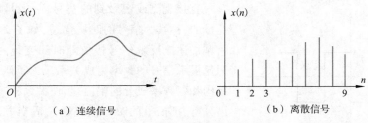

（a）连续信号　　　　　　　　（b）离散信号

图 2.1　连续信号与离散信号

②根据随时间变化,函数值是否变化,可将信号分为静态信号和动态信号。以表达公式为依据,动态信号可以被分为确定性信号(确切信号)和非确定性信号(随机信号),其分类如图 2.2 所示。

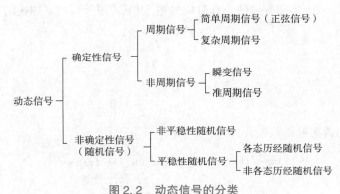

图 2.2　动态信号的分类

可以用明确的数学关系式描述的信号称为确定性信号,它可以进一步分为周期信号和非周期信号。最简单的周期信号,即简谐信号是正(余)弦信号,它可以用幅值、频率和初相角三个参数加以描述。除了正(余)弦波以外还有各种矩形波、三角波、锯齿波、脉冲波以及其他形式的复杂周期信号,它们是由有限个周期信号合成的,各周期信号的频率比是有理数,有周期的整数公倍数,即有共同的周期。

非周期信号是指在时域上不按周期重复出现的,但仍可用明确的数学关系式描述的信号,它包括准周期信号和瞬变非周期信号。准周期信号是由有限个周期信号合成的,但各周期信号的频率比不是有理数,所以没有周期的整数公倍数,即没有共同的周期。它们在合成后不可能经过某一周期重演,所以不是周期信号。这种信号的频谱和周期信号类似为离散谱,所以称为准周期信号。除了准周期信号以外的非周期信号都属于瞬变非周期信号,我们通常所说的非周期信号就是指这种信号。

非确定性信号又称为随机信号,它无法用确切的数学关系式描述,其幅值、频率和相位的变化都是随机的,往往用统计参数的概念和数学公式描述它们。

2.1.2　信号的时域描述和频域描述

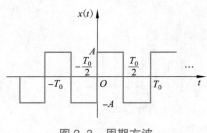

图 2.3　周期方波

直接观测或记录到的信号,一般是以时间为独立变量的,称其为信号的时域描述,如图 2.3 所示。信号时域描述能反映信号幅值随时间变化的关系,而不能明显揭示信号的频率组成关系。为了研究信号的频率结构和各频率成分的幅值、相位关系,应对信号进行频谱分析,把信号的时域描述通过适当方法变成信号的频域描述,即以频率为独立变量来表示信号。把信号中各次谐波的幅值和相位随频率不同而变化的规律称为信号的频谱特性,其中幅值随频率变化的规律为幅频特性,相位随频率变化的规律为相频特性。以频率为横坐标,以对应的幅值或相位为纵坐标画出的图形称为信号的频谱图。

例如,图 2.3 是一个周期方波的一种时域描述,而下式则是其时域描述的函数形式

$$\begin{cases} x(t)=x(t+nT_0) \\ x(t)=\begin{cases} A & 0<t<\dfrac{T_0}{2} \\ -A & -\dfrac{T_0}{2}<t<0 \end{cases} \end{cases} \tag{2.1}$$

若该周期方波应用傅里叶级数展开,即得

$$x(t)=\frac{4A}{\pi}\left(\sin \omega_0 t+\frac{1}{3}\sin 3\omega_0 t+\frac{1}{5}\sin 5\omega_0 t+\cdots\right) \tag{2.2}$$

式中,$\omega_0=\dfrac{2\pi}{T_0}$。

此式表明该周期方波是由一系列幅值和频率不等、相角为零的正弦信号叠加而成的。可改写成

$$x(t)=\frac{4A}{\pi}\left(\sum_{n=1}^{\infty}\frac{1}{n}\sin \omega t\right) \tag{2.3}$$

式中,$\omega=n\omega_0$,$n=1,3,5,\cdots$。可见,此式除 t 之外尚有另一变量 ω 是信号的频率。若视 t 为参变量,以 ω 为独立变量,则此式即为该周期方波的频域描述。在信号分析中,将组成信号的各频率成分找出,按序排列,得出信号的"频谱"。若以频率为横坐标、分别以幅值或相位为纵坐标,便分别得到信号的幅频谱或相频谱。图 2.4 为该周期方波的时域图形、幅频谱和相频谱三者的关系。

表 2.1 列出两个同周期方波波形及其幅频谱、相频谱。在时域中,两方波除彼此相对平移 $T_0/4$ 之外,其余完全一样。两者的幅频谱虽相同,相频谱却不同。平移使各频率分量产生了 $n\pi/2$ 相角,n 为谐波次数。

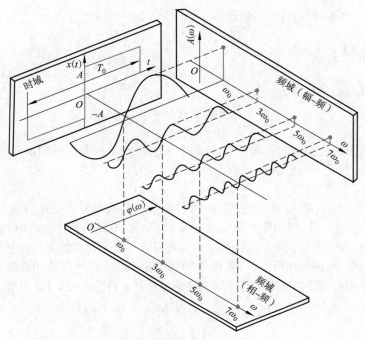

图 2.4 周期方波的描述

表 2.1 周期方波的频谱

时域波形	幅频谱	相频谱
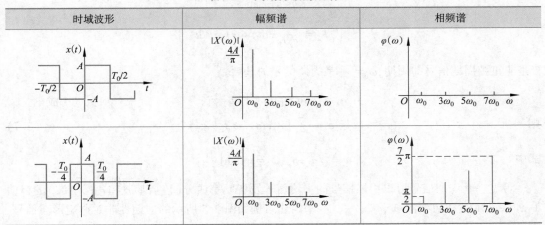		

总之,每个信号有其特有的幅频谱和相频谱。故在频域中每个信号都需同时用幅频谱和相频谱描述。信号时域描述直观地反映出信号瞬时值随时间变化的情况;频域描述则反映信号的频率组成及其幅值、相角之大小。为了解决不同问题,往往需要掌握信号不同方面的特征,因而可采用不同的描述方式。

例如,评定机器振动烈度,需用振动速度的均方根值作为判据。若速度信号采用时域描述,就能很快求得均方根值。而在寻找振源时,需要掌握振动信号的频率分量,这就需采用频域描述。实际上,两种描述方法能通过傅里叶函数相互转换。

2.2 周期信号

满足下列关系的信号为周期信号

$$x(t) = x(t+nT)$$
$$n = \pm1, \pm2, \cdots \tag{2.4}$$

周期信号每隔一定的时间 T 又重复出现同一值,时间 T 则是该周期信号的周期。最简单的周期信号(简谐信号)为正弦信号

$$x(t) = A\sin(\omega t + \varphi) \tag{2.5}$$

式中,A 为正弦信号的幅值;ω 为正弦信号的角频率;φ 为正弦信号的相角。利用这三个基本要素就可以确切地描述一个正弦信号,并使问题简单化。在电路分析中正是利用三要素来描述交流电压和交流电流,使交流电路的分析变得简便可行。除了简单的正弦信号外,常见的还有许多其他的周期信号,例如矩形波、三角波、锯齿波、各种形式的周期脉冲波等复杂周期信号,一般的工程技术中所遇到的周期信号都能满足狄里赫利条件,所以都可以用傅里叶级数展开

$$x(t) = a_0 + \sum_{k=1}^{\infty} (a_k\cos k\omega_0 t + b_k\sin k\omega_0 t)$$

$$a_0 = \frac{1}{T}\int_0^T x(t)\,\mathrm{d}t$$

式中
$$a_k = \frac{2}{T}\int_0^T x(t)\cos k\omega_0 t\mathrm{d}t \tag{2.6}$$

$$b_k = \frac{2}{T}\int_0^T x(t)\sin k\omega_0 t\mathrm{d}t$$

T 是非正弦周期信号的周期,$\omega_0 = \dfrac{2\pi}{T}$ 是周期信号的基频。

若令
$$a_k = A_k\sin \varphi_k, b_k = A_k\cos \varphi_k,$$

则
$$x(t) = a_0 + \sum_{k=1}^{\infty} \left[A_k\sin(k\omega_0 t + \varphi_k) \right] \tag{2.7}$$

式中
$$A_k = \sqrt{a_k^2 + b_k^2}, \varphi_k = \arctan\left(\frac{a_k}{b_k}\right)$$

可见一个周期信号可以用该信号的平均值 a 及各频率成分(包括基波和各次谐波)的幅值 $A_1, A_2, \cdots, A_k\cdots$ 和初相位 $\varphi_1, \varphi_2, \cdots, \varphi_k\cdots$ 来描述。例如图 2.5 所示的周期性非对称矩形波信号

$$x(t) = \begin{cases} 1 & \left(KT < t < KT + \dfrac{T}{2}\right) \\ 0 & \left(t = KT, KT + \dfrac{T}{2}\right) \quad (K = 0, \pm1, \pm2, \cdots) \\ -1 & \left(KT - \dfrac{T}{2} < t < KT\right) \end{cases} \tag{2.8}$$

上述周期信号用傅里叶级数展开。并由式(2.3)~(2.5),式(2.7)求出 t_0, A_k 及 φ_i,得其展

开傅里叶级数式为

$$x(t) = \frac{4}{\pi}\left(\sin \omega_0 t + \frac{1}{3}\sin 3\omega_0 t + \frac{1}{5}\sin 5\omega_0 t + \cdots + \frac{1}{k}\sin k\omega_0 t + \cdots\right) \tag{2.9}$$

周期性非对称矩形波的幅值频谱如图 2.6 所示。傅里叶级数除了用三角函数表示外还可以用复指数形式表示。

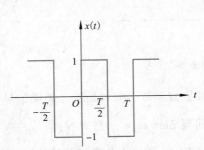

图 2.5　周期性非对称矩形波

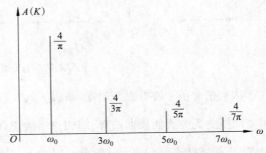

图 2.6　周期性矩形波的幅值频谱

周期信号的频谱具有三个特点。

（1）离散性：周期信号的频谱是离散的。

（2）谐波性：每条谱线只出现在基波频率的整倍数上，基波频率是诸分量频率的公约数。即周期信号各频率比为有理数。

（3）衰减性：各频率分量的谱线高度表示该谐波的幅值或相位角。工程中常见的周期信号，其谐波幅值总的趋势是随谐波次数的增高而减小的。因此，在频谱分析中没有必要取次数过高的谐波分量。

2.3　非周期信号

能用数学关系式描述的，但在时间上"不具有周而复始"出现的、不属于周期类的确定信号，定义为非周期信号。它包括准周期信号和瞬变非周期信号。

2.3.1　准周期信号

"准"具有"伪"的象征，准周期信号是由彼此频率比不全为有理数的两个及以上简谐信号叠加而成的信号，可用下式表示

$$x(t) = \sum_{n=1}^{\infty} A_n \sin(\omega_n t + \varPhi_n) \tag{2.10}$$

式中，$n = 1, 2, 3, \cdots, i, j, \cdots$；且 $\dfrac{\omega_j}{\omega_i}\left(\text{或}\dfrac{f_j}{f_i}\right) \neq$ 有理数。

信号仍然保持着离散谱的特点，处理方法同周期函数，即可以用傅里叶级数展开。

2.3.2　瞬变非周期信号

除了准周期信号以外的非周期信号均属于瞬变非周期信号，通常所说的非周期信号即该

信号,包括指数衰减函数[图2.7(a)]、阻尼振荡函数[图2.7(b)]、单位阶跃[图2.7(c)]、正态分布[图2.7(d)]。瞬变信号的特点:该信号沿时间 t 是收敛的,所以属于"能量有限信号"。

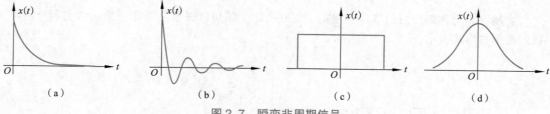

| （a） | （b） | （c） | （d） |

图2.7 瞬变非周期信号

非周期信号由于没有重复周期,所以无法用傅里叶级数展开。但如果把非周期信号看成是重复周期为无穷大的周期信号,即频谱谱线之间的间隔 $\Delta\omega = \omega_0 = \dfrac{2\pi}{T}$ 趋于零,信号的频谱无限密集,于是离散谱就变成了连续谱。同时,由于周期无穷大,信号中各频率分量的振幅 C_k 都是无穷小量,可得式

$$X(\omega) = \int_{-\infty}^{\infty} x(t)\,\mathrm{e}^{-\mathrm{j}\omega t}\,\mathrm{d}t \tag{2.11}$$

式中, $X(\omega)$ 为信号 $x(t)$ 的频谱密度函数,简称频谱函数。

$$x(t) = \lim_{T\to\infty}\sum_{k=-\infty}^{\infty} C_k \mathrm{e}^{\mathrm{j}k\omega_0 t} = \lim_{T\to\infty}\sum_{k=-\infty}^{\infty} \frac{X(\omega)}{T}\mathrm{e}^{\mathrm{j}k\omega_0 t}$$

$$= \frac{1}{2\pi}\int_{-\infty}^{\infty} X(\omega)\mathrm{e}^{\mathrm{j}\omega t}\,\mathrm{d}\omega \tag{2.12}$$

式(2.12)就是非周期性信号的傅里叶积分表达式,式(2.11)和式(2.12)构成一对傅里叶变换式。前者称为傅里叶正变换式,后者称为傅里叶反变换式,分别记为

$$X(\omega) = F\{x(t)\} = \int_{-\infty}^{\infty} x(t)\,\mathrm{e}^{-\mathrm{j}\omega t}\,\mathrm{d}t \tag{2.13}$$

$$x(t) = F^{-1}\{X(\omega)\} = \frac{1}{2\pi}\int_{-\infty}^{\infty} X(\omega)\,\mathrm{e}^{\mathrm{j}\omega t}\,\mathrm{d}\omega \tag{2.14}$$

傅里叶变换有许多性质,这些性质揭示了信号的时域特性和频域特性之间某方面的重要联系,这些性质的实际应用常使计算工作简化。表2.2列出了其中的一些主要性质。

表2.2 傅里叶变换主要特性

性质名称	时域	频域
线性叠加性质	$ax(t)+by(t)$	$aX(\omega)+bY(\omega)$
对称性质	$X(t)$	$2\pi x(-\omega)$
尺度改变性质	$x(kt)$	$\dfrac{1}{k}X\left(\dfrac{\omega}{k}\right)$
时移性质	$x(t\pm t_0)$	$X(\omega)\mathrm{e}^{\pm\mathrm{j}\omega t_0}$
	$x(t)\mathrm{e}^{\mp\mathrm{j}\omega_c t}$	$X(\omega\pm\omega_c)$

续上表

性质名称	时域	频域
微分性质	$\dfrac{\mathrm{d}^k x(t)}{\mathrm{d}t^k}$	$(\mathrm{j}\omega)^k X(\omega)$
积分性质	$\displaystyle\int_{-\infty}^{t} x(t)\,\mathrm{d}t$	$\dfrac{1}{\mathrm{j}\omega} X(\omega)$
卷积性质	$x(t)*y(t)$ $x(t)y(t)$	$X(\omega)Y(\omega)$ $\dfrac{1}{2\pi}X(\omega)*Y(\omega)$
巴什瓦尔等式	$\displaystyle\int_{-\infty}^{\infty}\big[x(t)\big]^2\mathrm{d}t = \frac{1}{2\pi}\int_{-\infty}^{\infty}\big[X(\omega)\big]^2\mathrm{d}t$	

* 表示卷积符号。

2.4 随机信号

　　随机信号是非确定性信号,它不是一个确定的时间函数,且幅值、相位的变化是不可预知的。例如,汽车奔驰时受道路作用而产生的振动,飞机在飞行时受大气湍流作用而发生的颠簸,树叶随风飘荡,环境噪声等这些物理过程中的很多信号都是随机信号。

　　对随机信号按时间历程所作的各次长时间观测记录称为样本函数(图2.8的 $x_1(t)$,…, $x_5(t)$ 中任意一条坐标系总的记录数据);在同一测试条件下,全部样本函数的集合(图2.8中所有坐标系总的记录数据总体)就是随机过程。

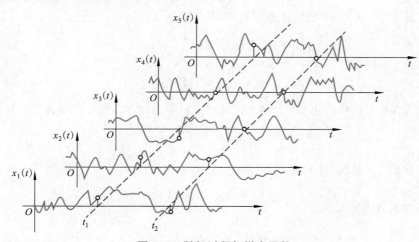

图 2.8　随机过程与样本函数

　　由于随机信号的非确定性,对于一个无限长存在的随机信号似乎要用无限长的信号内容才能描述整个过程,得到分析结果。但这在实际情况中是不可能的,只能根据仪器的容量取一个有限长的信号来做分析(图2.8的 $x_1(t)$,…, $x_5(t)$ 中任意一条坐标系 $t_1 \sim t_2$ 时间段的记录数据),将这一有限长的信号称为样本或者样本记录,可由样本记录求出描述随机信号特征的统

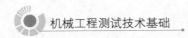

计数学指标。

虽然,随机信号的函数值是不可预计的,但对于平稳随机信号(或更严格地限定为各态遍历信号),随机信号的统计数学指标则是可知的。一个随机时间信号 $x(t)$,如果其均值与时间 t 无关,则其自相关函数 $R_{xx}(t_1, t_2)$ 和 t_1, t_2 的选取起点无关,而仅和 t_1, t_2 之差有关,那么,称 $x(t)$ 为宽平稳的随机信号,或广义平稳随机信号。对一平稳信号 $x(t)$,如果它的所有样本函数在某一固定时刻的一阶和二阶统计特性和单一样本函数在长时间内的统计特性一致,则称 $x(t)$ 为各态历经(遍历)信号。工程上的随机信号大多被假设为各态历经信号处理,并能取得较好的结果。如果已知随机信号不是平稳随机信号,则不能采用该简化处理的方法,只能对整个过程进行检测,化随机信号为确定信号。

2.4.1 平稳随机信号的主要统计参数

1. 均值

均值是随机信号的样本记录在整个时间坐标上的平均,即

$$\mu_x = E[x(t)] = \lim_{T \to \infty} \frac{1}{T} \int_0^T x(t) \, dt \tag{2.15}$$

在实际处理时,由于无限长时间的采样是不可能的,所以,取有限长的样本作估计

$$\hat{\mu}_x = \frac{1}{T} \int_0^T x(t) \, dt \tag{2.16}$$

平均值表示了信号中直流分量、稳态分量的大小。

2. 均方值

均方值是信号平方值的均值,或称平均功率,其表达式为

$$\varphi_x^2 = E[x^2(t)] = \lim_{T \to \infty} \frac{1}{T} \int_0^T x^2(t) \, dt$$

$$\hat{\varphi}_x^2 = \frac{1}{T} \int_0^T x^2(t) \, dt \tag{2.17}$$

均方值表达式表示了信号的功率。均方值的正平方根称为均方根值 x_{rms},又称为有效值。

$$\hat{x}_{rms} = \sqrt{\hat{\varphi}_x^2} = \sqrt{\frac{1}{T} \int_0^T x^2(t) \, dt} \tag{2.18}$$

它是信号平均能量(强度)的另一种表达。

3. 方差

信号 $x(t)$ 的方差定义为

$$\sigma_x^2 = E[(x(t) - E[x(t)])^2] = \lim_{T \to \infty} \frac{1}{T} \int_0^T [x(t) - \mu_x]^2 \, dt \tag{2.19}$$

方差是信号减去平均值后的均方值,它反映了信号相对于均值的分散程度。均值 μ、均方值 φ_x^2 和方差 σ_x^2 三者之间具有下述关系

$$\varphi_x^2 = \mu_x^2 + \sigma_x^2 \tag{2.20}$$

4. 概率密度函数

随机信号的概率密度函数定义为

$$P(x) = \lim_{\Delta x \to 0} \frac{P[x < x(t) \leqslant x + \Delta x]}{\Delta x} \qquad (2.21)$$

对于各态历经过程 $P(x) = \lim\limits_{\Delta x \to 0} \frac{1}{\Delta x} \lim\limits_{T \to \infty} \frac{T_x}{T}$

式中，$P[x < x(t) \leqslant x + \Delta x]$ 表示瞬时值在 Δx 范围内可能出现的概率；$T_x = \Delta t_1 + \Delta t_2 + \cdots$ 表示在 $0 \sim T$ 这段时间里，信号瞬时值在 Δx 区间的时间，如图 2.9 所示，一般在有限长时间取样长度上求出其估计值。

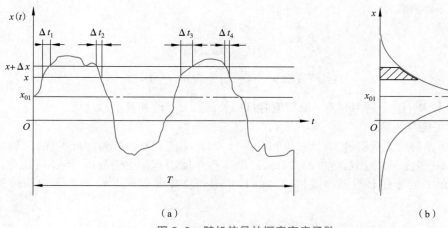

（a）　　　　　　　　　　　　　　　　（b）

图 2.9　随机信号的概率密度函数

$$\hat{P}(x) = \frac{T_x}{T \Delta x} = \frac{\Delta t_1 + \Delta t_2 + \cdots}{T \Delta x} \qquad (2.22)$$

5. 随机信号的相关函数

相关函数是描述两个信号之间的关系或其相似程度，也可以描述同一个信号的现在值与过去值的关系。

（1）自相关函数

自相关函数 $R_{xx}(t)$ 是信号 $x(t)$ 与其经 τ 时移后得到的信号 $x(t+\tau)$ 相乘，再作积分平均运算，即

$$R_{xx}(\tau) = \lim_{T \to \infty} \frac{1}{T} \int_0^T x(t) x(t+\tau) \mathrm{d}t \qquad (2.23)$$

在实际处理时常用它的估计值

$$\hat{R}_{xx}(\tau) = \frac{1}{T} \int_0^T x(t) x(t+\tau) \mathrm{d}t \qquad (2.24)$$

（2）互相关函数

将两个随机信号的互相关函数定义为

$$\hat{R}_{xy}(\tau) = \frac{1}{T} \int_0^T x(t) y(t+\tau) \mathrm{d}t \qquad (2.25)$$

（3）相关系数函数

由于相关函数与信号 $x(t)$，$y(t)$ 本身的大小有关，所以仅根据相关函数值的大小并不能确切反映信号的相关程度。故把相关函数作归一化处理，除去信号本身幅值大小对度量结果的影响，引入相关系数函数。

自相关系数函数为

$$P_{xx}(\tau) = \frac{R_{xx}(\tau)}{R_{xx}(0)} \tag{2.26}$$

互相关系数函数为

$$P_{xy}(\tau) = \frac{R_{xy}(\tau)}{\sqrt{R_{xx}(0)R_{yy}(0)}} \tag{2.27}$$

$$x(t) = F^{-1}\{X(\omega)\} = \frac{1}{2\pi}\int_{-\infty}^{\infty} X(\omega)\,\mathrm{e}^{\mathrm{j}\omega t}\,\mathrm{d}\omega \tag{2.28}$$

式中，$R_{xx}(0)$ 和 $R_{yy}(0)$ 分别为时差 τ 取零值时自相关函数 $R_{xx}(\tau)$ 和 $R_{yy}(\tau)$ 的值。

6. 功率谱密度函数

随机信号是时域无限信号，不具备可积分条件，因此不能直接进行傅里叶变换，又因为随机信号的频率、幅值、相位都是随机的，因此，一般不作幅值谱和相位谱分析，而是用具有统计特性的功率谱密度来作谱分析。随机信号的自功率谱密度函数是其自相关函数的傅里叶变换。

$$S_x(\omega) = \int_{-\infty}^{\infty} R_{xx}(\tau)\,\mathrm{e}^{-\mathrm{j}\omega t}\,\mathrm{d}\tau \tag{2.29}$$

所以

$$R_{xx}(\tau)\frac{1}{2\pi}\int_{-\infty}^{\infty} S_x(\omega)\,\mathrm{e}^{\mathrm{j}\omega t}\,\mathrm{d}\omega \tag{2.30}$$

可以得出以下两点结论。

①信号 $x(t)$ 的自功率谱密度函数 $S_x(\omega)$ 不仅可以从其自相关函数的傅里叶积分变换获得，也可以从信号的幅值频谱获得。无论采用何种方法获得 $S_x(\omega)$，都将使自功率谱密度函数中仅含有原信号的幅值和频率信息，丢失了原信号的相位信息。

②自功率谱密度函数 $S_x(\omega)$ 和信号的幅值频谱函数均反映了原信号 $x(t)$ 的频率结构，但它们具有各自的量纲，而且 $S_x(\omega)$ 反映的是信号幅值频谱的平方。所以，在 $S_x(\omega)$ 中突出了信号中的高幅值分量（主要矛盾），使原信号 $x(\omega)$ 的主要频率结构特征更为明显。同样可以定义两个随机信号之间的互功率谱密度函数

$$S_{xy}(\omega) = \int_{-\infty}^{\infty} R_{xy}(\tau)\,\mathrm{e}^{-\mathrm{j}\omega t}\,\mathrm{d}\tau \tag{2.31}$$

$$R_{xy}(\tau) = \frac{1}{2\pi}\int_{-\infty}^{\infty} S_{xy}(\omega)\,\mathrm{e}^{-\mathrm{j}\omega t}\,\mathrm{d}\omega \tag{2.32}$$

利用谱密度函数可以定义相干函数 $\gamma_{xy}^2(\omega)$

$$\gamma_{xy}^2(\omega) = \frac{[S_{xy}(\omega)]^2}{S_x(\omega)S_y(\omega)} \tag{2.33}$$

相干函数是在频域内鉴别两信号相关程度的指标。

2.4.2　常用的非稳态信号分析方法

非稳态信号的特点是其频率结构是随时间变化的。下面介绍几种常用的非稳态信号分析方法。

1. 非平稳信号的时域特性

（1）能量密度（瞬时功率）

信号有多少能量，这是一个重要的问题。对于振动信号，信号的能量密度一般等于$|s(t)|^2$，即在一个小的时间间隔Δt内，信号带有的能量等于$|s(t)|^2\Delta t$。因为$|s(t)|^2$是单位时间内的能量，所以可以近似地称作能量密度或瞬时功率。

（2）总能量

由于$|s(t)|^2$是信号的能量密度，因此可以通过在整个时间范围内求和或者积分求得总能量E，即

$$E = \int |s(t)|^2 \mathrm{d}t \tag{2.34}$$

（3）时域波形特征

信号除了能量特征外，还需要定义其峰值、平均时间和持续时间等。如果把$|s(t)|^2$看作时间密度，那么平均时间$\bar{t}$和持续时间T^2就可以用下式方法定义

$$\bar{t} = \int t|s(t)|^2 \mathrm{d}t \tag{2.35}$$

$$T^2 = \sigma^2 = \int (t-\bar{t})^2 |s(t)|^2 \mathrm{d}t \tag{2.36}$$

$\bar{t}$可以给出信号能量集中的位置特征，而T^2是标准差。如果标准差小，那么信号大部分集中在平均时间的周围，而且会迅速地消失，这就是短持续时间信号的表示；反之，信号的持续时间则较长。

2. 非平稳信号的频域特性

由傅里叶变换理论知道，信号$s(t)$和频谱$S(\omega)$可以用傅里叶变换联系起来。如同时域信号一样，频谱也可以表示为幅值和相位的函数，并且有相对应的物理量，即

$$S(\omega) = B(\omega)\mathrm{e}^{\mathrm{j}\phi(\omega)} \tag{2.37}$$

式中　$B(\omega)$——幅值谱；

$\phi(\omega)$——相位谱。

（1）能量密度谱

与时域信号相似，可以取$|s(\omega)|^2$作为单位频率内的能量密度，$|s(\omega)|^2\Delta\omega$是在频率$\omega$处频率间隔$\Delta\omega$内的部分能量。则信号的总能量$E$应该是$|s(\omega)|^2$在整个频率范围的积分。

信号的总能量应该与计算方法无关，因此时域总能量与频域总能量是相等的，即存在Parseval定理

$$E = \int |s(t)|^2 \mathrm{d}t = \int |S(\omega)|^2 \mathrm{d}\omega \tag{2.38}$$

（2）频域谱特征

$|s(\omega)|^2$表示频率密度，它可以给出频谱密度主要特征——平均频率$\bar{\omega}$和均方根带宽

B,即

$$\bar{\omega} = \int \omega \,|\, S(\omega) \,|^2 \mathrm{d}\omega \tag{2.39}$$

$$B^2 = \int (\omega - \bar{\omega})^2 \,|\, S(\omega) \,|^2 \mathrm{d}\omega \tag{2.40}$$

其中平均频率给出的是窗口内频率能量中心(或重心)的位置,如果它发生明显的改变,说明信号的频率结构和性质也发生了改变。带宽给出能量中心分布的方差。可以看出,这两项指标和频谱分析一样,是积分意义上的,不能给出瞬时的指标。

(3)非平稳信号的时频特性

由于时间密度和频率密度是有关系的。由傅里叶变换的数学理论知道,窄波形产生宽频谱,宽波形产生窄频谱。即,如果一个密度是窄的,那么另一个密度就是宽的。时间和频率密度不能同时都变得任意窄。这一事实已为 W. Heisenberg 的不确定原理所揭示。不确定原理是

$$TB \geqslant \frac{1}{2} \tag{2.41}$$

因此,不可能构造一个 T 和 B 都任意小的信号。

但是在实际问题中,人们关心的是信号在局部范围中的特征,如音乐语言信号中人们关心的是什么时刻演奏什么音符,图像识别关心的是图像信号的突变部分,故障诊断中关心的是信号在什么时候出现突变,这个突变代表什么故障。普通的傅里叶分析是难以实现上述要求的。这就需要时频局部化分析。引入相空间的概念,一个相空间是以时间为横坐标,以频率为纵坐标的欧氏空间,相空间中的有限区域被称为窗口。如果函数 $\omega(t) \in L^2(R)$,且 $t\omega(t) \in L^2(R)$,则 $\omega(t)$ 被称为窗口函数,而相空间的点 (t_0, ω_0)

$$\begin{cases} t_0 = \int_R t \,|\, \omega(t) \,|^2 \mathrm{d}t / \|\omega\|_2^2 \\[2mm] \omega_0 = \int \omega \,|\, \hat{\omega}(\omega) \,|^2 \mathrm{d}\omega / \|\hat{\omega}\|_2^2 \end{cases} \tag{2.42}$$

被称为窗口函数 $\omega(t)$ 的中心,而

$$\begin{cases} T^2 = \int_R (t - t_0)^2 \,|\, \omega(t) \,|^2 \mathrm{d}t / \|\omega\|_2^2 \\[2mm] B^2 = \int_R (\omega - \omega_0)^2 \,|\, \hat{\omega}(\omega) \,|^2 \mathrm{d}\omega / \|\hat{\omega}\|_2^2 \end{cases} \tag{2.43}$$

分别被称为窗口函数 $\omega(t)$ 的时宽和频宽。相空间中以 (t_0, ω_0) 为中心,以 $2T$ 为长,$2B$ 为宽的矩形区域叫由 $\omega(t)$ 确定的时频窗口。

显然,窗口的中心就是归一化的窗口平均时间和平均频率,时宽和频宽就是归一化的窗口持续时间和均方带宽。

3. 时频分析基本原理及方法

信号的时域、频域分析可通过傅里叶变换联系起来,即

$$X(\mathrm{j}\omega) = \int_{-\infty}^{\infty} x(t) \mathrm{e}^{-\mathrm{j}\omega t} \mathrm{d}t$$

$$x(t) = \frac{1}{2\pi} \int_{-\infty}^{\infty} X(\mathrm{j}\omega) \mathrm{e}^{\mathrm{j}\omega t} \mathrm{d}\omega \tag{2.44}$$

但是 ω 和 t 是两个互相排斥的量,若想知道在某一频率 ω_0 处的 $X(\mathrm{j}\omega)$,则需要知道 $x(t)$ 在 $-\infty$ $<t<\infty$ 内的所有值,反之亦然

$$X(\mathrm{j}\omega_0) = \int_{-\infty}^{\infty} x(t)\,\mathrm{e}^{-\mathrm{j}\omega_0 t}\,\mathrm{d}t$$

$$x(t_0) = \frac{1}{2\pi} \int_{-\infty}^{\infty} X(\mathrm{j}\omega)\,\mathrm{e}^{\mathrm{j}\omega t_0}\,\mathrm{d}\omega$$

(2.45)

这样,无法从局部频率 $X(\mathrm{j}\omega)$ 处得到某个局部时刻的 $x(t)$,反过来也是如此。即通过傅里叶变换建立起来的时域和频域关系无定位功能。

若 $x(t)$ 是平稳随机信号,其能量是无限的,因此在工程上对其作时域、频域分析时,往往采用 Wiener-khinchine 定理,将其转为分析自相关函数和自功率谱密度函数。此定理成立的条件是 $x(t)$ 的自相关函数和时间 t 的选取无关,自功率谱密度函数不随时间变化。若自相关函数和自谱密度函数不能满足此条件,那么自相关函数和自谱密度函数就是时变的,即信号 $x(t)$ 是非平稳随机信号。这时就不能直接应用傅里叶分析技术分析信号的频谱结构。

对于非平稳信号,由于其谱结构的时变性,人们总希望把时域分析和频域分析结合起来,即找到一个二维函数,它既能反映信号的频率结构,频率结构随时间变化的规律。即作非平稳信号的时频分析。当然也能反映出频率平稳信号作为非平稳信号的一个特例,也可以运用时频分析技术。

4. 三维瀑布图

三维瀑布图是机器启动或停机过程中,计算出不同转速下转子振动信号的幅值谱,然后将幅值谱按转速变化顺序叠置成三维图(图 2.10),因其形颇似瀑布自山顶泄下,故取名为瀑布图,也称级联图。由瀑布图上峰值的分布及其随转速的变化情况,可以看出被测对象的临界转速、共振区,甚至可以找出某些振源。

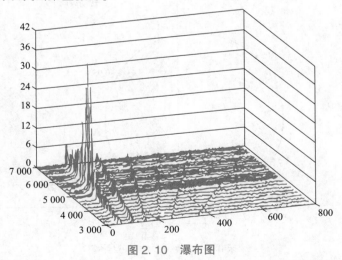

图 2.10 瀑布图

5. 波特图

波特图是表示系统的幅频特性和相频特性的直角坐标图。从波特图上,可以精确地反映

系统的各阶临界转速。图 2.11 是典型的波特图(Bode 图)。

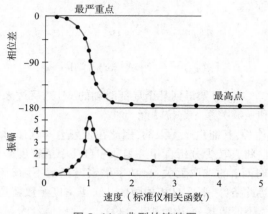

图 2.11　典型的波特图

6. 奈奎斯特图

奈奎斯特(Nyquest)图又称极坐标图,是用矢量在极坐标上表示系统的频响特性。近些年来,Nyquest 图的应用越来越普遍和频繁。这是因为在遇到新矢量的时候,极坐标的形状不变,而波特图的幅值和相位却表现出很大的变化。Nyquest 图不仅可反映系统的临界转速,而且是用来表现旋转机械特性好坏的极为有用的手段,图 2.12 是典型的极坐标图。

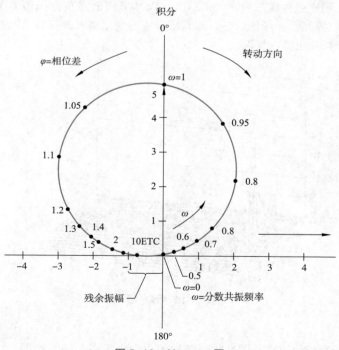

图 2.12　Nyquest 图

瀑布图、Bode 图和 Nyquest 图主要用于分析动态过程。

7. 短时傅里叶分析

从历史上看，在信号的时频分析方面，用得最多的是短时傅里叶变换(Short-time Forier Transform，STFT)。令窗函数为 $w(\tau)$，τ 是时间变量，则信号加窗后变为

$$x_w(\tau)=x(\tau)w(\tau-t) \tag{2.46}$$

进而对加窗后信号取傅里叶变换便是 $x(t)$ 在 t 时刻的 STFT

$$X_w(t,\Omega)=\int_{-\infty}^{\infty}x(\tau)w(\tau-t)\mathrm{e}^{-\mathrm{j}\Omega\tau}\mathrm{d}\tau \tag{2.47}$$

需要注意的是，窗函数 $w(\tau)$ 中 τ 是变动的，即“窗”沿着时间轴移动，对每个时刻窗口内的信号进行分析，这样就可以提供在一局部时间内信号变化的特征。图 2.13 是某齿轮箱异常振动信号的短时傅里叶变换图，由图特别是右边的相平面云图可以清楚地反映信号的频率成分与幅值随时间变化的情况。

由于傅里叶变换是对时间进行积分，去掉了窗口内非平稳信号中时变信息，同时，傅里叶分析在时域的分辨率是不变的，因而短时傅里叶分析比较适合于分析频带范围变动不大的信号。

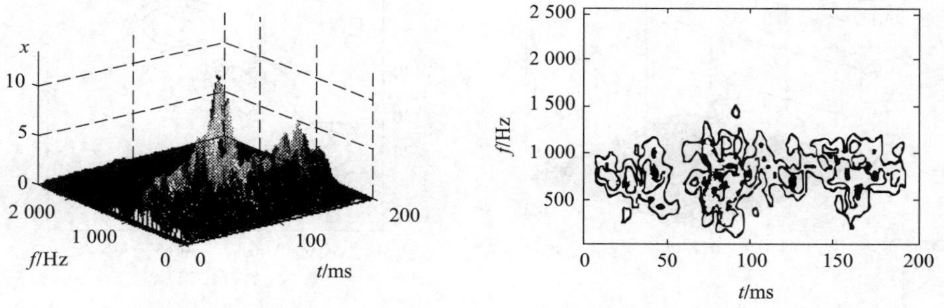

(a)　　　　(b)

图 2.13　短时傅里叶变换图

由式(2.46)可知，短时傅里叶变换是时间 t 和频率 ω 的二维函数，它反映了信号的频谱随时间 t 变化的规律。这样做的理论基础是假定信号 $x(t)$ 在窗口 $w(t)$ 的宽度内是平稳的。

若每一段取的时间过长，则平稳性的假设就不易成立，而且时域的分辨率变差。反之，取的过短，则频域分辨率变差，这是一对矛盾。同时，由于短时傅里叶变换采用定长窗函数，其时宽和频宽都是常数。即短时傅里叶变换的分辨率在相平面上是相同的，不能随信号的特征变化。这不利于宽带时变信号的分析。因此，希望能找到一种连接时间和频率的双线性变换，准确地反映出信号的能量随时间和频率的分布。目前已提出的时频分布的种类很多，其中最基本的是 Wigner -Ville 分布，即 WVD。

8. 维格纳分布

Wigner 于 1932 年首先提出了这一分布的概念，并把它用于量子力学领域。1948 年 Ville 首次把它应用于信号分析。1966 年，Cohen 给出了各种时频分布的统一表示形式。20 世纪 80 年代以来，由于 Cohen、Classen 等在时频分析方面出色的工作，人们对 WVD 的研究兴趣大

增,发表了许多论文,取得了一些可喜的成果。研究表明,WVD 具有最简单的形式和很好的性质。

令信号 $x(t)$、$y(t)$ 的共轭为 $x^*(t)$、$y^*(t)$,那么,$x(t)$、$y(t)$ 的联合 WVD 定义为

$$W_{X,Y}(t,\omega) = \int_{-\infty}^{\infty} x\left(t + \frac{\tau}{2}\right) y^*\left(t - \frac{\tau}{2}\right) e^{-j\omega\tau} d\tau \qquad (2.48)$$

信号 $x(t)$ 的自 WVD 定义为

$$W_X(t,\omega) = \int_{-\infty}^{\infty} x\left(t + \frac{\tau}{2}\right) x^*\left(t - \frac{\tau}{2}\right) e^{-j\omega\tau} d\tau \qquad (2.49)$$

WVD 有许多优良特性,如实值性、平移不变性和能量随时间和频率分布的边缘特性等。它的分辨率高,谱峰尖锐,在时频平面上有很好的时频局部化特性。因而是一种优良的时频分析方法。但是 WVD 积分中存在乘积项,当信号中存在多频率成分时,信号的乘积必然产生不为零的交叉项,即 WVD 存在着严重的交叉干涉现象,这限制了它的使用。

图 2.14 是两个短时瞬间冲击信号的 WVD 时频分布,从图中可以看出,信号的冲击分量在时频平面上是明显的,但两个谱峰之间也存在明显的干涉现象。

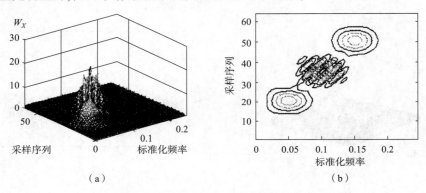

（a）　　　　　　　　　　（b）

图 2.14　WVD 时频分布

9. 小波分析

小波分析(Wavdet Analysis)是近十多年来非常富有活力的理论和技术,是信号分析史上的一个重要里程碑。小波分析的出现,为非平稳信号的分析提供了强有力的工具,它既保持了傅里叶分析原有的优点,又能从不同的尺度上和不同的局部上分析信号,是一种新的时频分析方法。小波变换的基本思想与傅里叶变换是一致的,它们都是用一族函数的线性组合去表示一个信号,这一族函数被称为小波函数系,它是通过一个基本小波函数在不同时间和尺度上进行平移和伸缩构成的。小波包能量分析如图 2.15 所示。

(1)小波变换的基本原理

基本小波的定义很简单,对于一个函数 $\Psi(t) \in L^2(R)$ 来说,只要它满足以下几个特性:

①振动性,即

$$\int_{-\infty}^{\infty} \Psi(t) dt = 0 \qquad (2.50)$$

②正则性,即

$$\int_{-\infty}^{\infty} | \varPsi(t) |^2 \mathrm{d}t < +\infty \tag{2.51}$$

③能量零均值,即

$$\int_{-\infty}^{\infty} | \varPsi(t) |^2 t \mathrm{d}t = 0 \tag{2.52}$$

就称 $\varPsi(t)$ 为基本小波函数,或母小波。引进参数 a 和 b,对 $\varPsi(t)$ 进行伸缩和平移,就可以得到小波函数

$$\varPsi_{a,b}(t) = | a |^{-1/2} \varPsi\left(\frac{t-b}{a}\right) \tag{2.53}$$

式中,参数 a 为尺度因子;b 为平移因子。对于任意一个函数 $f(t) \in L^2(R)$,其连续小波变换定义如下,即

$$Wf(a,b) = \int_{-\infty}^{\infty} f(t) \varPsi_{a,b}^{*}(t) \mathrm{d}t = \langle f(t), \varPsi_{a,b}(t) \rangle \tag{2.54}$$

式中 $*$——复共轭;

$\qquad$ t——时间;

$\qquad$ a, b——小波函数的伸缩因子和平移因子;

$\qquad$ $f(t)$——待分析信号;

$\langle f(t), \varPsi_{a,b}(t) \rangle$——待分析信号 $f(t)$ 与小波函数 $\varPsi_{a,b}(t)$ 的内积。

小波变换的实质是函数 $f(t)$ 在小波函数族上的分解,如果这一分解还满足下述可允许条件,称 $\varPsi(t)$ 为可允许小波。

$$C_\varPsi = \int_{-\infty}^{\infty} \left| \frac{\hat{\varPsi}(\omega)}{\omega} \right|^2 \mathrm{d}\omega < +\infty \tag{2.55}$$

式中 ω——频率;

$\qquad$ $\hat{\varPsi}(\omega)$——小波函数 $\varPsi(t)$ 的傅里叶变换。

使用可允许小波的小波变换是可逆的,即由小波变换能重构出它的原始时域信号

$$f(t) = \frac{1}{C_\varPsi} \int_{-\infty}^{\infty} \int_{-\infty}^{\infty} Wf(a,b) \varPsi_{a,b}(t) \frac{\mathrm{d}a}{a^2} \mathrm{d}b \tag{2.56}$$

式中,$Wf(a,b)$ 为 $f(t)$ 的小波变换。

(2)小波分析的特性

①线性特性。小波变换是线性变换,它把信号分解成不同尺度上的分量,彼此之间不会产生干扰成分,有利于分析复杂的信号。

②能量守恒。信号的总能量可以用小波变换的形式表示,即

$$E_\varPsi = \frac{1}{C_\varPsi} \int_{-\infty}^{\infty} \int_{-\infty}^{\infty} | Wf(a,b) |^2 \frac{\mathrm{d}a}{a^2} \mathrm{d}b \tag{2.57}$$

从这个意义上讲,可以将小波变换模的平方看成是 a、b 平面上的能量分布密度。

③时频局部性。这是小波变换最重要的性质,与短时傅里叶变换的时频局部化方式有所不同,小波变换的时宽与频宽是随被分析信号频率的变化而变化的,即它的分辨率在高频时低,在低频时高。由式(2.42)、式(2.43)可求得小波函数的时频中心 (t_0, ω_0) 及时宽 $\Delta\varPsi$

和频宽 $\Delta\hat{\Psi}$。小波函数在相空间中的时频中心为 $(b,\Omega_0/|a|)$，时宽为 $|a|\Delta\Psi$，频宽为 $\Delta\hat{\Psi}/|a|$，时频窗口的面积为 $|a|\,|\Delta\Psi\Delta\hat{\Psi}/|a|=\Delta\Psi\Delta\hat{\Psi}$。同时小波函数 $\Psi_{ab}(t)$ 的时频窗口面积是不变的，只是形状各异。随着尺度增大，$\Psi_{ab}(t)$ 的时宽也增大，但其频宽则变窄，且其时频中心向低频移动。这些特性正是传统傅里叶分析所不具备的，它既适合于低频大周期信号，也适合于高频短周期信号的分析和特征提取。无论是在理论上，还是在工程应用上都是十分有用的。

④平移不变性。若信号 $f(t)$ 时域平移 t_0，即 $f(t)\rightarrow f(t-t_0)$，则小波变换有 $Wf(a,b)\rightarrow Wf(a,b-t_0)$，而 $1/\sqrt{\beta}f(t/\beta)$ 的小波变换为 $Wf(a/\beta,b/\beta)$。

⑤频率和尺度参数的关系。小波变换是一种尺度变换，并非一般的时频变换，但尺度参数 a 与频率 f 之间存在一定的关系

$$a=\omega_0/2\pi f \tag{2.58}$$

在实际做离散小波变换时，小波函数的采样频率与信号的采样频率并不一定相同，若小波函数的采样频率是 f_w，信号的采样频率为 f_s，则式(2.58)应为

$$a=\omega_0 f_s/(2\pi f_w f) \tag{2.59}$$

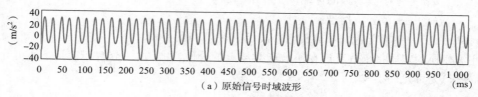

（a）原始信号时域波形

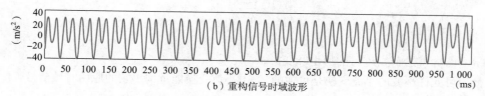

（b）重构信号时域波形

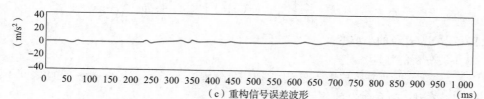

（c）重构信号误差波形

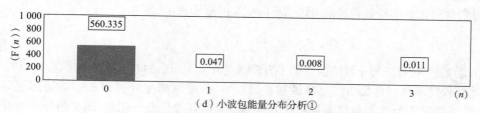

（d）小波包能量分布分析①

图 2.15　小波包能量分布

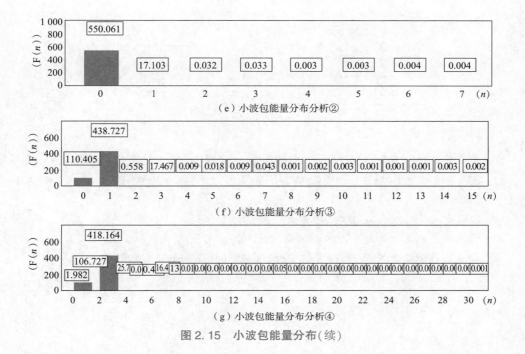

图 2.15 小波包能量分布(续)

思考与练习

1. 信号常用的描述方法有哪些?
2. 简述信号的分类。
3. 周期信号与准周期信号的相同点与区别是什么?
4. 试叙述周期方波的时域图形、幅频谱和相频谱三者的关系。
5. 试叙述信号时域描述和频域描述的作用。
6. 举例说明根据信号不同方面的特征,所采用的不同描述方式。
7. 求指数函数 $x(t) = Ae^{-at}(a > 0, t \geq 0)$ 的频谱图。
8. 试画出下面信号的频谱图。
(1) $x(t) = \sin(2t + 30°)$
(2) $x(t) = \sin(-10t + 30°)$
(3) $x(t) = \sin(2t + 30°) + \sin(-2\pi - 45°)$
(4) $x(t) = \sin(200\pi) + \cos(3\pi + 45°)$
(5) $x(t) = 5 + 2\sin t + \cos(\pi t - 45°)$
(6) $x(t) = -6 - 2\pi\sin t + \cos(4\pi t) - \sin(15\pi - 90°)$
9. 求符号函数[图(a)]和单位阶跃函数[图(b)]的频谱。

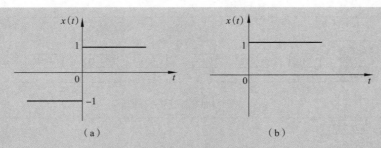

（a）　　　　　　　　　　（b）

10. 求正弦函数 $x(t)=-\sin(15\pi-90°)$ 的均值 μ_x、均方值 ψ_x^2 和功率密度函数 $p(x)$。

11. 叙述一下稳态信号与非稳态信号分析方法的方法;试分析两者分析方法的特点和不同点。

12. 试述自相关函数和互相关函数的定义及其应用。

13. 试述谱密度函数的定义及其在振动测试中的应用。

14. 求下图所示正弦信号 $x(t)=X\sin\omega t$ 的均值、均方值和概率密度函数。

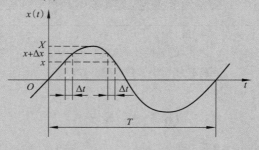

15. 求 $h(t)$ 的相关函数。

$$h(t)=\begin{cases}e^{-at} & (t\geq0,a>0)\\0 & (t<0)\end{cases}$$

16. 假定有一个信号 $x(t)$，它由两个频率、相角均不相等的余弦函数叠加而成。其数学表达式为 $x(t)=A_1\cos(\omega_1 t+\varphi_1)+A_2\cos(\omega_2 t+\varphi_2)$，求该信号的自相关函数。

17. 求下图方波和正弦波的互相关函数。

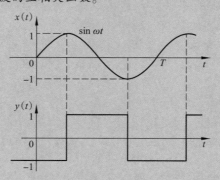

18. 某一系统的输入信号为 $x(t)$（见下图），若输出 $y(t)$ 与输入 $x(t)$ 相同，输入的自相关函数 $R_x(\tau)$ 和输入-输出的互相关函数 $R_{xy}(\tau)$ 之间的关系为 $R_x(\tau)=R_{xy}(\tau+T)$，试说明该系统起什么作用？

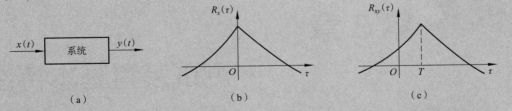

(a)　　　　　　　　　(b)　　　　　　　　　(c)

19. 试根据一个信号的自相关函数图形，讨论如何确定该信号中的常值分量和周期成分。

20. 已知信号的自相关函数为 $A\cos\omega\tau$，请确定该信号的均方值和均方根值。

第3章
测试装置基本特性

学习目标

1. 掌握测试系统静态特性的定义及其主要特性,掌握线性系统测试技术的定义;
2. 熟悉测试系统动态特性的三种表述方法:脉冲响应函数、频率响应函数、传递函数;
3. 掌握一阶、二阶测试系统动态特性参数及其基本特性;
4. 熟悉并能应用测试系统不失真测试条件。

信号的分析法常用的有时域、频域和复数域法,使用这些方法从同一信号中获得的信息截然不同。可以看出,对待事情,需要从多角度分析研究,才能从中看清事物的本质,这是我们应该养成的思维习惯。无论是对一件事情,还是对一个人,都应该避免单一视角。其实,这也是更加客观全面地看待事物的方式。

为保证测量结果的正确性,测量者必须了解所使用的测试系统具有怎样的"输出和输入之间的关系"[即测试系统(装置)的基本特性],从而可正确选择和使用测试系统,使得输出能够正确地反映输入。若盲目选用,就有可能使得测量结果成为无用信息、甚至是有害信息。

3.1 概　述

在科学实验和工程实践中经常会遇到如何正确选择测量系统的问题,此处泛指由传感器、中间变换电路、记录显示部分等组成的测量系统。由于实际的测量系统在组成的繁简程度和中间环节上差别很大,因而这个测量系统有时可能是一个完整的小仪表(例如,数字温度计);有时可能是一个由多路传感器和庞大的数据采集系统组成的测量系统统一简称为测量系统,也可称为测量装置。

在选用测量系统时,要综合考虑多种因素,如被测物理量变化的特点、精度要求、测量范围、性能价格比等。其中,最主要的一个因素是测量系统的基本特性是否能使其输入的被测物理量在精度要求范围内真实地反映出来。这样,该测量系统才具备完成预定测量任务的基本条件。

测量系统的基本特性一般分为两类:静态特性和动态特性。这是因为被测物理量的变化特点大致可分为两种情况:一种是被测量不变或变化极缓慢的情况,此时可定义一系列静态参数来表征测量系统的静态特性;另一种是被测量变化极迅速的情况,它要求测量系统的响应也必须极迅速,此时可定义一系列动态参数来表征测量装置的动态特性。

理想的测试系统应有单值的、确定的输入输出关系,即对应于每一输入量都只有单一的输出量与之对应。其中以输出与输入呈线性关系为最佳。实际测试系统往往无法在较大范围内满足这种要求,只能在较小的工作范围内和在一定误差允许范围内满足这项要求。

如果系统的输入 $x(t)$ 和输出 $y(t)$ 之间的关系可用线性微分方程(常系数微分方程)描述,则称为线性系统(linear system),其方程可以写成

$$a_n \frac{\mathrm{d}^n y(t)}{\mathrm{d}t^n} + a_{n-1} \frac{\mathrm{d}^{n-1} y(t)}{\mathrm{d}t^{n-1}} + \cdots + a_1 \frac{\mathrm{d}y(t)}{\mathrm{d}t} + a_0 y(t) = b_m \frac{\mathrm{d}^m x(t)}{\mathrm{d}t^m} + b_{m-1} \frac{\mathrm{d}^{m-1} x(t)}{\mathrm{d}t^{m-1}} + \cdots + b_1 \frac{\mathrm{d}x(t)}{\mathrm{d}t} + b_0 x(t)$$

$$(3.1)$$

式中,x 为系统输入量;y 为系统输出量;$a_n, a_{n-1}, \cdots, a_0$ 和 $b_m, b_{m-1}, \cdots, b_0$ 分别为系统的结构特性参数。

测试系统的结构参数决定了系数 $a_n, a_{n-1}, \cdots, a_0$ 和 $b_m, b_{m-1}, \cdots, b_0$ 的大小及其量纲。如果线性系统方程中各系数 $a_n, a_{n-1}, \cdots, a_0$ 和 $b_m, b_{m-1}, \cdots, b_0$ 在工作过程中不随时间和输入量的变化而变化,该系统就称为线性时不变系统。实际的物理系统由于其组成的各元器件的物理参数并不能保持常数,如电子元件中的电阻、电容、半导体器件的特性等都会受温度的影响,这些都会导致系统微分方程参数 $a_n, a_{n-1}, \cdots, a_0$ 和 $b_m, b_{m-1}, \cdots, b_0$ 的时变性,所以理想的线性时不变系统是不存在的。在工程实际中,常以足够的精确度忽略非线性和时变因素,认为多数物理系统的参数 $a_n, a_{n-1}, \cdots, a_0$ 和 $b_m, b_{m-1}, \cdots, b_0$ 是常数,而把一些时变线性系统当作时不变线性系统来处理。本书以下的讨论仅限于线性时不变系统。

线性系统的输入与输出具有以下主要性质。

①叠加性质:几个输入同时作用时,其响应等于各个输入单独作用于该系统的响应之和。即,若 $x_1(t) \to y_1(t)$,$x_2(t) \to y_2(t)$,则有

$$[x_1(t) \pm x_2(t)] \to [y_1(t) \pm y_2(t)]$$

$$(3.2)$$

叠加性质表明,对于线性系统,各个输入产生的响应互不影响。因此,可以将一个复杂的输入分解成一系列简单的输入之和,系统对复杂激励响应等于这些简单输入的响应之和。

②比例性质:若线性系统的输入扩大 A 倍,其响应也将扩大 A 倍,即对于任意常数必有

$$kx(t) \to ky(t)$$

$$(3.3)$$

③微分性质:线性系统对输入导数的响应等于对该输入响应的导数,即

$$\frac{\mathrm{d}x(t)}{\mathrm{d}t} \to \frac{\mathrm{d}y(t)}{\mathrm{d}t}$$

$$(3.4)$$

④积分性质:若线性系统的初始状态为零(即当输入为零时,其响应也为零),对输入积分的响应等于对该输入响应的积分,即

$$\int_0^t x(t) \mathrm{d}t \to \int_0^t y(t) \mathrm{d}t$$

$$(3.5)$$

⑤频率保持性(频率不变特性):若线性系统的输入为某一频率的简谐信号,则其稳态响应必是同一频率的简谐信号。

频率保持性具有非常重要的作用。因为在实际测试中,测得的信号常常受到其他信号或噪声的干扰,依据频率保持性可以认定测得的信号中只有与输入信号的相同频率成分才是真正由输入引起的输出。同样,在故障诊断中,根据测量信号的主要频率成分,在排除干扰基础上,依据频率保持性可知输入信号也应包含该频率成分。找到该频率成分的原因就可以诊断出故障的原因。

3.2 测量系统的静态特性

静态特性表示测量系统在被测物理量处于稳定状态或缓慢变化时的输入输出关系。衡量测量系统静态特性的主要指标有非线性、回程误差、迟滞性、重复性、灵敏度、分辨力及量程等。

一般测量系统的静态特性均可用一特定的代数方程(通常称为静态特性方程)来表达物理量输入与输出的关系,即

$$y = a_0 + a_1 x + a_2 x^2 + \cdots + a_n x^n \tag{3.6}$$

式中　　　　　x——输入量;

　　　　　　　y——输出量;

　$a_0, a_1, a_2, \cdots, a_n$——常数。

由式(3.6)可知,这是一个非线性方程,以输入量为横坐标、输出量为纵坐标画出的曲线称为静态特性曲线。式中常数项会影响输出特性曲线的形状。当 $a_1 \neq 0$,而其余常数均为 0 时,$y = a_1 x$,这是理想的线性方程。可用一条通过零点的直线表示。一般在理论设计时总是希望输入和输出能保持这种理想的线性关系,因为线性特性能简化总体设计和分析。

3.2.1 静态特性的主要指标

1. 线性度

线性度通常也称为非线性。理想的测量系统,其静态特性曲线是一条直线。但实际的输入与输出,通常不是理想情况。线性度就是反映实际输入、输出与理想直线偏离的程度。图 3.1 为线性度图示法。一般用校准曲线与拟合直线(或称为参考直线)之间的最大偏差与满量程输出的百分率表示,即

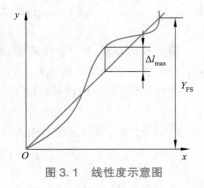

图 3.1　线性度示意图

$$\delta_l = \frac{\Delta l_{max}}{Y_{FS}} \times 100\% \tag{3.7}$$

式中　δ_l——线性度;

　　Δl_{max}——校准曲线与拟合直线之间的最大偏差;

　　Y_{FS}——用拟合方程计算得到的模拟量程输出值。

由于最大偏差 Δl_{max} 是以拟合直线为基准计算的,因此不同的拟合方法所得拟合直线不同,最大偏差 Δl_{max} 值也不一样。在表明线性度时应说明所采用的拟合方法。

2. 回程误差

回程误差也称滞后或迟滞性。回程误差表示在规定的同一校准条件下,测量装置正、反行程校准曲线在同一校准级上正、反行程输出值的不一致程度,如图 3.2 所示。回程误差在数值上是用各校准级中的最大偏差 ΔH_{max} 与满量程理想输出值 Y_{FS} 之比的百分率表示,即

$$\delta_H = \frac{\Delta H_{max}}{Y_{FS}} \times 100\% \qquad (3.8)$$

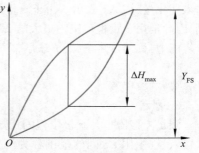

图 3.2　回程误差示意图

式中　δ_H——迟滞误差;

ΔH_{max}——同一校准级上正、反行程输出平均值之间的最大偏差。

3. 重复性

重复性误差是指在规定的同一校准条件下,对测量装置按同一方向在全量程范围内多次重复校准,各次校准曲线之间的不一致性。图 3.3 中 M_{cj} 和 M_{fj-a} 分别表示第 j 个和第 $j\sim a$ 个校准级上正行程和反行程校准数据之间的最大偏差。重复性误差为随机误差,在数值上是用各校准级上正、反行程最大标准偏差 σ_{max} 的 t 倍与满量程理想输出值 Y_{FS} 之比的百分率表示,即

$$\delta_R = \frac{t\sigma_{max}}{Y_{FS}} \times 100\% \qquad (3.9)$$

式中,δ_R 为重复误差;t 为置信系数,一般取置信度为 95% 的 t 分布值,当子样数较大时也可以取置信度为 95% 的正态分布值;σ_{max} 为正反行程各校准级上标准偏差的最大值。

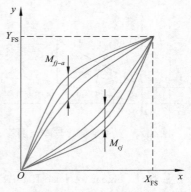

图 3.3　重复性示意图

式(3.9)中标准偏差 σ 的计算方法可按贝塞尔公式或极差公式计算。

4. 灵敏度

灵敏度是指测量系统在静态测量时,输出量变化值 Δy 与对应的输入量变化值 Δx 之比,用 S 表示,即

$$S = \Delta y / \Delta x \qquad (3.10)$$

S 越大,其灵敏度就越高。其量纲为输出量纲与输入量纲之比。大多数灵敏度有量纲,如压力传感器,输入量的单位是压力单位(Pa 或 MPa),输出量的单位是电压单位(mV 或 V),那么按灵敏度的定义,某压力传感器灵敏度可表示为 $S = 5$ mV/MPa。当输入与输出单位相同时,灵敏度变成了无量纲,这时的灵敏度也称为放大倍数。对于线性测量装置,其理想静态特性曲线是一条直线。它的灵敏度即传递系数(即输入量与输出量之比),亦即 $S = Y/X$ 为一常数;而非线性测量装置的灵敏度将随输入量的变化而变化。绝大多数线性系统灵敏度是一个常数,但表达灵敏度的方式及含义不完全一致。

5. 分辨力

分辨力是指测量系统能测量到最小输入量变化的能力,即能引起输出量发生变化的最小

输入变化量,用 ΔX 表示。由于测量系统或仪表在全量程范围内,各测量区间的 ΔX 不完全相同,因此常用全量程范围内最大的 ΔX 即 $\Delta X_{\max}$ 与测量系统满量程输出值之比的百分率表示其分辨能力,称为分辨率,用 k 表示,即

$$k = \frac{\Delta X_{\max}}{Y_{\mathrm{FS}}}$$

(3.11)

6. 量程

测量上极限值与下极限值的代数差称为量程。测量系统能测量的最小输入量(下限)至最大输入量(上限)之间的范围称为测量范围。测量范围可以是单向的(如 0~100 m)、双向的(如±3g)、双向不对称的(如-3g~20g)及中间某一段无零值的(如 3 000~80 000 r/min)。如测量范围为 -3g~20g 的加速度计的量程为 23g。

7. 漂移

在一定的工作条件保持输入信号不变,输出信号随时间或温度等的变化而出现缓慢变化的程度,称为漂移,通常用输出量的变化表示。

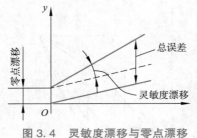

图 3.4 灵敏度漂移与零点漂移

最常见的漂移问题是温漂,即由于外界工作温度的变化而引起输出的变化。通常将当输入量为零时测试系统输出值的漂移称为零点漂移。对多数测试系统而言,不但存在零点漂移,而且还存在灵敏度漂移,即测试系统的输入/输出特性曲线的斜率产生变化(图 3.4)。因此在工程测试中,必须对漂移进行观测和度量,减小漂移对测试系统的影响,从而有效提高稳定性。

8. 信噪比

信噪比(Signal to Noise Ratio,SNR)是信号的有用成分与干扰的强弱对比,常以分贝(dB)为单位。信噪比可以是信号功率与噪声功率之比 $\mathrm{SNR} = 10\lg(N_s/N_n)$。有时也用输出信号的电压和干扰电压之比来表示信噪比,即 $\mathrm{SNR} = 20\lg(v_s/v_n)$

3.3 测量系统的动态特性

当被测参数随时间变化时,测量装置处于动态测量状态。这种情况下,输入量与输出量的函数关系称为测量系统的动态特性。在动态测量的情况下,当输入量变化时,人们所观察到的输出量不仅受研究对象动态特性的影响,也受到测量装置动态特性的影响。如果测量系统的动态特性不能满足输入信号变化的要求,则输出量会出现失真现象。为此,必须对测量装置的动态特性有所了解,才能掌握不失真测量的条件。由于输入量是时间的函数,因此输出量也随时间而变化,表示测量系统动态特性的指标通常有复数域指标、频域指标和时域指标。由频率响应特性可得频域指标,主要有固有频率、工作频带、相位角等。由系统的阶跃响应特性可得时域指标,主要有时间常数、上升时间、响应时间和超调量等。

在动态测量中,测量系统本身应该力求是线性系统,这不仅因为目前对线性系统才能做比较完善的数学处理和分析,还因为在动态测试中作非线性校正仍相当困难。本书将以线性系统为主进行介绍。

研究动态特性,首先必须建立数学模型,以便于用数学方法分析其动态响应,这就要从测量装置的物理结构出发,根据其所遵循的物理定律,建立输出和输入关系的运动微分方程。然后在给定条件下求解,得到在任意输入激励下测量系统的输出响应。

3.3.1　传递函数

　　把上述用微分运算形式[式(3.2)~式(3.5)]表示的系统的传输、转换特性变换成复数域上描述的易于处理的代数方程,定义为传递函数。其表达式为在初始条件为零时,系统输出量的拉氏变换与输入量的拉氏变换之比。对式(3.1)取拉氏变换,并认为输入 X 和输出 Y 及各阶导数的初始值为零,其拉氏变换为

$$Y(s)(a_n s^n + a_{n-1}s^{n-1} + \cdots + a_1 s + a_0) = X(s)(b_m s^m + b_{m-1}s^{m-1} + \cdots + b_1 s + b_0) \tag{3.12}$$

式中　$Y(s)$——系数输出量的拉氏变换;

　　　　$X(s)$——系统输入量的拉氏变换;

　　　　s——传递因子,$s = j\omega$。

　　输入 $X(s)$ 和输出 $Y(s)$ 之比为

$$H(s) = \frac{Y(s)}{X(s)} = \frac{b_m s^m + b_{m-1}s^{m-1} + \cdots + b_1 s + b_0}{a_n s^n + a_{n-1}s^{n-1} + \cdots + a_1 s + a_0} \tag{3.13}$$

　　$H(s)$ 为系统的传递函数,其分母中 s 的幂次 n 代表了系统微分方程的阶数。如 $n=1$ 或 $n=2$,式(3.13)就分别称为一阶系统或二阶系统的传递函数。

　　传递函数有以下特点:

　　①$H(s)$ 和输入无关,它只反映测量系统本身的特性,包含瞬态、稳态时间响应和频率响应的全部信息。

　　②$H(s)$ 是通过把实际物理系统抽象成数学模型后经过拉氏变换得到的。

　　③$H(s)$ 只反映系统的响应特性,而与具体的物理结构无关。

　　④同一个传递函数可能表征着两个具有相似传递特性的完全不同的物理系统,即与系统具体物理结构无关。如图 3.5 所示,忽略质量的弹簧-阻尼"单自由度振动系统"、RC 电路和液柱式温度计同是一阶系统。

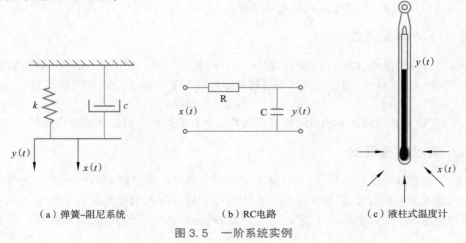

（a）弹簧-阻尼系统　　　　（b）RC电路　　　　（c）液柱式温度计

图 3.5　一阶系统实例

3.3.2　频率响应函数

因为正弦信号是最基本的典型信号,为便于研究测量系统的动态特性,经常以正弦信号作为输入量求测量系统的稳态响应。设输入量为正弦信号,并用指数形式表示为

$$X(t) = Ae^{j\omega t} \tag{3.14}$$

根据线性系统的频率不变特性,输出信号的频率不变,但幅值和相位可能发生变化,所以输出量为

$$Y(t) = Be^{j(\omega t - \varphi)} \tag{3.15}$$

将它们代入式(3.12),可以导出下式

$$H(j\omega) = \frac{Y(j\omega)}{X(j\omega)} = \frac{b_m(j\omega)^m + b_{m-1}(j\omega)^{m-1} + \cdots + b_1(j\omega) + b_0}{a_n(j\omega)^n + a_{n-1}(j\omega)^{n-1} + \cdots + a_1(j\omega) + a_0} \tag{3.16}$$

$H(j\omega)$ 称为线性系统的频率响应函数。它等于在初始条件为零的情况下,输出的傅里叶变换和输入的傅里叶变换之比。

输入信号为正弦信号时,测量系统的响应称为频率响应。因为频率响应函数可以较容易地通过实验的方法获得,因而成为应用最广泛的动态特性分析工具。当正弦信号输入一线性测量系统时,其稳态输出是与输入同频率的正弦信号,但是输出信号的幅值和相位通常会发生变化,其变化随频率的不同而异。当输入正弦信号的频率改变时,输出、输入正弦信号的振幅 Y、X 之比随频率的变化称为测量系统的幅频特性,$A(\omega)$ 表示为

$$A(\omega) = |H(j\omega)| = \frac{Y}{X} \tag{3.17}$$

输出、输入正弦信号的相位差随频率的变化称为测量系统的相频特性,用 $\varphi(\omega)$ 表示。

幅频特性和相频特性统称为测量系统的频率响应特性,具有明确的物理意义和重要的实际意义。利用它可以从频率域形象、直观、定量地表示测量系统的动态特性。

输出、输入正弦信号的振幅差值与输入正弦信号的振幅的比值被称为幅值(振幅)误差 δ

$$\delta = \left|\frac{X - Y}{X}\right| \times 100\% = \left|1 - \frac{Y}{X}\right| \times 100\% = |1 - A(\omega)| \times 100\% \tag{3.18}$$

式(3.18)中的 $A(\omega)$ 是经过归一化处理的。

3.3.3　脉冲响应函数

若输入为单位脉冲,即 $x(t) = \delta(t)$,则 $X(s) = L[\delta(t)] = 1$。根据式(3.13),装置的相应输出将是 $Y(s) = H(s)X(s) = H(s)$,其时域描述可通过对 $Y(s)$ 的拉普拉斯反变换得到

$$y(t) = L^{-1}[H(s)] = h(t) \tag{3.19}$$

式中,$h(t)$ 常称为系统的脉冲响应函数或权函数。脉冲响应函数可作为系统特性的时域描述。

3.3.4　阶跃响应函数

阶跃信号是脉冲信号的积分,所以脉冲响应函数也可以由阶跃响应进行微分获得。当测量系统的输入为阶跃信号,其对应的输出称为阶跃响应。阶跃信号是最常见的基本信号。其可分解为一系列不同频率的正弦信号。当已知系统的阶跃响应函数后,就可以算出任意随时

间变化的输入信号所对应的输出的变化,所以阶跃响应在时间域中,可完全表达测量系统的动态特性。阶跃输入信号的函数表达式为

$$x(t) = \begin{cases} 0 & t \le 0 \\ A & t > 0 \end{cases} \tag{3.20}$$

式中　A——阶跃幅值。

至此,系统特性的时域、频域和复数域可分别用脉冲响应函数 $h(t)$、频率响应函数 $H(j\omega)$ 和传递函数 $H(s)$ 来描述。三者存在着一一对应的关系。$h(t)$ 和传递函数 $H(s)$ 是一对拉普拉斯变换对;$h(t)$ 和频率响应函数 $H(j\omega)$ 又是一对傅里叶变换;传递函数与频率响应函数可以通过 S 与 $j\omega$ 互换的方式获得。

3.3.5　环节之间的节联

测量系统往往由多个环节组成,如图 1.1 测试系统,它包含了传感器、信号变换、信号处理、显示、记录、数据采集、数据处理等数个环节,这些环节有各自独立的输入输出特性,它们相互节联以后整个系统总的系统特性与各环节的输入输出特性和节联方式有关。

各环节的节联方式可分为两种。当前一环节的输出与次一环节的输入相连接时,称为串联[图 3.6 中 $H_1(s)$ 与 $H_2(s)$ 所连接的方式]。显然,若干环节串联的部分,其第一环节的输入即成了总的输入,其最后环节的输出即成了总的输出;当各环节的输入相连接,各输出相连接的方式,称为并联[图 3.7 中 $H_1(s)$ 与 $H_2(s)$ 所连接的方式]。

若 $H_1(s)$ 和 $H_2(s)$ 的环节串联,且它们之间没有能量交换时,串联后所组成的系统的传递函数 $H(s)$ 在初始条件为零时,有

$$H(s) = \frac{Y(s)}{X(s)} = \frac{Z(s)Y(s)}{X(s)Z(s)} = H_1(s)H_2(s) \tag{3.21}$$

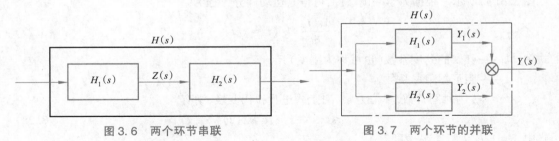

图 3.6　两个环节串联　　　　　　　　图 3.7　两个环节的并联

类似地,对几个环节串联组成的系统,有

$$H(s) = \prod_{i=1}^{n} H_i(s) \tag{3.22}$$

若两个环节并联(见图 3.7),则因

$$Y(s) = Y_1(s) + Y_2(s) \tag{3.23}$$

而有

$$H(s) = \frac{Y(s)}{X(s)} = \frac{Y_1(s) + Y_2(s)}{X(s)} = H_1(s) + H_2(s) \tag{3.24}$$

由 n 个环节并联组成的系统,也有类似的公式

$$H(s) = \sum_{i=1}^{n} H_i(s) \tag{3.25}$$

从传递函数和频率响应函数的关系,可得到 n 个环节串联系统频率响应函数为

$$H(\omega) = \prod_{i=1}^{n} H_i(\omega) \tag{3.26a}$$

n 个环节的并联其幅频、相频特性分别为

$$A(\omega) = \prod_{i=1}^{n} A_i(\omega) \tag{3.26b}$$

和

$$\varphi(s) = \sum_{i=1}^{n} \varphi_i(s) \tag{3.26c}$$

3.3.6 典型的系统动态特性

为了便于研究动态特性,通常把测量系统简化成线性时不变系统(参数不随时间变化),建立常系数微分方程,根据微分方程最高阶数的差别进行分类。在工程测试领域中,大部分系统可理想化为单自由度的零阶、一阶和二阶系统的节联。下面介绍最常见的一阶和二阶系统的频率响应。

1. 一阶系统的动态特性

常见的一阶系统有单自由度振动系统、RC 电路、液体温度计等(图 3.5),均可以用一阶微分方程来表示它们的输入与输出关系。

(1)一阶系统的传递函数

在此以弹簧-阻尼系统为例进行讨论。由弹簧和阻尼器组成的系统为单自由度一阶系统,如图 3.5(a)所示。根据力学平衡条件,可得其运动微分方程为

$$c\frac{\mathrm{d}y(t)}{\mathrm{d}t} + ky(t) = x(t) \tag{3.27}$$

式中 k——弹簧的劲度系数(也可称为刚度);

c——阻尼器阻尼系数。

令 $\tau = c/k$ 为时间常数,单位为 s。对上式进行拉氏变换,则有

$$\tau s Y(s) + Y(s) = KX(s) \tag{3.28}$$

式中,$K = 1/k$,为静态灵敏度

传递函数为

$$H(s) = \frac{Y(s)}{X(s)} = \frac{K}{\tau s + 1} \tag{3.29}$$

同理,可以推出,对于物理结构不同,诸如 RC 电路和液柱式温度计之类的测量系统,其传递函数的形式是相同的,只是参数 τ 值的求法不同,例如,RC 电路中 $\tau = RC$。

(2)一阶系统的频率响应

令 $s = \mathrm{j}\omega$,就得到一阶系统的频率响应特性

$$H(\mathrm{j}\omega) = \frac{K}{\tau \mathrm{j}\omega - 1} \tag{3.30}$$

式中,K 为静态灵敏度,是一个只取决于系统结构,而与输入信号频率无关的常数,因而它不反映系统的动态特性。为了使表达更加方便和简捷,一般总是将 K 设为1(归一化处理)。这样,一阶系统的幅频特性和相频特性的表达式分别为

$$A(\omega)=|H(j\omega)|=\frac{1}{\sqrt{1+(\tau\omega)^2}} \tag{3.31}$$

$$\varphi(\omega)=-\arctan(\tau\omega) \tag{3.32}$$

式中,负号表示输出信号滞后输入信号。

按上述二式画出的幅频曲线和相频曲线分别如图3.8(a)、(b)所示。

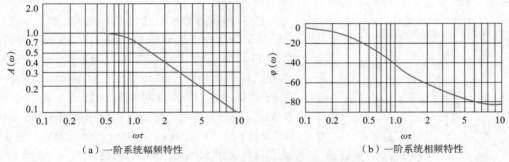

（a）一阶系统幅频特性　　　　　　　　　（b）一阶系统相频特性

图3.8　一阶测量系统幅频与相频特性

由式(3.31)和式(3.32)可知,一阶系统在正弦激励下,稳态输出时的响应幅值和相位差取决于输入信号的频率和系统的时间常数 τ。由图3.8可见,响应幅值随 ω 增大而减小,相位差随 ω 增大而增大。此外,系统的频率响应还与时间常数 τ 有关。当 $\omega\tau<0.3$ 时,振幅与相位失真都较小,说明如果系统的时间常数 τ 越小,则 ω 可以增大,即工作频率范围越宽;反之,τ 越大,则 ω 就要减小,使工作频率范围越窄。

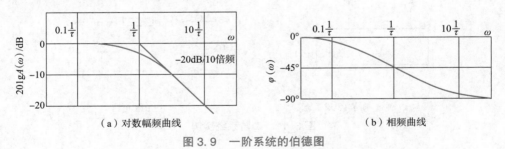

（a）对数幅频曲线　　　　　　　　　　（b）相频曲线

图3.9　一阶系统的伯德图

由图3.9可知,在一阶系统特性中,有几点应特别注意:

①当激励频率 ω 远小于 $1/\tau$ 时(约 $\omega<1/5\tau$),其 $A(\omega)$ 值接近于1(误差不超过2%),输出、输入幅值几乎相等。故,一阶测量系统适于测量缓变的或低频的信号。当 $\omega>(2\sim3)/\tau$ 时,即 $\omega\tau\gg1$ 时,系统相当于一个积分器。

②时间常数 τ 是反映一阶系统特性的重要参数,实际 τ 决定了该装置适用的频率范围。在 $\omega=1/\tau$ 点称转折频率,$A(\omega)$ 为 0.707(−3 dB),相角滞后45°。

③一阶系统的波特图可以用一条折线来近似描述。这条折线在 $\omega < 1/\tau$ 段为 $A(\omega)=1$ 的水平线,在 $\omega > 1/\tau$ 段为 $-20\ \text{dB}/10$ 倍频(或 $-6\ \text{dB}/$ 倍频)斜率的直线。在 $\omega = 1/\tau$ 点折线偏离实际曲线的误差最大(为 $-3\ \text{dB}$)。其中,$-20\ \text{dB}/10$ 倍频是指频率每增加 10 倍,$A(\omega)$ 下降 20 dB。

(3)一阶系统的阶跃响应

式(3.33)为一阶系统的阶跃响应函数

$$y(t) = A\left(1 - e^{-t/\tau}\right) \tag{3.33}$$

如图 3.10 所示,阶跃响应函数是指数曲线;初始值为零,随着时间 t 的增加而增大,逐渐趋近于最终值 A。可见,从零到最终值这段时间,总是存在输出与输入之间的差值,该差值称为动态误差,或称为过渡响应动态误差。

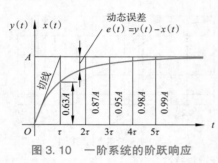

图 3.10　一阶系统的阶跃响应

图 3.10 的指数曲线变化率取决于常数 τ。τ 值越大,曲线趋近于 A 的时间越长,输出与输入的差值越大;τ 值越小,曲线趋近与 A 的时间越短,输出与输入的差值越小。可见,τ 值是决定一阶系统动态响应快慢的重要因素,称为时间常数。当 $t=\tau$ 时,$y(t)=0.63A$。即在 τ 时刻的输出仅达到输入的 63%。当 $t=3\tau,4\tau,5\tau$ 时,分别为输入的 95%,98%,99%。通常用达到最终值的 95% 或 98% 所需这段时间 3τ 或 4τ 作为一阶系统响应快慢的指标。

2. 二阶系统的动态特性

图 3.11 的弹簧–质量–阻尼系统和 RLC 电路均为典型的二阶系统。

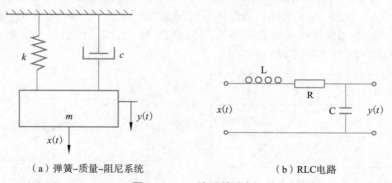

　(a)弹簧–质量–阻尼系统　　　　　　　　(b)RLC电路

图 3.11　二阶系统实例

(1)二阶系统的传递函数

以弹簧–质量–阻尼系统为例,当该系统受外力作用时,外力与惯性力、阻尼力和弹簧反力相平衡,则有下式

$$m\frac{\mathrm{d}^2 y}{\mathrm{d}t^2} + c\frac{\mathrm{d}y}{\mathrm{d}t} + ky = x(t) \tag{3.34}$$

式中　m——系统的质量;

　　　c——阻尼器的阻尼系数;

k——弹簧的劲度系数。

式(3.30)为二阶微分方程,经拉氏变换得所对应的传递函数

$$H(s) = \frac{K}{\frac{1}{\omega_n^2}s^2 + 2\frac{\zeta}{\omega_n}s + 1}$$ (3.35)

式中　　　K——系统的灵敏度,$K = 1/k$;

$\omega_n = \sqrt{\dfrac{k}{m}}$——系统的固有角频率;

$\zeta = c/2\sqrt{km}$——系统的阻尼比。

ω_n、ζ 和 K 都取决于系统结构参数。系统调整完毕,ω_n、ζ 和 K 也随之确定。

由于静态灵敏度参数 K 取决于系统的结构参数,与输入频率无关,因而它不反映系统的动态特性。为了表达方便,通常设 $K = 1$(归一化处理),传递函数则转换为

$$H(s) = \frac{\omega_n^2}{s^2 + 2\zeta\omega_n s + \omega_n^2}$$ (3.36)

(2)二阶系统的频率响应特性

将 $S = j\omega$ 代入式(3.36)即得二阶系统的频率响应特性为

$$H(j\omega) = \frac{1}{1 - \left(\dfrac{\omega}{\omega_n}\right)^2 + 2j\zeta\left(\dfrac{\omega}{\omega_n}\right)}$$ (3.37)

幅频特性为

$$A(\omega) = \frac{1}{\sqrt{\left[1 - \left(\dfrac{\omega}{\omega_n}\right)^2\right]^2 + \left[2\zeta\left(\dfrac{\omega}{\omega_n}\right)\right]^2}}$$ (3.38)

相频特性为

$$\varphi(\omega) = -\arctan\frac{2\zeta\left(\dfrac{\omega}{\omega_n}\right)}{1 - \left(\dfrac{\omega}{\omega_n}\right)^2}$$ (3.39)

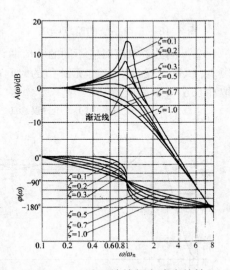

图 3.12　二阶系统的频率响应特性

此时,幅值误差为

$$[1 - A(\omega)] \times 100\%$$

按式(3.38)和式(3.39)画出的二阶系统的频率特性曲线如图3.12所示。

由图3.12可知,阻尼比 ζ 不同,系统的频率响应也不同。当 $\zeta > 1$ 时,称为过阻尼;$\zeta = 1$ 时,为临界阻尼;$\zeta < 1$ 时,为欠阻尼。

当 $\zeta < 1$ 时,在较宽的频率范围内 $A(\omega) > 1$;当 ζ 在 $0.6 \sim 0.8$ 范围内时,$A(\omega) = 1$ 的频率范围最大,而 $\varphi(\omega)$ 与 ω/ω_n 近似线性关系,即在这种情况下,系统稳态响应的动态误差较小;当

$\zeta \geq 1$ 时，$A(\omega) < 1$；当 $\zeta = 0$ 时，在 $\omega/\omega_n = 1$ 附近，幅值明显加大，即当输入与测量系统的固有角频率相等时，系统将出现谐振，此时，输出与输入信号的相位差 $\varphi(\omega)$ 由 0 突然变化到 180°。为避免此现象，须加大 ζ 值。当 $\zeta > 0$，而 $\omega/\omega_n = 1$ 时，输出与输入信号的相位差 $\varphi(\omega)$ 均为 −90°。利用这一特点可测定系统的固有频率 ω_n。

显然，系统的频率响应随固有频率 ω_n 的大小不同而不同。ω_n 越大，保持动误差在一定范围内的工作频率范围越宽；反之，工作频率范围越窄。

综上所述，对二阶测量系统推荐采用 ζ 值在 0.7 左右，$\omega < 0.2\omega_n$，这样可使测量系统的幅频特性工作在平直段，相频特性工作在直线段，从而使测量的失真最小。

（3）二阶系统的阶跃响应特性

对传递函数为式（3.34）的二阶系统，在阻尼比 $\zeta < 1$ 的情况下，对阶跃输入信号 $x(t) = A$ 的响应函数为

$$y(t) = A\left\{1 - \frac{e^{\zeta\omega_n t}}{\sqrt{1-\zeta^2}}\sin\left[\sqrt{1-\zeta^2}\,\omega_n t + \arctan\left(-\frac{1-\zeta^2}{\zeta}\right)\right]\right\} \tag{3.40}$$

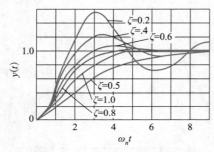

图 3.13　二阶系统的阶跃响应

将上式用曲线表示，如图 3.13 所示。图中横坐标为无量纲变量 $\omega_n t$，纵坐标为系统的输出 $y(t)$，设灵敏度为 1。图中曲线族只与阻尼比 ζ 有关。由图可知，二阶系统的阶跃响应具有以下特性。

①当阻尼比 $\zeta < 1$ 时，二阶系统将出现衰减正弦振荡；当 $\zeta \geq 1$ 时，不出现振荡。无论哪种情况，输出都要经过一段时间才能达到阶跃输入值，这个过程称为动态过渡过程。任意时刻的输出与输入之差都称为动态误差。

②不同的 ζ 取值对应不同的响应曲线，即 ζ 值的大小决定了阶跃响应趋于最终值的时间长短。ζ 值过大或过小，趋于最终值的时间都过长。为了提高响应速度，减小动态误差，通常 ζ 值取在 0.6~0.8 之间。

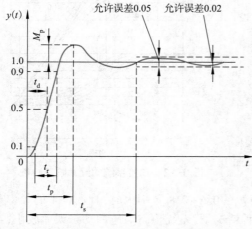

图 3.14　单位阶跃响应特性

③二阶系统的阶跃响应速度随固有角频率的变化而变化。当 ζ 一定时，ω_n 越大，则响应速度越快；ω_n 越小，则响应速度越慢。由此可见，固有角频率 ω_n 和阻尼比 ζ 是二阶系统重要的特性参数。

（4）二阶系统的时域性能指标

测量系统过渡过程的时域性能指标，通常是用单位阶跃输入信号作用下产生的时间响应曲线来表征。表征时域性能指标的主要参数有延迟时间 t_d、上升时间 t_r、峰值时间 t_p、响应时间 t_s 及超调量 M，如图 3.14 所示，图中参数定义如下。

延迟时间 t_d：单位阶跃响应曲线达到其终值的 50% 所需要的时间。

上升时间 t_r：单位阶跃响应曲线从它的终值的 10% 上升到终值的 90% 所需要的时间。

峰值时间 t_p：单位阶跃响应曲线从零开始超过其稳态值而达到第 1 个峰值所需要的时间。

响应时间 t_s：单位阶跃响应曲线达到并保持在响应曲线终值允许的误差范围内所需要的时间。该误差范围通常规定为终值的 ±5%（也有取 ±2% 的）。

超调量 M 用式（3.41）表示

$$M = \frac{y_m - y(\infty)}{y(\infty)} \times 100\% = \frac{M_p}{y(\infty)} \times 100\% \tag{3.41}$$

式中　y_m——响应曲线最大值；

$y(\infty)$——响应曲线终值，即稳态值，M_p 为 y_m 与 $y(\infty)$ 之差。

以上 4 个动态特性指标基本上体现了二阶测量系统动态过渡过程的特征。在实际应用中，常用的时域性能指标为上升时间 t_r、响应时间 t_s 及超调量 M。

综上所述可知，一般的测量系统不可能对任意频率的信号都能进行不失真测量。一个系统只能测量某一频率范围内的信号，这一频率范围称为此系统的工作频带。在进行测量时，要达到不失真的目的，首先必须了解测量系统的静、动态特性，了解它的工作频带。例如，在多大的幅值（量程）、频率范围内是线性工作区，即幅值、频率均不失真。然后再根据输入信号的特点选取静、动态特性均能满足要求的测量系统。

【例】　设一力传感器可简化成如图 3.11（a）所示的二阶系统。已知该传感器的固有频率 $f_0 = 1\,000$ Hz。若该传感器的阻尼比 $\zeta = 0.7$，试问用它测量频率分别为 600 Hz 和 400 Hz 的正弦交变力时，其输出的幅频特性 $A(\omega)$ 和相位差 $\phi(\omega)$ 各为多少？设灵敏度为 1。

解：当测量装置 $f_0 = 1\,000$ Hz，$\zeta = 0.7$，用来测量 $f = 600$ Hz 的信号时，由二阶系统的频率响应特性，可如下计算

$$A(\omega) = \frac{1}{\sqrt{\left[1 - \left(\frac{600}{1\,000}\right)^2\right]^2 + 4 \times 0.7^2 \left(\frac{600}{1\,000}\right)^2}} = 0.95$$

$$\varphi(\omega) = -\arctan \frac{2 \times 0.7 \left(\frac{600}{1\,000}\right)}{1 - \left(\frac{600}{1\,000}\right)^2} = -52.7°$$

若用来测量 $f = 400$ Hz 的信号时，则

$$A(\omega) = \frac{1}{\sqrt{\left[1 - \left(\frac{400}{1\,000}\right)^2\right]^2 + 4 \times 0.7^2 \left(\frac{400}{1\,000}\right)^2}} = 0.99$$

$$\phi(\omega) = -\arctan \frac{2 \times 0.7 \left(\frac{400}{1\,000}\right)}{1 - \left(\frac{400}{1\,000}\right)^2} = -33.7°$$

由上述可见，在 $\zeta = 0.7$ 的情况下，该传感器对于 $\omega/\omega_n \leqslant 0.6$ 这一频率段的信号，其幅值比

变化率不大于 5%；而对于 $\omega/\omega_n \leq 0.4$ 这一频率段的信号，其幅值比变化率不大于 1%，即幅值误差小于 1%。此时计算该传感器输出相对于输入的滞后时间如下

$$t_d \mid_{\omega=600} = \frac{\phi(\omega)}{\omega} = \frac{-52.7° \times \pi/180°}{2\pi \times 600} = -0.24 \text{(ms)}$$

$$t_d \mid_{\omega=400} = \frac{\phi(\omega)}{\omega} = \frac{-33.7° \times \pi/180°}{2\pi \times 400} = -0.23 \text{(ms)}$$

由计算结果可知，两者很接近，说明此时相位差 $\phi(\omega)$ 与被测信号角频率 ω 近似为直线关系。如果当被测信号中有多种频率成分(符合测量系统测量范围)时，由于各个频率通过该测量装置后输出的滞后时间近似为常数，因而不致引起信号失真。

上述例题说明，具有上述传递函数形式的二阶测量系统比较理想的参数是 $\zeta = 0.7$，$\omega/\omega_n \leq 0.4$。

3.4　实现不失真测量的条件

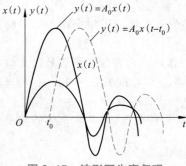

图 3.15　波形不失真复现

设有一个测量装置，其输出 $y(t)$ 和输入 $x(t)$ 满足下列关系

$$y(t) = A_0 x(t-t_0) \tag{3.42}$$

式中，A_0 和 t_0 都是常数。此式表明这个装置输出的波形和输入波形精确地一致，只是幅值(或者说每个瞬时值)放大了 A_0 倍和在时间上延迟了 t_0 (图 3.15)。这种情况，被认为测量装置具有不失真测量的特性。

现根据上式来考察测量装置实现测量不失真的频率特性。对该式作傅里叶变换，则

$$Y(\omega) = A_0 e^{-j\omega t_0} X(\omega) \tag{3.43}$$

若考虑当 $t<0$ 时，$x(t) = 0$，$y(t_0) = 0$，于是有

$$H(\omega) = A(\omega) e^{j\varphi(\omega)} = \frac{Y(\omega)}{X(\omega)} = A_0 e^{-jt_0\omega} \tag{3.44}$$

可见，若要求装置的输出波形不失真，则其幅频和相频特性应分别满足

$$A(\omega) = A_0 = 常数$$

$$\varphi(\omega) = -t_0\omega \tag{3.45}$$

A_0 不等于常数时所引起的失真称为幅值失真，$\varphi(\omega)$ 与 ω 之间的非线性关系所引起的失真称为相位失真。

应当指出，满足式(3.44)和式(3.45)所示的条件后，装置的输出仍滞后于输入一定的时间。如果测量的目的只是精确地测量出输入波形，那么上述条件完全满足不失真测量的要求。如果测量的结果要用来作为反馈控制信号，那么还应当注意到输出对输入的时间滞后有可能破坏系统的稳定性。这时应根据具体要求，力求减小时间滞后，即使 $t_0 \rightarrow 0$。

实际测量装置不可能在非常宽广的频率范围内都满足式(3.44)和式(3.45)的要求，所以通常测量装置既会产生幅度失真，也会产生相位失真。图 3.16 表示 4 个不同频率的信号通过

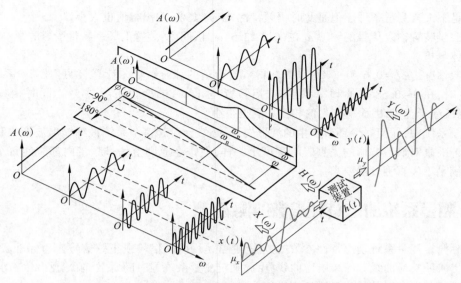

图 3.16 信号中不同频率成分通过测量装置后的输出

一个具有图中 $A(\omega)$ 和 $\phi(\omega)$ 特性的装置后的输出信号。4 个输入信号都是正弦信号(包括直流信号),在某参考时刻 $t=0$,初始相角均为零。图中形象地显示出输出信号相对输入信号有不同的幅值增益和相角滞后。对于单一频率成分的信号,因为通常线性系统具有频率保持性,只要其幅值未进入非线性区,输出信号的频率也是单一的,也就无所谓失真问题。对于含有多种频率成分的信号,显然即引起幅度失真,又引起相位失真,特别是频率成分跨越 ω_n 前、后的信号失真尤为严重。

对实际测量装置,即使在某一频率范围内工作,也难以完全理想地实现不失真测量。只能努力把波形失真限制在一定误差范围内。为此,首先要选用合适的测量装置,在测量频率范围内,其幅、相频率特性接近不失真测试条件。其次,对输入信号做必要的前置处理,及时滤掉非信号频带内的噪声,尤其要防止某些频率位于测量装置共振区的噪声的进入。

在装置特性的选择时也应分析并权衡幅值失真、相位失真对测试的影响。例如在振动测量中,有时只要求了解振动中的频率成分及其强度,并不关心其确切的波形变化,只要求了解其幅值谱而对相位谱无要求。这时首先要注意的应是测量装置的幅频特性。又如某些测量要求测得特定波形的延迟时间,这对测量装置的相频特性就应有严格的要求,以减小相位失真引起的测试误差。

从实现测量不失真条件和其他工作性能综合来看,对一阶装置而言,如果时间常数 τ 越小,则装置的响应越快,近于满足测试不失真条件的频带也越宽。所以一阶装置的时间常数,原则上 τ 越小越好。

对于二阶装置,其特性曲线上有两个频段值得注意。在 $\omega<0.4\omega_n$ 范围内,$\phi(\omega)$ 的数值较小,且 $\phi(\omega)-\omega$ 特性曲线接近直线。$A(\omega)$ 在该频率范围内的变化不超过 5%,若用于测量,则波形输出失真很小。在 $\omega>(2.5\sim3)\omega_n$ 范围内,$\phi(\omega)$ 接近 180°,且随 ω 变化很小。此时如果在实际测量电路中或数据处理中减去固定相位差或者把测量信号反相 180°,则其相频特性基本上满足不失真测量条件。但是此时幅频特性 $A(\omega)$ 太小,输出幅值也太小。

若二阶装置输入信号的频率 ω 在 $(0.3\sim2.5)\omega_n$ 区间内,装置的频率特性受 ξ 的影响很大,需作具体分析。

一般情况,在 $\xi=0.6\sim0.8$ 时,可以获得较为合适的综合特性。计算表明,对二阶系统,当 $\xi=0.70$ 时,在 $0\sim0.58\omega_n$ 的频率范围内,幅频特性 $A(\omega)$ 的变化不超过 5%,同时相频特性 $\varphi(\omega)$ 也接近于直线,因而所产生的相位失真也很小。

测量系统中,任何一个环节产生的波形失真,必然会引起整个系统最终输出波形失真。虽然各环节失真对最后波形的失真影响程度不一样,但是在原则上信号频带内都应使每个环节基本上满足不失真测量的要求。

3.5　测量系统动态特性参数的测定

实际测定测量系统动态特性参数的方法,通常是用阶跃信号或正弦信号作为标准激励源,分别测出阶跃响应曲线和频率响应曲线,由此确定测量系统的时间常数、阻尼比和固有频率等参数。下面仅以阶跃信号为激励源来进行分析。

1. 一阶测量系统时间常数 τ 的测定

一阶系统的动态特性参数即时间常数 τ,要测定此参数,只需测定一阶系统的阶跃响应曲线,从响应曲线上测取输出值达到最终稳态值的 63% 所经过的时间即为时间常数 τ。但这样测取的时间常数值,因未考虑响应的全过程,有时不能精确地确定 $t=0$ 时的值,所以结果不很准确。准确测定时间常数 τ 可以采用下述办法。

根据式(3.33),当 $A=1$ 时,一阶系统的单位阶跃响应函数为

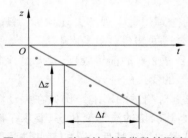

$$y(t)=1-\mathrm{e}^{-\frac{t}{\tau}}$$

上式可改写成

$$1-y(t)=\mathrm{e}^{-\frac{t}{\tau}}$$

对等式两边取对数得

$$\ln[1-y(t)]=-\frac{t}{\tau}$$

令 $z=\ln[1-y(t)]$,则

$$z=-\frac{t}{\tau} \tag{3.46}$$

图 3.17　一阶系统时间常数的测定

由式(3.46)可见,z 与 t 呈线性关系。可根据阶跃响应曲线测得的 y 与 t 的关系做出 z-t 曲线,如图 3.17 所示。从 z-t 曲线的斜率即可求得时间常数 τ,即

$$\tau=\frac{\Delta t}{\Delta z}$$

显然,这种方法考虑了瞬态响应的全过程。

2. 二阶系统阻尼比 ζ 和固有角频率 ω_n 的测定

二阶系统的动态参数主要是阻尼比 ζ 和固有角频率 ω_n。典型的欠阻尼($\zeta<1$)二阶系统的

阶跃响应曲线如图 3.18 所示。理论分析表明它是以有阻角频率 ω_d 作衰减振荡的。ω_d 的计算式为

$$\omega_d = \sqrt{1-\zeta^2}\,\omega_n \tag{3.47}$$

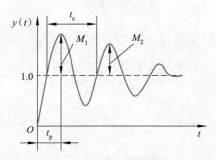

图 3.18 二阶系统阶跃响应曲线

可求得最大超调量 M_1 与阻尼比 ζ 之间的关系为

$$M_1 = e^{-\left(\frac{\pi\zeta}{\sqrt{1-\zeta^2}}\right)} \tag{3.48}$$

理论和经验都表明,阻尼比 ζ 越大,超调量 M_1 就越小,振荡波形的衰减就越快。由式(3.48)整理后,可得

$$\zeta = \sqrt{\frac{1}{\left(\frac{\pi}{\ln M_1}\right)^2 + 1}} \tag{3.49}$$

因此,从阶跃响应曲线测得 M_1 后,便可根据式(3.49)求得阻尼比 ζ。

由式(3.47)可得系统的固有角频率为

$$\omega_n = \frac{\omega_d}{1-\zeta^2} \tag{3.50}$$

用图 3.18 中的 $t_c(t_p = \pi/\omega_d)$ 代入上式,得

$$\omega_n = \frac{2\pi}{\sqrt{1-\zeta^2}\,t_c} \tag{3.51}$$

从阶跃响应曲线测得 t_p 或 t_c 以及由式(3.49)计算出的 ζ 值,一并代入式(3.51),便可求得二阶测量系统的固有角频率。

如果所测的阶跃响应瞬变过程较长,可在二阶系统阶跃响应曲线上测得任意两个相隔的超调量,利用这两个超调量来求阻尼比 ζ。设任意两个超调量为 M_i 和 M_{i+n},那么两个峰值相隔的整周期数(波峰数)为 n,则

$$\zeta = \frac{\delta_n}{\sqrt{\delta_n^2 + 4\pi^2 n^2}} \tag{3.52}$$

式中

$$\delta_n = \ln \frac{M_i}{M_{i+n}} \tag{3.53}$$

因此,先从二阶测量系统阶跃响应曲线上量取相隔 n 个周期的两个超调量 M_i 和 M_{i+n},然后代入式(3.53)计算 δ_n,再将 δ_n 代入式(3.52)即可求得 ζ 值。

思考与练习

1. 说明测量系统静态性能指标的定义。

2. 说明二阶测量系统的阻尼比对测量结果的影响。

3. 某温度传感器的时间常数 $\tau=3$,当传感器受突变温度作用后,求传感器指示出温度差的 1/3 和 1/2 所需的时间。

4. 某一阶压力传感器的时间常数为 0.55,如果阶跃压力从 25 MPa 降到 5 MPa,试求两倍时间常数的压力和 2 s 后的压力。

5. 某一阶测量系统,在 $t=0$ 时,输出为 10 mV;在 $t \to \infty$ 时,输出为 100 mV;在 $t=5$ s 时,输出为 50 mV,试求该测量系统的时间常数。

6. 某力传感器为二阶系统,已知其固有频率为 10 kHz,阻尼比 $\zeta=0.6$,如果要求其幅值误差小于 10%,问其可测频率范围为多大?

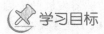

第4章

传感器

学习目标

1. 了解传感器的作用、类型;
2. 掌握各类传感器工作原理、特点、应用领域;
3. 了解传感器的选用原则,根据被测量的特点合理选择传感器。

传感器的好坏决定着整个系统的性能。一个国家、一项工程设计中传感器应用的数量和水平直接标志着其技术先进的程度。在现代工业生产过程中,要用各种传感器来监控生产过程中的各个参数,使设备工作在正常或最佳状态,并使产品达到最好的质量。因此,没有众多优良的传感器,现代化生产也就失去了基础。传感器是高技术产业,全世界生产传感器已经超过2万种产品品种,现在中国国内仅能生产其中的约1/3。中国传感器产业的生产和技术水平的提高,还需要大家共同的努力和辛勤的付出。

各种传感器有不同的识别信号的工作机理,同一种信号可能用不同的种类的传感器进行测量,同一种工作原理的传感器也可能测量不同的物理量。在我们日常的生活、工作中,遇到的事物和问题,首先需要选合适的方法去识别、分析它们,只有选择了对的识别方法,才能抓住要点,为下一步有效的解决方案的确立奠定基础。而对识别方法的基本原理的理解和掌握,是识别方法正确选择的重要条件,是我们工程人员必须具备的思想意识和行为习惯。

4.1 概　　述

传感器是能感受被测对象、并按照一定规律转换成可用以输出信号的器件(部件)或装置。传感器技术是关于传感器设计、制造及应用的综合技术,是现代信息技术的重要基础之一,是获取信息的工具。

1. 传感器的分类

传感器可按以下几种类型分。

①按传感器的所属学科可分为物理型、化学型和生物型。

②按传感器转换原理可分为电阻式、电感式、电容式、电磁式、光电式、热电式、压电式、霍尔式、微波式、激光式、超声式、光纤式及核辐射式等。

③按传感器的用途分类可分为温度、压力、流量、质量、位移、速度、加速度、力、电压、电流、功率物性参数等。

④按传感器转换过程中的物理现象可分为结构型和物性型。结构型是依靠传感器结构变化来实现参数转换的。物性型是利用传感器的敏感元件特性变化实现参数转换的。

⑤按传感器转换过程中的能量关系可分为能量转换型和能量控制型。能量转换型是传感器直接将被测量的能量转换为输出量的能量。能量控制型是由外部供给传感器能量,而由被测量来控制输出的能量。

⑥按传感器输出量的形式可分为模拟式和数字式。

⑦按传感器的功能可分为传统型和智能型。

2. 传感器的发展趋势

传感器的种类繁多,应用范围和领域极广,新型传感器不断涌现。促使传感器发展的原因有:新效应的发现、功能材料的开发、微细加工技术采用、集成技术采用、与微电子技术结合、纳米技术的采用。

4.2 电阻式传感器

电阻式传感器是利用电阻元件把被测的物理量,如力、位移、形变及加速度等的变化,变换成电阻阻值的变化,通过对电阻阻值的测量达到测量该物理量的目的。电阻式传感器主要分为电位器式电阻传感器和应变式电阻传感器。

4.2.1 电位器式(变阻器式)电阻传感器

常见的电位器式电阻传感器种类有线绕式电位器、膜式电位器(碳膜和金属膜)、导电塑料电位器、光电电位器等。

如图 4.1 所示,线绕式电位器由骨架、绕在骨架上的电阻丝及在电阻丝上移动的滑动触点(电刷)组成。滑动触点可以沿着直线运动[图 4.1(a)],也可以沿着圆周运动[图 4.1(b)]。前者称为直线位移式,后者称为角位移式,它们都是线性输出。图 4.1(c)是一种非线性(或称函数型)线绕式电位器,其骨架形状根据所要求的输入输出关系 $f(x)$ 决定。

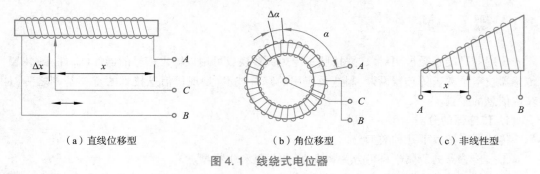

(a)直线位移型　　　　(b)角位移型　　　　(c)非线性型

图 4.1　线绕式电位器

线绕电位器式电阻传感器的工作原理如图 4.2 所示。被测物理量的变化通过机械结构,使电位器的滑臂产生相应的位移,改变了电路的电阻值,引起输出电压的改变,从而达到测量被测物理量的目的。

设 $m=R/R_L$,又假设 X 为滑臂的相对位移量,即 $X=R_x/R$,在均匀绕制的线性电位器(单位长度上的电阻是常数)中,输出电压 U_o 为

$$U_o = \frac{U_i R_1 R_x}{RR_1+RR_x-R_x^2} = \frac{U_i(R_x/R)}{1+(R_x/R_1)-(R_x^2/RR_1)} = \frac{U_i X}{1+mX(1-X)} \qquad (4.1)$$

由式(4.1)可知,电位器的输出电压与滑臂的相对位移量 X 是非线性关系,只有当 $m=0$,即 $R_L \to \infty$ 时,U_o 与 X 才满足线性关系,这里的非线性关系完全是负载电阻 R_L 的接入而引起的。

光电电位器是一种非接触式电位器,工作原理是利用可移动的窄光束照射在其内部光电导层和导电电极之间的间隙上,使光电导层下面沉积的电阻带和导电电极接通,随着光束位置不同而改变电阻值。

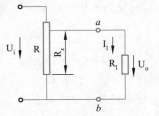

图 4.2 电位器式电阻
传感器电路

电位器式传感器可采用直、交流电源,但采用交流电源时需要考虑由于集肤效应(当交流电通过导体时,电流将集中在导体表面流过)而使绕线的交流电阻大于直流电阻。频率较多时,还要考虑绕线的自感 L 和绕线的分布电容 C 的影响。

普通电位器式电阻传感器结构简单,输出功率大,一般情况下可直接接指示仪表。但分辨力有限,一般精度不高。另外动态响应差,不适宜测量快速变化量。

4.2.2 应变式电阻传感器

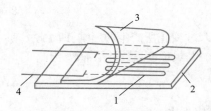

图 4.3 金属丝电阻应变片
1—电阻丝;2—衬底;3—覆盖层;4—引出线

应变式电阻传感器(电阻应变片)是利用金属导体或半导体材料的应变效应制成的一种测量器件,用于测量微小的机械变化量,可测量应变、力、力矩、压力、加速度等物理量。

常用的应变片有金属电阻应变片和半导体应变片。其典型结构如图4.3所示。应变片的敏感元件为电阻丝,由金属导体或半导体材料制成。导体或半导体材料在外界作用力下(拉伸或压缩),其阻值将发生变化。应变片粘贴于被测材料上,则被测材料受外界作用所产生的应变就会传送到应变片上,从而使其阻值发生变化,由此变化量就可反映出作用力的大小。

导体或半导体材料的电阻 R 可用下式表示为

$$R=\rho\frac{L}{A} \qquad (4.2)$$

式中,R 为电阻值,Ω;ρ 为导体或半导体材料的电阻率,$\frac{\Omega \cdot mm^2}{m}$;$L$ 为电阻丝的长度,m;A 为电阻丝的截面积,mm^2。

如果对整条导体或半导体材料长度作用一均匀应力,则由 ρ、L、A 的变化而引起电阻的变化,可通过对式(4.2)的全微分求得

$$dR = \frac{L}{A}d\rho + \frac{\rho}{A}dL - \frac{\rho L}{A^2}dA \tag{4.3}$$

相对变化量为

$$\frac{dR}{R} = \frac{d\rho}{\rho} + \frac{dL}{L} - \frac{dA}{A} \tag{4.4}$$

为分析方便,假设导体或半导体材料是圆截面,则 $A = \pi r^2$,其中 r 为导体或半导体材料的半径,微分后可得 $dA = 2\pi r dr$,则

$$\frac{dA}{A} = \frac{2\pi r dr}{\pi r^2} = 2\frac{dr}{r} \tag{4.5}$$

令 $dL/L = \varepsilon$ 为导体或半导体材料轴向相对伸长,即轴向应变;而 dr/r 为导体或半导体材料径向相对伸长即径向应变。在弹性范围内,导体或半导体材料沿长度方向伸长或缩短时轴向应变和径向应变的关系为

$$\frac{dr}{r} = -\mu \frac{dL}{L} = -\mu\varepsilon ; \quad \frac{d\rho}{\rho} = \lambda E \varepsilon \tag{4.6}$$

式中,μ 为导体或半导体材料的泊松系数,即径向应变和轴向应变的比例系数,负号表示方向相反;λ 为压阻系数,与材质有关;E 为导体或半导体材料的弹性模量。将式(4.5)、式(4.6)代入式(4.4),经整理后得

$$\frac{dR}{R} = (1+2\mu)\varepsilon + \lambda E \varepsilon \tag{4.7}$$

定义导体或半导体材料的灵敏度系数为

$$k = \frac{dR/R}{\varepsilon} = 1 + 2\mu + \lambda E \tag{4.8}$$

由式(4.8)可知,k 受两个因素影响:受力后材料的几何尺寸变化所产生的影响,即 $1+2\mu$ 项;受力后材料的电阻率发生变化而产生的影响。对于确定的材料,灵敏度系数是个常数,因此

$$\frac{dR}{R} = k\varepsilon \tag{4.9}$$

上式表示导体或半导体材料电阻相对变化与轴向应变成正比。

1. 金属电阻应变片

金属电阻应变片的金属电阻丝相对于径向应变和轴向应变的比例系数 μ,λ 非常小,往往可以忽略,所以其工作原理可认为是导体(电阻丝)在外界作用力下(拉伸或压缩)产生机械变形,其阻值将发生变化,这种现象称为"应变效应"。

金属电阻应变片有丝式应变片和箔式应变片等。它们的结构如图 4.4(a)和(b)所示。

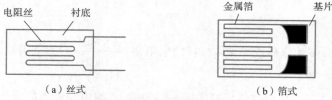

(a)丝式   (b)箔式

图 4.4　金属电阻应变片

（c）箔式应变片的几种结构形式

图 4.4　金属电阻应变片（续）

2. 半导体应变片

半导体应变片的使用方法与电阻丝式相同,结构如图 4.5 所示。其工作原理是基于半导体材料的压阻效应:单晶半导体材料,沿某一轴向受到外力作用时,其电阻率 ρ 发生变化的现象。半导体应变片受轴向力作用时,其电阻的相对变化仍具有式(4.9)的关系,即

$$\frac{\mathrm{d}R}{R} = (1+2\mu)\varepsilon + \lambda E\varepsilon \tag{4.10}$$

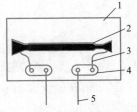

图 4.5　半导体应变片

1—基底;2—半导体敏感条;
3—内引线;4—引线片;5—引出线

式中,λ 为半导体材料受力方向的压阻系数;E 为半导体材料的弹性模量。

半导体应变片的 λE 比 $1+2\mu$ 大近百倍,所以 $1+2\mu$ 项可忽略,因而半导体应变片的灵敏度系数为

$$k = \frac{\mathrm{d}R/R}{\varepsilon} = \lambda E \tag{4.11}$$

半导体应变片最突出的优点是体积小,而灵敏度高。它的灵敏度系数比金属应变片要大几十倍,频率响应范围很宽。但由于半导体材料的原因,它也具有温度系数大,应变与电阻的关系曲线非线性误差大等缺点。

应变片安装在自由膨胀的试件上,在没有外力作用时,如果环境温度变化,应变片的电阻也会变化,这种变化叠加在测量结果中产生应变片温度误差。消除温度误差方法常采用温度自补偿法、电桥线路补偿法、辅助测量补偿法、热敏电阻补偿法、计算机补偿法等。

4.3　电感式传感器

电感式传感器是利用电感元件把被测物理量的变化转换成电感的自感系数 L 或互感系数 M 的变化,再由测量电路转换为电信号。可测量位移、压力、流量等参数。

1. 自感传感器

（1）自感传感器的原理

图 4.6 是变气隙式自感传感器的原理图。铁芯 1 和衔铁 2 由导磁材料如硅钢片或坡莫合金制成,衔铁和铁芯之间有空气隙 δ。传感器的运动部分与衔铁相连,当衔铁移动时,磁路中气隙的长度发生变化,使磁路的磁阻发生变化,导致线圈的电感值发生变化,由此判定衔铁位移

量的大小。设线圈的匝数为 N，根据电感定义，此线圈的电感量(单位为 H)为

$$L = \frac{N\Phi}{I} \tag{4.12}$$

式中，Φ 为磁通，Wb；I 为线圈中的电流，A；N 为线圈匝数，而磁通

$$\Phi = \frac{IN}{R_M} = \frac{IN}{R_F + R_\delta} \tag{4.13}$$

式中，R_F 为铁芯磁阻；R_δ 为空气隙磁阻。R_F 与 R_δ 可分别由下列两式求得

$$\begin{cases} R_F = \dfrac{L_1}{\mu_1 A_1} + \dfrac{L_2}{\mu_2 A_2} \\ R_S = \dfrac{2\delta}{\mu_0 A} \end{cases} \tag{4.14}$$

式中，L_1 为磁通通过铁芯的长度，m；A_1 为铁芯横截面积，m²；μ_1 为铁芯材料的磁导率，H/m；L_2 为磁通通过衔铁的长度，m；A_2 为衔铁横截面积，m²；μ_2 为衔铁材料的磁导率，H/m；δ 为气隙长度，m。

一般情况下，导磁材料的磁导率远大于空气中的磁导率，因此导磁材料磁阻与空气相比是非常小的，即 $R_F \ll R_\delta$，常常可以忽略不计。这样，线圈的电感可写成

$$L = \frac{N^2 \mu_0 A}{2\delta} \tag{4.15}$$

式中，δ 为气隙长度，m；A 为气隙截面积，m²；μ_0 为空气的磁导率 $= 4\pi \times 10^{-7}$，H/m；N 为线圈匝数。

由式(4.15)可知，线圈匝数 N 确定之后，只要气隙长度 δ 和气隙截面 A 两者之一发生变化，电感传感器的电感量都会随之发生变化。因此，变气隙式自感传感器又可分为变气隙长度和变气隙截面两种，但常用的是变气隙长度的自感传感器。

（2）变气隙长度的自感传感器

由式(4.15)可知，δ 和 L 为非线性关系，如图 4.7 所示。设图 4.6 中衔铁处于起始位置时，自感传感器的初始气隙为 δ_0，由式(4.16)可知初始电感 L_0 为

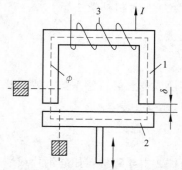

图 4.6 变气隙式自感传感器原理图
1—铁芯；2—衔铁；3—线圈

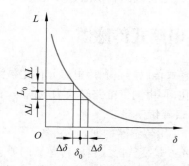

图 4.7 自感传感器的 L-δ 特性曲线

$$L_0 = \frac{N^2 \mu_0 A}{2\delta_0} \tag{4.16}$$

当衔铁向上移动 $\Delta\delta$ 时,传感器的气隙将减小,这时电感量将增大为

$$L = \frac{N^2 \mu_0 A}{2(\delta_0 - \Delta\delta)}$$

电感的变化量为

$$\Delta L = L - L_0 = L_0 \frac{\Delta\delta}{\delta_0 - \Delta\delta} \tag{4.17}$$

同理,如果衔铁向下移动 $\Delta\delta$ 时,传感器的气隙将增大,这时电感将减小,其变化量为

$$\Delta L = L - L_0 = L_0 \frac{\Delta\delta}{\delta_0 + \Delta\delta} \tag{4.18}$$

由式(4.16)可得传感器的灵敏度为

$$S = -\frac{N^2 \mu_0 A}{2\delta^2} \tag{4.19}$$

由于 S 非常数,故会出现非线性误差。为了减小误差,通常规定在较小间隙范围内工作。一般取 $\Delta\delta / \delta_0 \leqslant 0.1$。这种传感器适用于较小位移的测量,一般为 $0.001 \sim 1\ mm$。

式(4.19)说明除了初始间隙应尽量小,增加线圈匝数和铁芯截面积也可以提高灵敏度。

(3)可变气隙截面(导磁面积)型自感传感器

图4.6中,如果衔铁左右运动,便构成了可变导磁面积型自感传感器。其自感 L 与导磁面积 A 呈线性关系,这种传感器灵敏度较低。

(4)螺管式自感传感器

图4.8是单螺管线圈式自感传感器。当铁芯在线圈中运动时,磁阻将被改变,线圈自感发生变化,这种自感传感器可测较大的位移。

(5)差动式自感传感器

差动式自感传感器(也称差动式电感传感器)是由两只完全对称的电感传感器铁芯合用一个活动衔铁所构成。图4.9分别是 E 形和螺管形差动式自感传感器的结构原理图。其特点是上、下两个导磁体的几何尺寸、材料、上、下两只线圈的电气参数(线圈铜电阻、电感、匝数等)完全一致。传感器的两只电感线圈接成交流电桥的相邻两臂,另外两个桥臂可由电阻或电感组成。

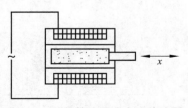

图 4.8 单螺管线圈式自感传感器

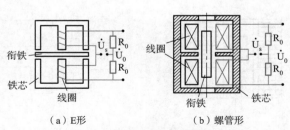

(a)E形 (b)螺管形

图 4.9 差动式自感传感器的结构原理图

图 4.9 中两类差动电感传感器的工作原理相同,只是结构形式不同。电感传感器和电阻(或电感)构成了四臂交流电桥,由交流电源 $\dot{U}_s$ 供电,在电桥的另一对角端为输出的交流电压 $\dot{U}_0$。在起始位置时,衔铁处于中间位置,两边的气隙相等,因此两只电感线圈的电感量在理论

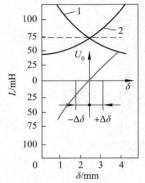

图 4.10   差动式电感
传感器输出特性

上相等,电桥的输出电压 $\dot{U}_0 = 0$,电桥处于平衡状态。当衔铁偏离中间位置向上或向下移动时,造成两边气隙不一样,使两只电感线圈的电感量一增一减,电桥就不平衡。电桥输出电压的幅值大小与衔铁移动量的大小成比例,其相位则与衔铁移动的方向有关。假定衔铁向下移动时,输出电压的相位为正,则衔铁向上移动时,输出电压的相位为负。因此,如果测量出输出电压的大小和相位,就能确定衔铁位移量的大小和方向。若将衔铁与运动机构相连,就可以测量多种非电量,如位移、液位等。

输出特性是指电桥输出电压与传感器衔铁位移量间的关系。

图 4.10 与图 4.7 比较,说明了差动式电感传感器的非线性在 $\pm\Delta\delta$ 工作范围内要比单个电感传感器小得多。灵敏度 S 比单个线圈的传感器提高一倍。

2. 差动变压器式电感传感器(互感式电感传感器)

差动变压器是把被测量的变化变换为线圈的互感变化。互感传感器本身是一个变压器,初级线圈输入交流电压,次级线圈感应出电动势,当互感受外界影响变化时,其感应电动势也随之变化。由于其次级线圈接成差动形式,故称差动变压器。差动变压器结构简单、测量精度高、灵敏度高及测量范围宽。下面以应用较多的螺管式差动变压器为例说明其特性。

差动变压器结构如图 4.11(a)所示,由初级线圈 W 与两个相同的次级线圈 W_1,W_2 和插入的可移动的铁芯 P 组成。其线圈连接方式如图 4.11(b)所示,两个次级线圈反相串接。当初级线圈 W 加上一定的正弦交流电压 $\dot{U}_1$ 后,在次级线圈中的感应电动势 $\dot{e}_1$,$\dot{e}_2$ 与铁芯在线圈中的位置有关。当铁芯在中心位置时,$\dot{e}_1 = \dot{e}_2$,输出电压 $\dot{e}_0 = \dot{e}_1 - \dot{e}_2 = 0$;当铁芯向上移动时 $|\dot{e}_1| > |\dot{e}_2|$;反之,$|\dot{e}_2| > |\dot{e}_1|$,在上述两种情况下,输出电压 $\dot{e}_0$ 的相位相差 $180°$,其幅值随铁芯位移 x 的变化而变化,如图 4.11(c)所示。

图 4.11(c)中虚线为理想输出电压特性,实际上多种原因导致铁芯在中间位置时 $\dot{e}_0$ 不等于零,此时 $\dot{e}_0 = u_0$,u_0 称为零点残余电压,所以实际输出电压如图 4.11(c)中实线所示。

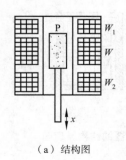
(a)结构图

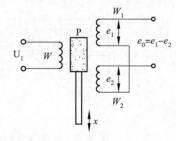
(b)原理图

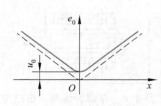
(c)输出电压的幅值特征

图 4.11   差动变压器原理图

零点残余电压的存在,使传感器输出电压特性在零点附近的范围内不灵敏。解决方法为:

①串联电阻,消除两个二次绕组基波分量幅值上的差异,如图 4.12(a)、(c)所示;

②并联电阻、电容,消除基波分量的相位差异,减小谐波分量,如图 4.12(b)、(d)所示;

③加反馈支,一次侧、二次侧间加入反馈,减小谐波分量;

④相敏检波电路对零点残余误差有很好的抑制作用。

差动变压器输出交流信号,为正确反映衔铁位移的大小和方向,常常采用差动整流电路、相敏检波电路。

电感式传感器的优点如下。

①结构简单,工作中没有活动电触点,因此比电位器工作可靠,寿命长;

②灵敏度和分辨率高。特别是差动变压器式电感传感器,能测出 0.01 μm 的机械位移变化。传感器输出信号强,电压灵敏度一般每 1 mm 可达数百毫伏,因而有利于信号传输;

③在一定位移范围内(几十微米到最大达数十甚至数百毫米)重复性和线性度好。

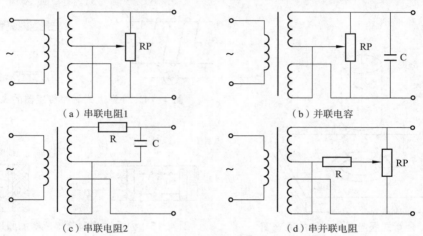

（a）串联电阻1　　　　　　　　　　　　（b）并联电容

（c）串联电阻2　　　　　　　　　　　　（d）串并联电阻

图 4.12　常用差动补偿电路

电感式传感器的主要缺点如下。

①频率响应较低,不宜快速动态测量;

②分辨力与测量范围有关;测量范围小,分辨力高,反之则低;

③差动式电感传感器存在零点残余电压,在零点附近有一个不灵敏区。

4.4　涡流式传感器

涡流式传感器是一种检测材料电磁特性的传感器,它是利用材料的涡电流效应制成的。图 4.13 是外置式涡流式传感器的工作原理图。金属板置于一只线圈的附近,相互间距为 x。当线圈中有一交变电流 i 通过时,便产生磁通 Φ,此交变磁通通过邻近的金属板,金属板上便产生感应电流 i_1。这种电流在金属体内是闭合的,称为"涡电流"或"涡流"。这种涡电流也将产生交变磁通 Φ_1,根据楞次定律,涡电流的交变磁场与线圈的磁场变化方向相反,Φ_1 总是抵抗 Φ

的变化。除 x 外还有金属板的电阻率 ρ、导磁率 μ、厚度 d 及线圈激磁圆频率 ω。当改变其中某一因素时，即可达到不同的目的。例如，变化 x 可作为位移、振动测量；变化 ρ 或 μ 值，可作为材质鉴别或探伤等。涡流式传感器的最大特点是非接触的连续测量。

涡流传感器的类型多种多样，分类方法也不少，常见的分类方法有以下几种：

①按测量用途，可以分为探伤测量、几何量测量、材质（硬度、成分、组织结构、内应力分布等）检测等。

②按激励源的波形和数量的不同进行分类，有正弦波、脉冲波和方波等。

③按利用的涡流电场测量原理的不同可分为近场涡流检测和远场涡流检测。

④按测量线圈输出信号的不同，有参量式和变压器式两类。

⑤按传感器与被测物体的相对位置关系可分为外置式（图 4.13）、外穿过式（图 4.14）、内通过式（图 4.15）。

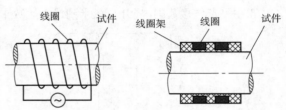

图 4.14　外穿过式涡流传感器的原理

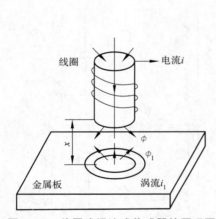

图 4.13　外置式涡流式传感器的原理图

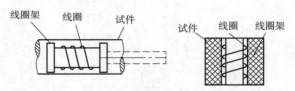

图 4.15　内通过式涡流传感器的原理图

⑥按被测参数的表达方式，可分为绝对式（图 4.16）和差动式涡流传感器。绝对式涡流传感器输出的是绝对值，差动式涡流传感器输出的是被测物体参数与参照值之间的差值，差动式又可分为标准比较式（图 4.17）和自比较式（图 4.18）。差动式的第一个线圈与第二个线圈所形成的物流信号方向相反。

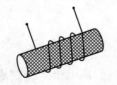

图 4.16　绝对式涡流传感器线圈

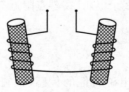

图 4.17　标准比较式涡流传感器线圈

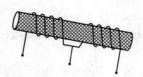

图 4.18　自比较式涡流传感器线圈

按传感器线圈绕组磁通方向的不同，把平行于被测物轴线的磁通方向称为轴向，而垂直于轴线的磁通方向称为法向。

下面介绍几种典型的涡流传感器。

(1)高频反射式涡流传感器

如图 4.13 所示,高频信号 i 施加于邻近金属一侧的电感线圈 L 上,L 产生的高频电磁场作用于金属板的表面。由于趋肤效应,高频电磁场不能透过具有一定厚度的金属板,而仅作用于表面的薄层内,对非导磁金属 $\mu \approx 1$ 而言,若 i 及 L 等参数已定,金属板的厚度远大于涡流渗透深度时,则金属板表面感应的涡流几乎只取决于线圈 L 至金属板的距离 x,而与板厚及电阻率的变化无关。

(2)低频透射式涡流传感器

图 4.19 为低频透射式涡流传感器的工作原理图。发射线圈和接收线圈分别位于被测材料 M 的上、下方。振荡器产生的低频电压 u 加到线圈的两端后,线圈中即流过一个同频率的交变电流,并在其周围产生一交变磁场。两线圈间不存在被测材料时,磁场就能直接贯穿入接收线圈,接收线圈的两端会生成出一交变电势 E;两线圈之间放置一金属板 M 后,产生的磁力线必然切割 M,并在 M 中产生涡流 i。这个涡流损耗了部分磁场能量,使到达接收线圈的磁力线减少,从而引起 E 的下降。M 的厚度 t 越大,磁场能量损耗也越大,E 就越小。由此可知 E 的大小间接反映了 M 的厚度 t,这就是测厚的依据。

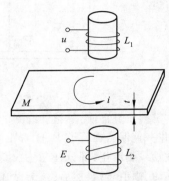

图 4.19　透射式涡流传感器原理图

M 中的涡流 i 的大小取决于 t 与 M 的电阻率 ρ。而 ρ 又与金属材料的化学成分和物理状态特别是与温度有关,于是引起相应的测试误差。补救的办法是,对不同化学成分的材料分别进行校正,并要求被测材料温度恒定。进一步的理论分析和实验结果证明,接受线圈的电势 E 随被测材料厚度 t 的增大而按负指数幂的规律减少,如图 4.20 所示。对于确定的被测材料,其电阻率为定值,当选用不同测试频率 f 时,渗透深度 Q 的值是不同的,从而使 E-t 曲线的形状发生变化,如图 4.21 所示。

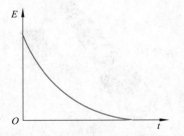

图 4.20　线圈感应电势与金属板厚度关系曲线

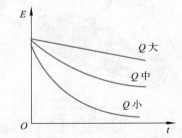

图 4.21　渗透深度 Q 对 $E=f(t)$ 曲线的影响

(3)远场涡流传感器

远场涡流(RFEC)检测技术是一种能对管材实行透壁检测的非常规电磁检测方法。它采用与管道同轴放置的内部螺线管作为激励线圈,通以低频交流电,一组检测线圈排列安放在靠近管壁的内表面(图 4.22)沿轴向距激励源 2~3 倍管内径处,测量检测线圈的感应电压及其与激励电流之间的相位差。如果在长铁管中改变激励线圈和检测线圈间轴向距离,并测出检测线圈感应电压及其相位,就可得到激励线圈周围电磁场分布的一些特征。把距激励线圈较近,信号幅值急剧下降的区域称为近场区或直接耦合区;信号幅值急剧下降后变化趋缓而相位发生较大的跃变之后的区域称为远场区或间接耦合区。远场涡流传感器中的检测线圈必须放在远场区,一般距激励线圈 2 倍管内径以外。

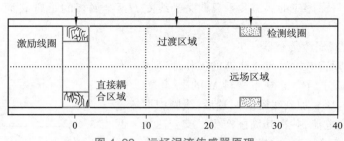

图 4.22 远场涡流传感器原理

实验研究证实,其检测线圈的场由两个分量合成:其一称为直接耦合分量,产生于激励线圈,并一直保留在管道中,随着距激励源轴向距离的增加,按指数规律衰减。另一为远场分量,是激励线圈产生,部分在激励线圈附近穿透管壁扩散,在此过程中,因为涡流的作用,场相位发生移动、幅值衰减,然后,该能量在管外传播、衰减减慢。对铁磁管道,该能量有被管道引导而沿管外壁扩散的趋势。在远场区域外部,直接耦合场比内部大得多,管内场的主要部分由外部场通过管壁扩散回来。在这个过程中,场再次衰减并有相位移动。像常规涡流技术一样,裂纹以阻断涡流路径的方式产生信号。

远场涡流传感器常用的类型有图 4.23 所示的直规传感器和图 4.24 所示的牛眼传感器。

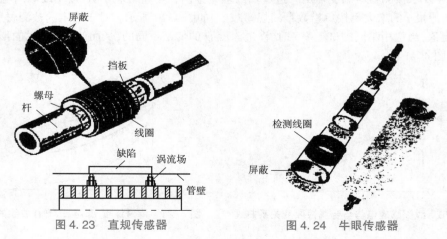

图 4.23 直规传感器

图 4.24 牛眼传感器

(4)相控涡流传感器

为了同时提高管材的轴向和周向缺陷的检出敏感性,较为有效的方法是采用阵列探头,它需要有与探头同样多的通道及信息融合技术。该传感器由三个线圈组成,相互间隔120°[图4.25(a)],之间由星状结构相连。传感器在管材中形成如图4.25(b)所示的涡流,涡流的流向对管材轴向和周向缺陷同时敏感。此种传感器结构不需多个通道,可高效率地检出多个方向的缺陷;但它检测仍有不敏感区域存在。这时可由两个独立并相似的相控涡流传感器一前一后放置,线间相位差60″,使得第一个传感器的不敏感区成为第二个传感器的敏感区,可避免漏检。

涡流式传感器的测量电路基本上可分为定频测距电路和调频测距电路两类。

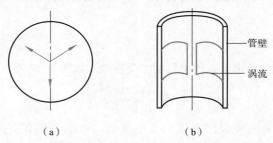

（a）　　　　　　　　　　（b）

图 4.25　相控涡流传感器示意图

4.5　电容式传感器

电容式传感器以电容器作为传感元件,将被测物理量转换为电容量变化。

1. 结构形式

电容式传感器根据其工作原理不同,可分为变间隙式(极距变化型)、变面积式(面积变化型)和变介电常数式(介质变化型)三种。

图4.26中(a)、(b)是线位移传感器;(c)是角位移传感器;(a)是变间隙式;(d)、(e)是变面积式;(g)~(i)均属变介电常数式;(g),(h)中电容变化是由于固体或液体介质在极板之间运动而引起的;而图(i)中电容变化主要是介质的湿度、密度等发生变化而引起的;图(d)~(f)是差动式电容传感器;图(j)是线绕式电容传感器;图(k)是栅形电容传感器。变间隙式一般用来测量微小的位移,小至0.01 μm,大到零点几毫米;变面积式则一般用来测角位移(从一角秒至几十度)或较大的线位移(厘米数量级);变介电常数式常用于固体或液体的物位测量,也用于测定各种介质的湿度、密度等状态参数。

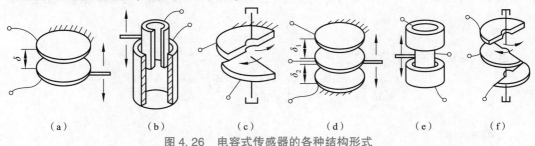

（a）　　　　（b）　　　　（c）　　　　（d）　　　　（e）　　　　（f）

图 4.26　电容式传感器的各种结构形式

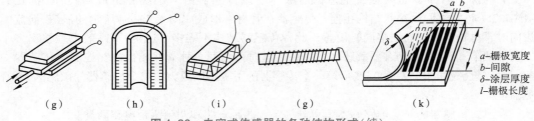

a—栅极宽度
b—间隙
δ—涂层厚度
l—栅极长度

图 4.26　电容式传感器的各种结构形式(续)

2. 工作原理

（1）变间隙式

下面以平板形为例讨论电容式传感器的主要特性。如图 4.27 所示，其电容计算公式为

$$C = \frac{\varepsilon A}{\delta} = \frac{\varepsilon_r \varepsilon_0 A}{\delta} \tag{4.20}$$

式中，C 为输出电容，F；ε 为极板间介质的介电常数，F/m；ε_0 为真空的介电常数，$\varepsilon_0 = 8.85 \times 10^{-12}$，F/m；$\varepsilon_r$ 为极板间介质的相对介电常数，$\varepsilon_r = \varepsilon / \varepsilon_0$，对于空气介质 $\varepsilon_r = 1$；A 为极板间相互覆盖的面积，m^2；δ 为极板间的距离，m。

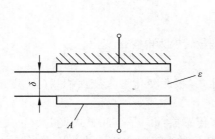

图 4.27　变间隙式电容传感器原理

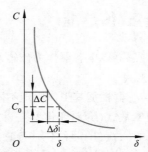

图 4.28　变间隙式电容传感器的 $C = f(\delta)$ 曲线

由式(4.20)可知，极板间电容 C 与极板间距离 δ 是成反比的双曲线关系，如图 4.28 所示。由于这种传感器特性的非线性，所以在工作时，动极片限制在一个较小的 $\Delta\delta$ 范围内，以使 ΔC 与 $\Delta\delta$ 的关系近似于线性。

如果电容器两极板间的介质为空气，极板之间的初始间隙设为 δ_0，则电容器的初始电容为

$$C_0 = \frac{\varepsilon_0 A}{\delta_0} \tag{4.21}$$

电容式传感器的灵敏度为

$$S = \frac{\Delta C}{\Delta \delta} = -\frac{\varepsilon A}{\delta^2} = -\varepsilon A \frac{1}{(\delta_0 + \Delta\delta)^2} = -\frac{\varepsilon A}{\delta_0^2} = -\frac{\varepsilon A}{\delta_0^2} \frac{1}{\left(1 + \frac{\Delta\delta}{\delta_0}\right)^2}$$

当 $\delta_0 \gg \Delta\delta$ 时

$$S \approx -\frac{\varepsilon A}{\delta_0^2} \qquad (4.22)$$

由式(4.22)可知,要提高灵敏度 S,应减小起始间隙 δ_0,但这受电容器击穿电压的限制,而且增加装配加工的困难;它的非线性误差是随相对位移的增加而增加的,因此,为了保证一定的线性度,可采用限制极板的相对位移量的方法。

另外,还可以采用运算放大器的方法消除变间隙式电容传感器的非线性度(图4.29)。根据运算放大器的运算关系,有 $u_o = -u_i \dfrac{c_0}{c_x} = -u_i \dfrac{c_0 \delta}{\varepsilon A}$

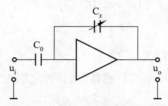

图 4.29　运算放大器式变间隙式电容传感器电路

得其灵敏度为

$$S = \frac{\Delta U_0}{\Delta U_i} = -\frac{C_0}{\varepsilon A} = 常数 \qquad (4.23)$$

所以,从理论上讲,采用运算放大器的方法可以完全消除变间隙式电容传感器的非线性度,但是相应地降低了灵敏度。

采用差动式结构可提高灵敏度[见图4.26(d)]。当 C_1 增加,则 C_2 减小。此时,电容的灵敏度为

$$S = \frac{\Delta C}{\Delta \delta} = 2\frac{C_0}{\delta_0} \qquad (4.24)$$

由式(4.24)可知,差动式电容传感器的灵敏度较单个电容传感器高一倍。

(2)变面积式

如图4.30(a)所示,当动极板移动 Δx 后,两极板间的电容为

$$C = \frac{\varepsilon b (a - \Delta x)}{\delta} = C_0 - \frac{\varepsilon b}{\delta} \Delta x \qquad (4.25)$$

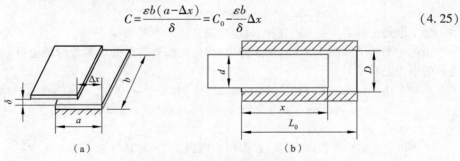

（a）　　　　　　　　　　　（b）

图 4.30　变面积式电容传感器原理图

电容变化量

$$\Delta C = C - C_0 = -\frac{\varepsilon b}{\delta}\Delta x \qquad (4.26)$$

灵敏度

$$S = \frac{\Delta C}{\Delta x} = \frac{\varepsilon b}{\delta} \qquad (4.27)$$

由式(4.26)和(4.27)可见,变面积式电容传感器的输出特性是线性的,适合测量较大的位移,灵敏度 S 为常数,增大极板长度 b,减小间隙 δ(通常 $\delta = 0.2 \sim 0.5$ mm)可使灵敏度提高。极板宽度 a 不能太小,否则边缘影响增大,非线性将增大。

图 4.26(c)为角位移型电容传感器,其输出电容量为

$$C = \frac{\varepsilon r^2}{2\delta}\alpha \qquad (4.28)$$

式中,α 为两个半圆片相互覆盖的角度。

图 4.26(b)为圆柱体线位移型电容传感器,动板和定板相互覆盖,其电容量为

$$C = \frac{2\pi\varepsilon_0\varepsilon_r x}{\ln(D/d)} \qquad (4.29)$$

当覆盖长度 x 变化时,电容量 C 发生变化,其灵敏度为

$$S = \frac{\mathrm{d}C}{\mathrm{d}x} = \frac{2\pi\varepsilon_0\varepsilon_r}{\ln(D/d)} = 常数 \qquad (4.30)$$

另一种栅形电容传感器(容栅)也是变面积式电容传感器,如图 4.31 所示。容栅由供给栅和接收栅组成,如图 4.31(a)所示的容栅传感器,供给栅上刻有 8 个长条形电极,它们互相绝缘,每个电极上连接着电压,其相位差为 45°,即

$$\phi_1 = \sin \omega t, \quad \phi_2 = \sin(\omega t + 45°), \quad \phi_3 = \sin(\omega t + 90°), \quad \phi_4 = \sin(\omega t + 135°),$$
$$\phi_5 = \sin(\omega t + 180°), \quad \phi_6 = \sin(\omega t + 225°), \quad \phi_7 = \sin(\omega t + 270°), \quad \phi_8 = \sin(\omega\tau + 315°) \qquad (4.31)$$

供给栅和接收栅相对安装[图 4.31(b)]时,可左右相对移动。当处在图 4.31(b)所示的位置时,供给栅上的 8 个电极分别供给相应的电压,接收栅的电极覆盖了供给栅上的前 4 个电极,由于电容静电耦合的作用,使接收栅上产生电压,该电压是 $\phi_1 \sim \phi_4$ 共同作用的结果。此时的电压为

$$U_1 = [\sin \omega t + \sin(\omega t + 45°)] + [\sin(\omega t + 90°) + \sin(\omega t + 135°)]$$
$$= 2\cos 22.5° \sin(\omega t + 67.5°) \qquad (4.32)$$

这个电势全部集中在电极 1 上,此时电极 2 上的电势为零。

当供给栅移动到图 4.31(c)所示的位置时,接收栅的电极 2 覆盖的是电极 $\phi_5 \sim \phi_8$,这 4 个电极的电势之和是

$$U_2 = [\sin(\omega t + 180°) + \sin(\omega t + 225°)] + [\sin(\omega t + 270°) + \sin(\omega t + 315°)]$$
$$= -\{[\sin \omega t + \sin(\omega t + 45°)] + [\sin(\omega t + 90°) + \sin(\omega t + 135°)]\}$$
$$= -U_1 \qquad (4.33)$$

U_2 和 U_1 大小相等,方向相反,且集中在电极 2 上,此时电极 1 的电压为零。由此可知,供给栅从图 4.31(b)移动到图 4.31(c)的过程,也就是接收栅的总电势从 U_1 到 U_2 的变化过程,

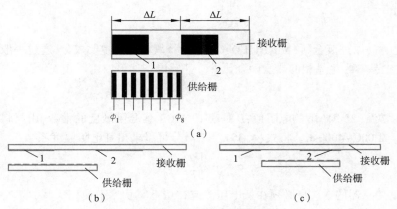

图 4.31 容栅的结构

反之,只要测得(U_1+U_2)的大小,就可以判断供给栅和接收栅的相对位置。

在实际使用中,供给栅和接收栅可根据需要加长,接收栅的输出总电压,每经过一个周期,就表示两个栅的相对位移为一个 ΔL。

为了提高容栅的灵敏度,可以采用差动方式。

(3)变介电常数式(介质变化型)

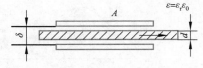

图 4.32 变介质介电常数的电容式传感器原理

如图 4.32 所示,当某介质在两固定极片间运动时,其电容量与介质参数之间的关系为

$$C = \frac{A}{\dfrac{\delta-d}{\varepsilon_0}+\dfrac{d}{\varepsilon_r\varepsilon_0}} = \frac{A\varepsilon_0}{\delta-d+\dfrac{d}{\varepsilon_r}} \qquad (4.34)$$

式中,d 为运动介质的厚度。由式(4.34)可知,当运动介质厚度 d 保持不变,而介电常数 ε($\varepsilon = \varepsilon_r\varepsilon_0$)改变时,电容量将产生相应的变化,利用这个原理可制作介电常数 ε 的测试仪。反之,如果 ε 保持不变,而 d 改变,则可制作成测厚仪。同理,可测量湿度、浓度等物理量。

3. 测量电路

通常电容传感器中的电容值变化都很微小,感应被测量后其输出电信号很微弱,因此不能直接显示、记录,必须借助转换电路,将电容变化转换为电流、电压、频率等信号进行传输。常用的相应的测量电路一般有桥型测量电路、谐振测量电路、调频式测量电路、运算放大器式测量电路、直流极化型电路等。

4.6 热敏电阻

能够将温度转换成电信号的转换器件称为热敏传感器。在所有的热敏传感器中,热敏电阻开发得最早、应用最广泛、使用量最大。下面介绍 3 种不同的热敏电阻。

1. 陶瓷热敏电阻

热敏电阻主要是各种半导体陶瓷型的负温度系数热敏电阻器(NTCR)和正温度系数热敏

电阻器(PTCR)。

(1)NTCR

NTCR 是一类以过渡金属(Mn,Ni,CO,Cu,Fe 等)氧化物为主要成分,通过一般的陶瓷工艺制备,形成以尖晶石为主晶相的热敏陶瓷元件。其感温特性可以用下式表示

$$R_t = R_0 e^{B\left(\frac{1}{T}-\frac{1}{T_0}\right)} \qquad (4.35)$$

式中,R_0 是在常温(25 ℃)下的电阻值;B 是表征 NTCR 感温灵敏度的常数,由材料和制备工艺决定,通常 $B = 2\,000 \sim 4000$ K。将式(4.35)对 T 微分可以求出其电阻温度系数

$$\alpha = \frac{1}{R_0}\frac{\mathrm{d}Rt}{\mathrm{d}T} = -\frac{B}{T^2} \qquad (4.36)$$

用作温度传感器的 NTCR 必须在低电压源或在接近零功率下使用。其 $R\text{-}T$ 特性的测量也必须在这样的条件下进行。如果其上所加电压增大,则会出现如图 4.33 所示的 $U\text{-}I$ 特性变化规律。它们主要是以氧化矾为基的陶瓷元件,其 $R\text{-}T$ 特性如图 4.34 所示。显然这是一类开关型的控温元件。

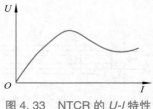

图 4.33　NTCR 的 $U\text{-}I$ 特性

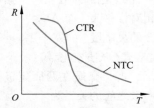

图 4.34　NTCR 和 CTR 的 $R\text{-}T$ 特性

(2)PTCR

PTCR 主要是指以掺杂 N 型 $BaTiO_3$ 为基的半导体热敏电阻陶瓷器件。它们主要利用陶瓷粒界效应、$BaTiO_3$ 半导体陶瓷中的半导体特性、介质特性及铁电特性的典型器件。其导电机理较为复杂,导电特性一般用图 4.35 所示的 3 大特性来表征。

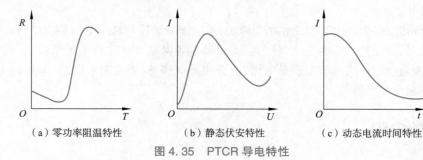

(a)零功率阻温特性　　　　(b)静态伏安特性　　　　(c)动态电流时间特性

图 4.35　PTCR 导电特性

将 PCTR 与 NTCR 的特性加以对比,可知前者主要表现为电阻正温度特性,后者主要表现为电阻负温度特性。但前者还能表现出自动恒温特性,可以用作恒温发热元件甚至智能元件。

2. 硅热敏电阻

半导体热敏传感器有硅热敏电阻型、热敏二极管型及热敏晶体管型 3 大类。硅热敏电阻一般由 N 型硅薄片制成平面结构。其 R-T 特性可以做到在 $-55 \sim 175 ℃$ 范围内具有误差小于 2% 的线性度,如图 4.36 所示。热敏二极管则是利用了 PN 结的正向压降随温度线性变化的特性,如图 4.37 所示。热敏晶体三极管同样也是利用了 PN 结的正向压降随温度线性变化的特性,但其 UBE-T 特性的线性度更高,工艺更易控制,互换性也好。图 4.38 表示电压热敏二极管在集电极电量为常数时的基极-发射极电压 UBE 与温度 T 的关系。

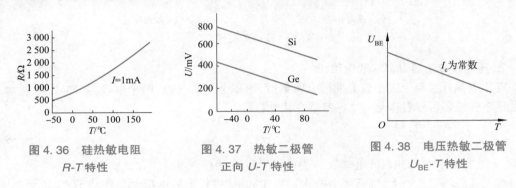

图 4.36 硅热敏电阻 R-T 特性　　　　图 4.37 热敏二极管 正向 U-T 特性　　　　图 4.38 电压热敏二极管 U_{BE}-T 特性

4.7 压电式传感器

压电式传感器是一种可逆型换能器,既可以将机械能转换为电能,又可以将电能转换为机械能。这种性质使它被广泛用于力、压力、加速度和质量的测量,也被用于超声波发射与接收装置。这种传感器具有体积小、质量轻,精确度及灵敏度高等优点。

1. 压电效应

压电式传感器的工作原理是利用某些物质的压电效应。某些物质如石英、钛酸钡、锆钛酸铅(PZT)、聚偏二氟乙烯(PVDF)等一些各向异性的材料,当受到外力作用时,不仅几何尺寸发生变化,而且内部正负电荷中心会发生相对移动而产生电的极化,导致元件的两表面上形成电场;当外力消失时,材料重新回复到原来状态,这种现象称为正压电效应。相反,如果将这些物质置于电场中,其晶格发生变形,导致几何尺寸发生变化,这种由于外电场作用导致物质的机械变形的现象,称为逆压电效应,或称为电致伸缩效应。具有压电效应的材料称之为压电材料,石英是常用的一种压电材料。

实验证明压电材料表面积聚的电荷与作用力成正比。若沿晶轴 x—x 方向加力 F_x,则在垂直于 x—x 方向[图 4.39(a)]的压电体表面上积聚的电荷量为

$$Q = d_{33}F_x \tag{4.37}$$

式中,Q 为电荷量;d_{33} 为压电常数,与材质和切片方向有关;F_x 为作用力。

若沿 y—y 方向加力 F_y,则在垂直于 x—x 方向的压电体表面积聚的电荷量与上述电荷量 Q 大小相等,方向相反,如图 4.39(b)所示。

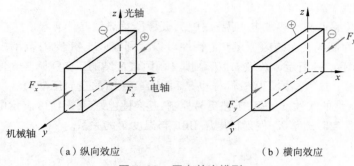

（a）纵向效应 （b）横向效应

图 4.39 压电效应模型

2. 压电式传感器及其等效电路

在压电晶片的两个工作面上进行金属蒸镀，形成金属膜，构成两个电极，如图 4.40 所示。因此压电传感器可以看作是一个电容器。其电容量为

$$C = \frac{\varepsilon_r \varepsilon_0 A}{\delta} \tag{4.38}$$

式中，ε_r 为压电材料的相对介电常数；δ 为极板间距；A 为压电晶片工作面的面积。

如果负载不是无穷大，电路将会按指数规律放电，极板上的电荷无法保持不变，从而造成测量误差。因此，压电式传感器不适宜测量静态或准静态量物理量。在测量动态物理量时，变化快，漏电量相对比较小，故压电式传感器适宜做动态测量。

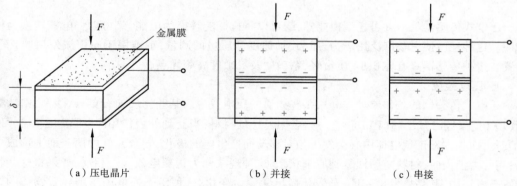

（a）压电晶片 （b）并接 （c）串接

图 4.40 压电晶片的连接方式

实际在压电式传感器中，往往用两个或两个以上的晶片进行串接或并接。并接时[图 4.40(b)]两晶片负极集中在中间极板上，正电极在两侧的电极上。并接时电容量大，输出电荷量大，时间常数大，宜于测量缓变信号，适宜以电荷量输出的场合。串接时[图 4.40(c)]，正电荷集中在上极板，负电荷集中在下极板。串接法传感器本身电容小，输出电压大，适用于以电压作为输出信号，时间常数小，可以测量瞬变信号。

3. 压电式传感器的信号调节电路

压电式传感器的测量电路关键在于高阻抗的前置放大器。前置放大器有两个作用：把压

电式传感器的微弱信号放大、把传感器的高阻抗输出变换为低阻抗输出。压电式传感器的输出可以是电压或电荷。因此,它的前置放大器也有电压和电荷型两种形式(图 4.41)。

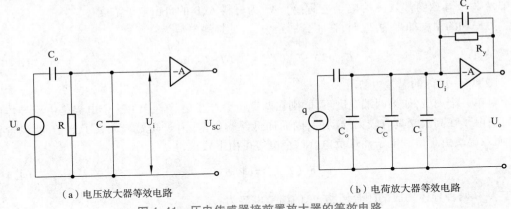

（a）电压放大器等效电路　　　　　　　　　　　　　（b）电荷放大器等效电路

图 4.41　压电传感器接前置放大器的等效电路

4.8　热电偶

热电偶是一种把温度转换为电势的传感器,它的工作原理基于"温差热电势效应"。

1. 热电偶的工作原理

将两种不同材料的导体,组成一个闭合回路,如图 4.42 所示,如果两端结点的温度不同,则在两者间产生一电动势,回路中有一定大小的电流,这个电势或电流与两种导体的性质和结点温差有关,这个物理现象称为温差热电势效应,或简称热电效应,有时也称为温差效应。在这个闭合回路中,A,B 两种导体称为热电极;两个结点,一个称为工作端或热端(T),另一个称为参考端或冷端(T_0)。

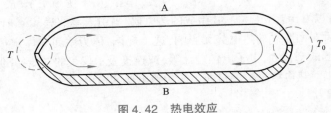

图 4.42　热电效应

热电偶产生的电势,称为热电势或温差电势。热电势是由两种导体的接触电势和单一导体的温差电势所组成。接触电势又称泊尔电势,单一导体的温差电势称为汤姆逊电势。

（1）两种导体的接触电势

各种导体都存在大量的自由电子。不同的金属,其自由电子浓度是不同的。当两种金属接触在一起时,在结点处就要发生电子扩散,电子浓度大的金属中的自由电子向电子浓度小的金属中扩散,这种扩散一直到动态平衡为止,最终形成一个稳定的接触电势。它的大小除和两种材料有关外,还与结点温度有关,在温度为 T 时,它的大小可用下式表示:

$$E_{AB}(T) = \frac{kT}{e} \ln \frac{N_A}{N_B} \tag{4.39}$$

式中，k 为玻耳兹曼常数；e 为电子电荷；N_A、N_B 为材料 A、B 的自由电子浓度。

另一端的温度如果为 T_0 时，在闭合回路中，总的接触电势为：

$$E_{AB}(T) - E_{AB}(T_0) = \frac{k}{e}(T - T_0) \ln \frac{N_A}{N_B} \tag{4.40}$$

（2）单一导体的温差电势

对单一金属 A，如果两端温度不同，则在两端也会产生电势。产生这个电势是由于导体内的自由电子在高温端具有较大的动能，因而向低温端扩散，由于高温端失去了电子，所以带正电，而低温端由于得到电子而带负电。这个电势可由下式求得：

$$E_A(T, T_0) = \int_{T_0}^{T} \delta_A \, dT \tag{4.41}$$

对于 A，B 两种导体构成的闭合回路，总的温差电势为

$$E_A(T, T_0) - E_B(T, T_0) = \int_{T_0}^{T} (\sigma_A - \sigma_B) \, dT \tag{4.42}$$

式中，σ_A，σ_B 为汤姆孙系数。

（3）中间导体定律

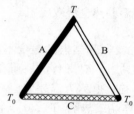

图 4.43　三种导体的热电回路

如果在热电偶中，将 T_0 断开，接入第 3 种导体 C，如图 4.43 所示，如果 A，B 节点温度为 T，其余结点温度为 T_0，且 $T > T_0$，则回路中的总电势等于各节点电势之和，即为

$$E_{ABC}(T, T_0) = E_{AB}(T) + E_{BC}(T_0) + E_{CA}(T_0) \tag{4.43}$$

因为

$$E_{AB}(T_0) + E_{BC}(T_0) + E_{CA}(T_0) = 0 \tag{4.44}$$

所以

$$E_{ABC}(T, T_0) = E_{AB}(T) - E_{AB}(T_0) = E_{AB}(T, T_0) \tag{4.45}$$

由式（4.45）可以看出：由导体 A，B 组成的热电偶，当引入第三导体 C 时，只要该导体两端的温度相同，接入后对回路总的热电势无影响，这个规律，称为中间导体定律。因此可以 C 换上显示仪表（如动圈式毫伏表，电子电位差计等）或连接显示仪表的导线，并保持两个节点的温度一致，这样就可以对热电势进行测量而不影响热电偶的输出。

2. 常用热电偶

作为热电偶的材料，一般应该满足如下要求：

①同样温差下产生的热电势大，且热电势与温度间呈线性或近似线性单值函数关系。

②耐高温，抗辐射性能好，在较宽的温度范围内应用时，其化学、物理性能稳定。

③电导率高，电阻温度系数和比热小。

④复制性和工艺性好，价格低廉。

3. 热电偶参考端温度补偿

热电偶只有在其热电极材料一定，且参考端温度 T_0 保持不变时，热电偶的热电势 $E_{AB}(T, T_0)$ 才是其工作端温度 T 的函数。我国标准化热电偶的分度表均以参考端温度 $T_0 = 0\ ℃$ 为基

础,但在实际应用时,参考端的温度常随环境温度的变化而改变,不是 0 ℃,也不恒定,因此将引入误差,消除或补偿这个误差的方法,常用的有:0 ℃恒温法、计算修正法、电桥补偿法。

4.9 光电传感器

光电传感器是基于光电效应原理。光电效应是指某些物质在受到光照射后,其物质的电性质会发生变化。光电传感器具有非接触、高灵敏度、响应快、性能可靠等很多优秀特点。

光电效应分外光电效应和内光电效应。外光电效应是指在光线作用下物体内的电子逸出物体表面向外发射的物理现象。光子具有能量 hv,h 为普朗克常数,v 为光频。光通量则相应于光强。外光电效应可由爱因斯坦光电效应方程描述:

$$hv = \frac{1}{2}mv_0^2 \tag{4.46}$$

式中,m 为电子质量;v_0 为电子逸出速度。当光子能量等于或大于逸出功($1/2mv_0^2$)时才能产生外光电效应。

内光电效应按其工作原理可分为两种:光电导效应和光生伏特效应。

光电导效应是半导体受到光照时会产生光生电子-空穴对(electron-holepairs),使导电性能增强,光线愈强,阻值愈低。这种光照后电阻率变化的现象称为光电导效应。

光生伏特效应是光照引起 PN 结两端产生电动势的效应。当 PN 结两端没有外加电场时,在 PN 结势垒区内仍然存在着内建结电场,其方向是从 N 区指向 P 区。当光照射到结区时,光照产生的电子-空穴对在结电场作用下,电子推向 N 区,空穴推向 P 区;电子在 N 区积累和空穴在 P 区积累使 PN 结两边的电位发生变化,PN 结两端出现一个因光照而产生的电动势,这一现象称为光生伏特效应。

光电器件除能直接测量光强之外,还能利用光线的透射、遮挡、折射、反射、干涉衍射等测量多种物理量,如尺寸、位移、速度、温度、成分等。光电测量时不与被测对象直接接触,光束的质量又近似为零,在测量中不存在摩擦和对被测对象几乎不施加压力,不影响被测件的物理和化学特性。

光电传感器在一般情况下,由光发射、光接收和处理电路三部分构成,如图 4.44 所示。

发射源可以是半导体光源,如发光二极管(LED)、激光二极管及红外发射二极管等发光源。接收器有光电管、光电倍增管、光敏电阻、光敏二极管、光敏三极管、光电池等。接收器前一般装有光学器件,如透镜系统进行聚光,也可能装有某些特殊透镜进行滤光等。光接收器在其后面是检测电路,将光信号转变成电信号后放大,并且进行噪声过滤和调制解调等相应处理。

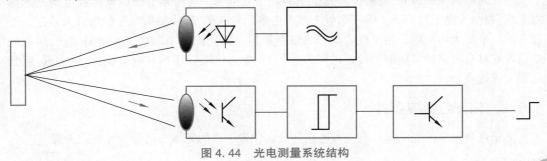

图 4.44　光电测量系统结构

4.9.1　外光电效应器件

　　光电管是最基本的外光电效应转换器件,按结构分为真空光电管和充气光电管两种。光电管的典型结构是将球形玻璃壳抽成真空,在球形内表面上涂一层光电材料作为阴极,球心放置球形或环形金属作为阳极。光电子从阴极飞向阳极的过程中与气体分子碰撞而使气体电离,可增加光电管的灵敏度。光电管的结构示意图和电路图如图4.45所示。

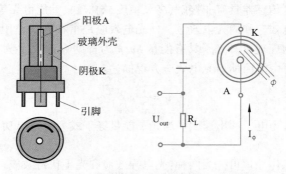

图4.45　光电管的结构示意图和电路图

　　由于真空光电管的灵敏度低,因此研制了具有放大光电流能力的光电倍增管(Photo multi-Plier Tube),它也是一种典型的外光电效应器件。主要利用二次电子效应,把微弱入射光转换成光电子并进行倍增的真空光电发射器件,其结构如图4.46所示。

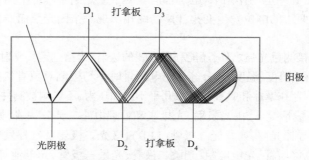

图4.46　光电倍增管结构示意图

　　当光照射到光阴极时,光阴极向真空中激发出光电子。这些光电子按聚焦极电场进入倍增系统,每个光电子打到下一级打拿板上都产生多个光电子,形成二次发射倍增放大效应。经过多次打拿放大后的电子用阳极收集作为信号输出。因为采用了二次发射倍增系统,所以光电倍增管具有极高的灵敏度和极低的噪声。另外,光电倍增管还具有响应快速、成本低、阴极面积大等优点。

4.9.2　内光电效应器件

　　基于这种效应的光电器件有光敏电阻和反向偏置工作的光敏二极管与光敏三极管。

（1）光敏电阻

光敏电阻是一种利用半导体光电导效应制成的特殊电阻器，它的电阻值能随着外界光照强弱变化而变化。它在无光照射时，呈高阻状态；当有光照射时，其电阻值迅速减小。

（2）光敏晶体管

光敏晶体管这里指光敏二极管和光敏三极管，它们的工作原理也是基于内光电效应，和光敏电阻的差别仅在于光线照射在半导体 PN 结上，P-N 结参与了光电转换过程。光敏二极管结构、电路符号与外形特征如图 4.47 所示。

光敏二极管工作原理如图 4.48 所示。光敏二极管在电路中一般处于反向偏置状态，无光照时反向电阻很大，反向电流很小。当有光照在 P-N 结时，P-N 结处产生光生电子-空穴对，光生电子-空穴对在反向偏压和 P-N 结内电场作用下作定向运动，形成光电流，光电流随入射光强度变化，光照越强，光电流越大。因此，光敏二极管在不受光照射时，处于截止状态；受光照射时，光电流方向与反向电流一致。

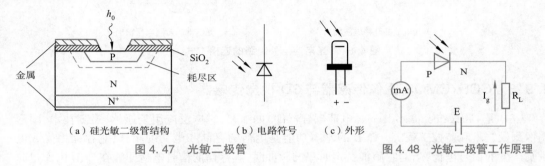

（a）硅光敏二级管结构　　　（b）电路符号　（c）外形

图 4.47　光敏二极管　　　　　图 4.48　光敏二极管工作原理

光敏三极管结构如图 4.49 所示，光敏三极管是将集电结作为光敏二极管，无论是 NPN 型还是 PNP 型都用集电结作受光结。

光敏三极管电路符号与等效电路如图 4.50 所示。

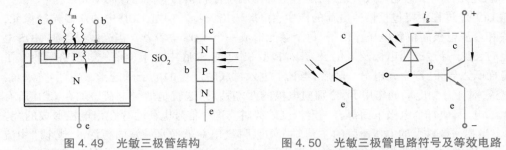

图 4.49　光敏三极管结构　　　　图 4.50　光敏三极管电路符号及等效电路

当光照射在集电结上时，集电极结附近产生光生电子-空穴对，在外电场作用下光生电子被拉向集电极，基区留下正电荷（空穴），相当于三极管基极电流，同时使基极与发射极之间的电压升高，发射极便有大量电子经基极流向集电极，形成三极管输出电流，使晶体管具有电流增益，从而在集电极回路中得到一个放大了的信号电流。

光生伏特效应是光照引起 PN 结两端产生电动势的效应。当 PN 结两端没有外加电场时，在 PN 结势垒区内仍然存在着内建结电场，其方向是从 N 区指向 P 区。当光照射到结区时，光照产生的电子—空穴对在结电场作用下，电子推向 N 区，空穴推向 P 区；电子在 N 区积累和空穴在 P 区积累使 PN 结两边的电位发生变化，PN 结两端出现一个因光照而产生的电动势，这一现象称为光生伏特效应。光电池（Photocell）与外电路的连接方式有两种（图 4.51），一种是开路电压输出，开路电压与光照度之间呈非线性关系；光照度大于 1 000 lx 时呈现饱和特性。因此使用时应根据需要选用工作状态；另一种是把 PN 结的两端通过外导线短接，形成流过外电路的电流，该电流称为光电池的输出短路电流（i_L），其大小与光强成正比。

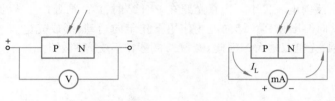

（a）光电池的开路电压输出   （b）光电池的短路电流输出

图 4.51 光电池与外电路的连接方式

4.9.3 CCD/CMOS 图像传感器与 3D 视觉传感器

CCD 是 Charge coupled device（电荷耦合器件）的缩写，它广泛应用于遥感、遥测技术、图形图像测量技术和监控工程等。CCD 的基本功能是电荷的存储和电荷的转移，它存储由光或电激励产生的信号电荷，当对它施加特定时序的脉冲时，其存储的信号电荷便能在 CCD 内作定向传输。

CMOS 和 CCD 一样也是图像传感器，只是使用的材料不同，CMOS 由金属氧化物器件构成。两者都是光电二极管结构感受入射光并转换为电信号，主要区别在于读出信号所用的方法。CCD 的感光元件除了感光二极管之外，还包括一个用于控制相邻电荷的存储单元。

CCD 工作过程主要包括信号电荷的产生、存储、输出三步。首先，CCD 中的众多光敏像元，在衬底和金属电极间偏置电压作用下，每个像元形成一个 MOS 电容器。当光线投射到 MOS 电容器上时，光子穿过透明电极及氧化层，进入 P 型 Si 衬底，衬底中处于价带的电子将吸收光子的能量而跃入导带，产生光电荷。随后，当光子进入衬底时产生的电子跃迁形成电子-空穴对，电子-空穴对在外加电场的作用下，分别向电极的两端移动，这就是信号电荷。加在 CCD 所有电极上的电压，使每个电极下面都有一定深度的势阱。这些信号电荷储存在由电极形成的"势阱"中。当某一像素上的电压下降时，"势阱"深度下降，电荷就像水一样向更深的"势阱"中流动，如果依次增加与降低相邻电荷上的偏置电压，电荷就可完成按一定顺序的转移过程。

3D 视觉传感器是指采用一个或多个图像传感器（摄像机等）作为传感元件，在特定的结构设计（空间配置）的支持下，综合利用其他辅助信息，实现对被测物体的尺寸及空间位姿的三维非接触测量。

结构光方法和立体视觉方法是两种最直接的基于三角法的 3D 视觉测量方法。结构光方法是通过构造结构光，使得结构光平面和摄像机之间配置成三角测量关系，依靠被测点成像光束和结构光平面的交汇光束,求解 3D 信息。立体视觉是采用两个以上的摄像机在空间构成三角配置,利用被测点在多个摄像机中成像位置的不同(所谓"视差"),由多个摄像机的成像光束在空间交汇,由此得到被测点 3D 信息。以结构光方法和立体视觉方法为基础,还衍生出很多其他方法,如多目视觉、移动视觉等。针对测量空间较大,相对测量精度要求高的情况,可以将多个测量单元组合在一起,构成一个 3D 视觉测量系统。

双目立体视觉测量原理如图 4.52 所示。传感器由两台摄像机组成(分别称为左、右摄像机),记左摄像机坐标系为 $OX_1Y_1Z_1$,右摄像机坐标系为 $OX_2Y_2Z_2$,空间被测点 P 在左、右摄像机坐标系中的坐标分别为 (x_1,y_1,z_1),(x_2,y_2,z_2),P 点在左、右摄像机像素坐标系中的像素坐标分别为 (x_{1m},y_{1m}),(x_{2m},y_{2m}),由摄像机模型知

$$\begin{cases} x_{1m}=f_{1x}(x_1,y_1,z_1) \\ y_{1m}=f_{1y}(x_1,y_1,z_1) \end{cases} \tag{4.47}$$

$$\begin{cases} x_{2m}=f_{2x}(x_2,y_2,z_2) \\ y_{2m}=f_{2y}(x_2,y_2,z_2) \end{cases} \tag{4.48}$$

式中,f_{1x},f_{1y} 和 f_{2x},f_{2y} 分别为左、右摄像机的模型函数,通过标定摄像机准确得到。

设左、右摄像机坐标系 $OX_1Y_1Z_1$,$OX_2Y_2Z_2$ 之间的关系可表示为

$$X_2=RX_1+T \tag{4.49}$$

$$X_1=(x_1,y_1,z_1)' \qquad X_2=(x_2,y_2,z_2)'$$

式中,R 为 3×3 阶坐标系间旋转变换矩阵;T 为 3×1 阶坐标系间平移变换矩阵。

R,T 是立体视觉传感器的结构参数,可通过传感器标定求出。传感器的结构参数是指两个摄像机之间的相互关系,即两个摄像坐标系之间的位置,标定原理如图 4.53 所示。

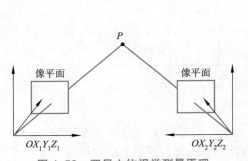

图 4.52 双目立体视觉测量原理

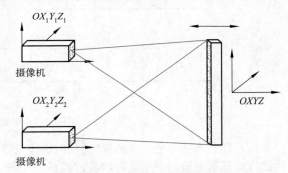

图 4.53 双目立体视觉的标定

图 4.53 中,左摄像机坐标系为 $OX_1Y_1Z_1$,右摄像机坐标系为 $OX_2Y_2Z_2$,靶标坐标系为 $OXYZ$。设 $OXYZ$ 到 $OX_1Y_1Z_1$ 和 $OX_2Y_2Z_2$ 的摄像机旋转矩阵分别为 R_1 和 R_2,平移矩阵为 T_1 和 T_2,有

$$X_1=R_1X_2+T_1 \tag{4.50}$$

$$X_2=R_2X_1+T_2 \tag{4.51}$$

式中,$X_1=(x_1,y_1,z_1)$ 为点在 $OX_1Y_1Z_1$ 坐标系中的坐标;$X_2=(x_2,y_2,z_2)$,为点在 $OX_2Y_2Z_2$ 坐标系中的坐标;$X=(x,y,z)$,为点在 $OXYZ$ 坐标系中的坐标。

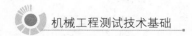
由式(4.50)及式(4.51)得

$$X_1 = R_1 R_2^{-1} X_2 + T - R_1 R_2^{-1} T \tag{4.52}$$

即,$OX_2Y_2Z_2$ 坐标系到 $OX_1Y_1Z_1$ 坐标系之间的旋转矩阵、平移矩阵分别为

$$R = R_1 R_2^{-1} \tag{4.53}$$

$$T = T_1 - R_1 R_2^{-1} T_2 \tag{4.54}$$

式(4.53)和式(4.54)即是双目立体传感器的结构参数,其中 R_1,R_2,T_1,T_2 矩阵分别为采用同一靶标标定传感器中两个摄像机同时得到的摄像机外部参数。

由以上分析知道,双目立体视觉中两个摄像机的标定,以及摄像机之间关系的结构参数标定可以同时进行,标定工作量可明显减少。

4.10 红外传感器

红外传感器可用于辐射和光谱辐射测量、搜索和跟踪红外目标、红外测距和通信系统等。

红外辐射是一种不可见光,位于可见光中红色光以外的光线,也称红外线。红外线在电磁波谱中的位置如图 4.54 所示,它的波长范围大致为 0.76~1 000 bcrn。工程上又把红外线所占据的波段分为四部分,即近红外、中红外、远红外和极远红外。

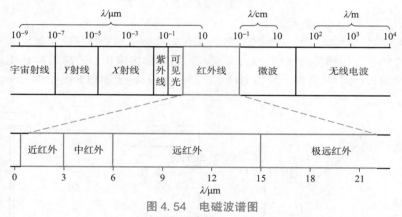

图 4.54 电磁波谱图

红外辐射本质上是一种热辐射,任何物体只要温度高于绝对零度,就会向外部空间以红外线的方式辐射能量。由于各种物质内部的原子分子结构不同,它们所发射出的辐射频率也不相同,这些频率所覆盖的范围也称为红外光谱。

红外辐射在大气中传播时,大气层对不同波长的红外线存在不同的吸收带,红外线气体分析器就是利用该特性工作的。而红外线在通过大气层时,有三个波段透过率高,它们是 2~2.6 μm、3~5 μm 和 8~14 μm。红外探测器一般都工作在这三个波段之内。

红外传感器一般由光学系统、探测器、信号调理电路及显示系统等组成。红外探测器利用红外辐射与物质相互作用所呈现的物理效应来探测红外辐射。红外探测器种类很多,常见的有热探测器和光子探测器两大类。

（1）热探测器

热探测器是利用红外辐射的热效应,探测器的敏感元件吸收辐射能后引起温度升高,进而使有关物理参数发生相应变化,通过测量物理参数的变化,便可确定探测器所吸收的红外辐射。

热探测器的优点是响应波段宽,响应范围可扩展到整个红外区域,主要类型有热释电型、热敏电阻型、热电偶型和气体型。而热释电探测器在热探测器中探测率最高,频率响应最宽。

热释电探测器由具有极化现象的热晶体或被称为"铁电体"的材料制作。"铁电体"的极化强度与温电介质度有关。当红外辐射照射到已经极化的铁电体薄片表面上时,引起薄片温度升高,使其极化强度降低,表面电荷减少,这相当于释放一部分电荷,所以称作热释电型传感器,如图 4.55 所示。

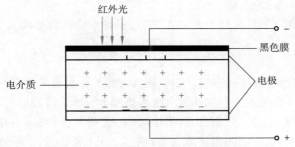

图 4.55　热释电与电介质的极化

如果将负载电阻与铁电体薄片相连,则负载电阻上便产生一个电信号输出。输出信号的强弱取决于薄片温度变化的快慢,从而反映出入射的红外辐射的强弱,热释电型红外传感器的电压响应率正比于入射光辐射率变化的速率。

(2)光子探测器

光子探测器的工作原理是基于半导体材料的光电效应。有光电、光电导及光生伏特等探测器。由于光子探测器利用入射光子直接与束缚电子相互作用,所以灵敏度高、响应速度快。又因为光子能量与波长有关,所以光子探测器只对具有足够能量的光子有响应,存在着对光谱响应的选择性。光子探测器通常在低温条件下工作,因此需要制冷设备。

红外测试应用如下。

(1)辐射温度计

图 4.56 为一辐射温度计工作原理图。图中被测物的辐射线经物镜聚焦在受热板-人造黑体上,该人造黑体通常为涂黑的铂片,吸热后温度升高,该温度便被装在受热板上的热敏电阻或热电偶测到。物体的温度与辐射功率关系由斯蒂芬-玻耳兹曼定律得出,即物体的辐射强度 M 与其热力学温度的 4 次方成正比。

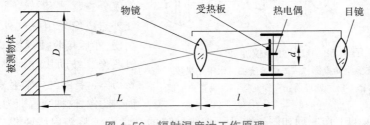

图 4.56　辐射温度计工作原理

$$M = \varepsilon \sigma T^4 \qquad\qquad (4.55)$$

式中,M 为单位面积的辐射功率,$W \cdot m^{-2}$;σ 为斯蒂芬-玻耳兹曼常数,等于 5.67×10^{-8} $W \cdot m^{-2} \cdot K^{-4}$;$T$–热力学温度,$K$;$\varepsilon$ 为比辐射率(非黑体辐射度/黑体辐射度)。

被测物通常为 $\varepsilon < 1$ 的灰体,若以黑体辐射作为基准来标定,则知道了被测物的 ε 值后,就可根据式(4.55)以及 ε 的定义来求出被测物的温度。假定灰体辐射的总能量全部被黑体所吸收,则它们的总能量相等,即

$$\varepsilon \sigma T^4 = \sigma T_0^4 \qquad\qquad (4.56)$$

式中　T_0——黑体热力学温度,K。

辐射温度计一般用于 800 ℃以上的高温测量,通常所讲的红外测温是指低温及红外光范围的测温。

(2)红外测温仪

图 4.57 为红外测温装置原理框图。图中被测物的热辐射经光学系统聚焦在光栅盘上,经光栅盘调制成一定频率的光能入射到热敏电阻传感器上。该信号经电桥转换为交流电信号输出,经放大后进行显示或记录。光栅盘是两块扇形的光栅片,一块为定片,另一块为动片。动片受光栅调制电路控制,按一定的频率双向转动,实现开(光通过)、关(光不通过),将入射光调制成具有一定频率的辐射信号作用于光敏传感器上。

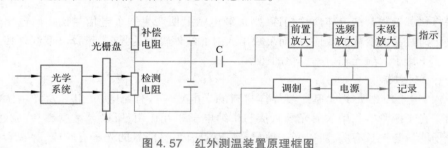

图 4.57　红外测温装置原理框图

(3)红外热像仪

红外热像仪的作用是将人的肉眼看不到的红外热图形转换成可见光进行处理和显示,这种技术称为红外热成像技术。红外热成像仪大都配备计算机系统对图像进行分析处理。红外热像仪分主动式和被动式两种。主动式红外热成像采用一红外辐射源照射被测物,然后接收被测物体反射的红外辐射图像。被动式红外热成像则利用被测物体自身的红外辐射来摄取物体的热辐射图像,这种装置即为红外热像仪。

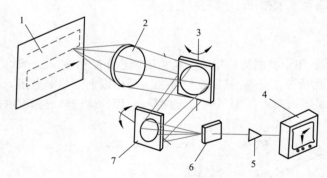

图 4.58　红外热像仪原理

1—探测器在像空间投影;2—光学系统;3—水平扫描器;
4—视频显示;5—信号处理器;6—探测器;7—垂直扫描器

红外热像仪的工作原理如图 4.58 所示,热像仪的光学系统将辐射线收集起来,经过滤波

处理之后,将景物热图像聚焦在探测器上。光学机械扫描镜包括两个扫描镜组:一个垂直扫描,一个水平扫描。扫描器位于光学系统和探测器之间。通过扫描器摆动实现对景物进行逐点扫描的目的,从而收集到物体温度的空间分布情况。然后由探测器将光学系统逐点扫描所依次搜集的景物温度空间分布信息变换为按时间排列的电信号,经过信号处理,显示器显示出可见图像。红外热像仪无须外部红外光源,使用方便,可精确地摄取反映被测物温差信息的热图像。

4.11 超声波传感器

超声波传感器(UT)是指在超声频率范围内将交变的电信号或者外界声场中的声信号转换成电信号的能量转换器件,也称为超声换能器。描述超声传感器的特性参数包括共振频率、频带宽度、机电耦合系数、机械品质因数、阻抗特性、频率特性以及传感器的指向性、发射和接收灵敏度等。超声波频率在 20 kHz 以上,大于人的听觉上限,频率分布如图 4.59 所示。

超声波在传输媒介中的形态决定于媒介本身的边界条件和本质特征。在空气、水等流体传输媒介中,只存在体积形变,超声波为纵波形式;在固体媒介中,还存在切变变形,超声波能以横波(切变波)的形式进行传播。一般情况下,超声波可分为纵波、横波、兰姆波、表面波等,不同波型所适用的应用领域也不同。

超声波技术有如下显著特点。

①指向性强,能量便于集中,且可传递超强的能量;

②在不同的媒介中(如气体、液体、固体和固熔体等)均可有效并长距离传输;

③与传声媒介的相互作用适中,易于携带有关传声媒介状态的诊断信息或对传声媒介产生效用或治疗;

④超声波存在反射、共振、干涉等现象;

⑤超声波本质为机械波动,可以深入检测载体的相关物理信息;

⑥超声波是一种能量形式,所传递的高能量可影响或改变传声媒介的性状。

超声波测距传感器常用的方式是 1 个发射头对应 1 个接收头,也有多个发射头对应 1 个接收头。它们共同之处是每个接收头只测量一个位置,这个位置就是除盲区内因发射的超声波旁瓣引起的接收信号超声波包络峰值外,第 1 个接收信号超声波包络峰值对应的距离。

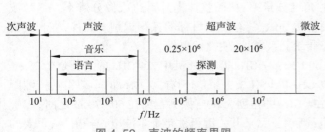

图 4.59 声波的频率界限

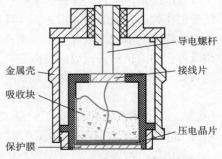

图 4.60 压电式超声波传感器结构

超声波传感器按其工作原理可分为压电式、磁致伸缩式、电磁式等,其中以压电式最为常用。超声波传感器结构如图4.60所示,它主要由压电晶片、吸收块(阻尼块)、保护膜、引线等组成。

超声波测距一般是采用时差法。即通过检测发射的超声波与其遇到障碍物后产生回波之间的时间差 Δt,求出障碍物的距离,计算公式为 $d = c\Delta t / 2$,其中 $c = 331.4 \times \sqrt{1 + T_1/273} \approx 331.4 + 0.6T_1$,$c$ 为超声波波速,T_1 为环境摄氏温度。

4.12 毫米波雷达传感器

雷达系统信号的传播载体为电磁波,传播速度快,使得雷达系统探测速度快,探测距离远;雷达系统探测性能受到外部光照条件、天气条件等因素影响较小,相较于激光雷达、视频等感知手段,具有全天候工作能力。

任何装置,不论其频率如何,只要是通过辐射电磁能量和利用从目标散射回来的回波来进行对目标的探测和定位,都属雷达工作的范畴。雷达已采用的工作波长是从大于 100 m(短波)至小于 10^{-7}m(紫外线)。雷达的基本原理都是相同的,但具体的实现方法却大不相同。大多数雷达都工作在微波频率范围(图4.61)。随着频率的提高,分辨率也将提高,但大气及人为干扰所带来的衰减也随之增大,快速大面积的搜索能力也随之降低。

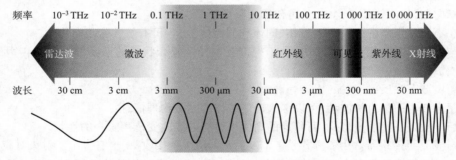

图 4.61 频率(Hz)

毫米波雷达是指工作在毫米波频段内(30~300 GHz)的雷达,相应波长为 1 cm~1 mm,相较于工作频率较低的微波雷达,可以以更大工作带宽运行,产生更高的距离像分辨率。同样尺寸的天线在毫米波频段可以产生更高的角度分辨率,从而整体提升雷达成像分辨率。毫米波频段对应的波长对目标表面粗糙度和材质更为敏感,有助于目标的探测识别。此外,毫米波雷达系统天线尺寸及其相应封装尺寸小于传统微波雷达,便捷性更好。

毫米波传感器一般工作在 24 GHz、60 GHz、77 GHz 等频段,其中,24 GHz 的波长是 1.25 cm(也称之为毫米波),60 GHz 是 5 mm,77 GHz 的只有 3.9 mm。现有 77 GHz 的车载雷达探测距离在 150~250 m 之间,角度为 10°左右;24 GHz 的角度为 30°,探测距离在 50~70 m 之间。

雷达传感器的核心部分是收发信机(高频单元),其关键组件是毫米波电磁辐射源,重要的性能要求是相位噪声和输出功率。通常毫米波雷达传感器采用调幅脉冲体制或调频连续波体制(FMCW)。调频连续波雷达的优点是在发射机功率不大时能够有效工作,元器件数量不多。但是,调频雷达收发信机通常所用的零拍电路对发射机相位噪声电平有很高的要求(载波偏移100 kHz 时优于-80 dBc/Hz)。为达到高距离分辨率,FMCW 高频单元必须引入频率调谐线性化电路。此外,应用两部天线(接收和发射)较昂贵,而要让一部天线既接收又发射,必须要有环行器,而环行器又限制了接收/发射之间的隔离度。

按照脉冲体制设计的雷达,在作用距离相当的条件下,输出功率平均值对应于 FMCW 发射机功率,脉冲功率大大提高,利用快速开关来实现幅度调制。同时,相位噪声不再是苛刻的参数。必须指出,脉冲调制系统在多个目标情况下具有更好的分辨率,但是调频连续波系统适于用在短距离目标探测。

4.13 数字式传感器

数字式传感器能够直接将非电量转换为数字量,这样就不需要(A/D)转换,可以直接用数字显示,提高测量精度和分辨力,并且易于与微机连接,也提高了系统的可靠性。此外,数字式传感器还具有抗干扰能力强,适宜远距离传输等优点。

4.13.1 编码器

按结构形式分,编码器有直线式和旋转式两类,前者用于测量线位移,后者用于测量角位移。旋转式编码器按工作原理可分为码盘式(绝对编码器)和脉冲盘式(增量编码器)两大类。

1. 码盘式编码器

码盘式编码器按结构可分为接触式、光电式和电磁式三种,后两种为非接触式编码器。

(1)接触式编码器

接触式编码器由码盘和电刷组成,码盘与被测的旋转轴相连,沿码盘的径向安装有几个电刷,每个电刷分别与码盘上的对应码道直接接触。图 4.62 所示为一个接触式四位二进制码盘的示意图。涂黑部分是导电区,所有导电部分连接在一起接高电位,代表"1";空白部分表示绝缘区低电位,代表"0"。四个电刷沿一固定的径向安装,即每圈码道上都有一个电刷,电刷经电阻接地。当码盘与轴一起转动时,电刷上将出现相应的电位,对应一定的数码,见表 4.1。采用 N 位码盘,则能分辨的角度为 $a = 360°/2N$,位数 N 越大,能分辨的角度越小,测量越精确。

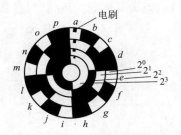

图 4.62 接触式四位二进制码盘示意图

图 4.63 四位循环码盘

表 4.1 电刷在不同位置时对应的数码

角度	电刷位置	二进制码(C)	循环码(R)	对应十进制数
0	a	0000	0000	0
a	b	0001	0001	1
$2a$	c	0010	0011	2
$3a$	d	0011	0010	3
$4a$	e	0100	0110	4
$5a$	f	0101	0111	5
$6a$	g	0110	0101	6
$7a$	h	0111	0100	7
$8a$	i	1000	1100	8
$9a$	j	1001	1101	9
$10a$	k	1010	1111	10
$11a$	l	1011	1110	11
$12a$	m	1100	1010	12
$13a$	n	1101	1011	13
$14a$	o	1100	1001	14
$15a$	p	1111	1000	15

二进制码盘对码盘的制作和电刷的安装要求十分严格,否则容易出错。例如,在图 4.62 所示位置,由于 2^3 码道上的电刷(称电刷 3),在安装时稍向逆时针方向偏移,则当码盘随轴作顺时针方向旋转时,输出本应由数码 0000。转换到 1111,但现在电刷 3 提前接触导了电部分,因而先给出数码 1000,相当于 i 位置输出的数码。一般称这种错误为非单值性误差。为了消除非单值性误差,常采用循环码代替二进制码。循环码的特点是相邻的两个数码间只有一位是变化的,当一个代码变为相邻的另一个代码时,可以降低代码在变化时产生错误的概率,还可以避免错一位数码而产生大的数值误差。图 4.63 是一个四位的循环码盘。循环码和二进制码及十进制数的对应关系见表 4.1。

二进制码转换成循环码的方法是:设 R 表示循环码,C 表示二进制码。将二进制码与其本身右移一位并舍去末位数码作不进位加法,所得结果为循环码。例如,二进制码 0110 所对应的循环码为 0101,因为 0110 二进制码中 011 右移一位并舍去末位 0101 循环码,其中⊕表示不进位加。二进制码转换为循环码的一般形式为

$$
\begin{array}{cccccc}
 & C_1 & C_2 & C_3 & \cdots & C_n \\
\oplus & & C_1 & C_2 & \cdots & C_{n-1} \\
\hline
 & R_1 & R_2 & R_3 & \cdots & R_n
\end{array}
\tag{4.57}
$$

由此可得

$$R_1 = C_1$$
$$R_i = C_i \oplus C_{i-1} \qquad (i=2\sim n) \tag{4.58}$$

由式(4.58)可以看出,两种数码互相转换时,第一位(最高位)保持不变。不进位加在数字电路中,可用异或门来实现。由异或门的真值表可得到循环码转换为二进制码的关系为

$$C_1 = R_1$$
$$C_i = R_i \oplus C_{i-1} \qquad (i=2\sim n) \tag{4.59}$$

根据异或门的逻辑关系,式(4.57)还可写成

$$C_1 = R_1$$
$$C_i = \bar{R}_i C_{i-1} + R_i \bar{C}_{i-1} \qquad (i=2\sim n) \tag{4.60}$$

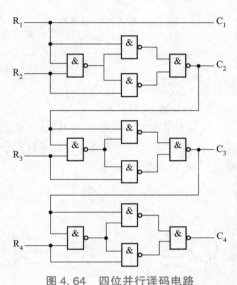

因为采用循环码时直接译码有困难,所以循环码转换为二进制码的译码电路中,一般总是把它译为二进制码。这种译码电路有并行和串行两种。图4.64为并行译码电路,此图以四位数码为例。图中循环码最高位接 R_1,其余依次接 $R_2 \sim R_4$,输出端 C_1 为二进制码最高位,$C_2 \sim C_4$ 依次为各低位。并行译码电路需用元件稍多,但转换速度快。

如果采用串行读数,可用图4.65所示的串行译码电路。图中用一个 J-K 触发器和四个与非门构成不进位的加法电路,$R_1 \sim R_4$ 代表循环码的最高位至最低位依次输入端,$C_1 \sim C_4$ 代表二进制的最高位至最低位顺序送出端。该电路是从循环码的高位读起,边读边译,不限制位数,这里 R 只是以四位为例。

图 4.64　四位并行译码电路

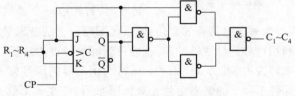

图 4.65　串行译码电路

接触式码盘的优点是简单,输出信号功率大。但它是靠电刷和铜箔接触导电,不够可靠,寿命短,转速不能太高。

(2)光电式编码器

光电式编码器是非接触式数字编码器,可靠性高,测量精度和分辨力能达到很高水平。

光电式码盘由光学玻璃制成,其上有代表编码(多采用循环码)的透明和不透明区,码盘上码道的条数就是数码的位数,对应每一码道有一个光敏元件。图4.66是光电码盘式编码器示意图,来自光源的光束,经聚光镜射到码盘上,光束通过码盘进行角度编码,再经窄缝射入光敏元件组,光敏元件组给出与角位移相对应的编码信号。光路上的窄缝是为了提高光电转换效

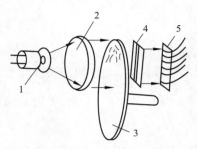

图 4.66　光电码盘式编码器示意图
1—光源；2—透镜；3—码盘；
4—窄缝；5—光电元件组

率。光电码盘不仅要求码盘分度精确，而且要求其透明区和不透明区的转接处有陡峭的边缘，以减小逻辑"1"和"0"相互转换时，在敏感元件中引起的噪声。

（3）电磁式编码器

电磁式编码器是在圆盘上按一定的编码图形，做成磁化区（磁导率高）和非磁化区（磁导率低），采用小型磁环或微型马蹄形磁芯作磁头，磁头或磁环紧靠码盘，但又不与它接触，每个磁头上绕两组绕组，原边绕组用恒幅恒频的正弦信号激磁，副边绕组用作输出信号，由于副边绕组上的感应电动势与整个磁路的磁导有关，因此可以区分状态"1"和"0"。几个磁头同时输出，就形成了数码。电磁式码盘也是无接触码盘。

2. 脉冲盘式编码器

脉冲盘式编码器（增量编码器）不能直接产生 N 位的数码输出，当盘转动时可产生串行光脉冲，用计数器将脉冲数累加起来就可反映转过的角度大小，但遇停电，就会丢失累加的脉冲数，必须有停电记忆措施。

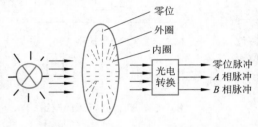

图 4.67　脉冲盘式编码器示意图

脉冲盘式编码器是在圆盘上开有两圈相等角矩的缝隙，外圈（A）为增量码道，内圈（B）为辨向码道，内、外圈的相邻两缝隙之间的距离错开半条缝宽，另外，在内外圈之外的某一径向位置，也开有一缝隙，表示码盘的零位。在开缝圆盘两边分别安装光源及光敏元件，其示意图如图 4.67 所示。当码盘随被测工作轴转动时，每转过一个缝隙就发生一次光线明暗

的变化，通过光敏元件产生一次电信号的变化，所以每圈码道上的缝隙数将等于其光敏元件每一转输出的脉冲数。利用计数器计取脉冲数，就能反映码盘转过的角度。

为了判别码盘的旋转方向，可以采用图 4.68（a）所示的辨向原理框图来实现，图 4.68（b）是它的波形图。光敏元件 1 和 2 的输出信号经放大整形后，产生矩形脉冲 P_1 和 P_2，它们分别接到 D 触发器的 D 和 C 端，D 触发器在 C 脉冲（即 P）的上升沿触发。当正转时，设光敏元件 1 比光敏元件 2 先感光，即脉冲 P_1 超前脉冲 P_2 90°，D 触发器的输出 Q = "1"，使可逆计数器的加减控制线为高电位，计数器将作加法计数。同时 P_1 和 P_2 又经与门 Y 输出脉冲 P，经延时电路送到可逆计数器的计数输入端，计数器进行加法计数。当反转时，P_2 超前 P_1 90°，D 触发器输出 Q = "0"，计数器进行减法计数。设置延时电路的目的是等计数器的加减信号抵达后，再送入计数脉冲，以保证不丢失计数脉冲。零位脉冲接至计数器的复位端，使码盘每转动一圈计数器复位一次。这样，计数码每次反映的都是相对于上次角度的增量，所以称为增量式编码器。增量编码器的最大优点是结构简单。它除可直接用于测量角位移外，还常用来测量转轴的转速。

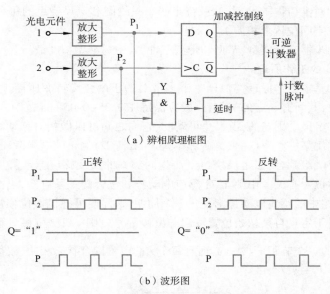

（a）辨相原理框图

（b）波形图

图 4.68 辨向环节原理图和波形图

4.13.2 感应同步器

感应同步器是利用两个平面形印刷电路绕组的互感随两者的相对位置变化原理制成的。这两个绕组类似变压器的原边绕组和副边绕组，所以又称为平面变压器。按其用途可分为直线式和旋转式两类，前者用于测量直线位移，后者用于测量角位移。直线式或旋转式感应同步器的工作原理基本相同，所以本节只介绍直线式感应同步器。

1. 直线式感应同步器的结构

直线式感应同步器由定尺和滑尺两部分组成，图 4.69 是定尺和滑尺的截面结构图，定尺和滑尺均用绝缘黏合剂将铜箔贴在基板上，用光化学腐蚀或其他方法，将铜箔刻制成曲折的印刷电路绕组（图 4.70）。定尺表面分布有单相均匀绕组，尺长 250 mm，绕组节距（τ）2mm（标准型）。滑尺上有两组绕组，一组为正弦绕组，另一组为余弦绕组。当正弦绕组的每只线圈和定

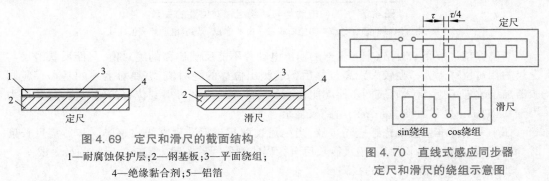

图 4.69 定尺和滑尺的截面结构

1—耐腐蚀保护层；2—钢基板；3—平面绕组；
4—绝缘黏合剂；5—铝箔

图 4.70 直线式感应同步器
定尺和滑尺的绕组示意图

尺绕组的每只线圈对准(即重合)时,余弦绕组的每只线圈和定尺绕组的每只线圈相差 1/4,即滑尺上两组绕组在空间位置上相差 1/4 节距。

直线式感应同步器有标准型、窄型和带型三种,其中标准型精度最高。

2. 感应同步器的工作原理

感应同步器的基本工作原理类似于一个多极对的正余弦旋转变压器。在工作时,定尺和滑尺相互平行安放,其间有一定的气隙,一般应保持在 0.25±0.05 mm 范围内,气隙的变化会影响电磁耦合情况。定尺是固定的,滑尺是可动的,它们之间可以做相对移动。当滑尺的正弦绕组和余弦绕组分别用某一频率(一般激磁频率是 1~10 kHz)的正弦电压激磁时,将产生同频率的交变磁通与定尺绕组耦合,在定尺绕组上产生同频率的交变感应电动势。这个电动势的大小与两绕组的相对位置有关。由图 4.71 感应电动势和位置的关系可知,当滑尺每移动一个绕组节距,在定尺绕组中的感应电动势则变化一个周期,这样便可把机械位移量和电周期联系起来。如果滑尺相对于定尺自某初始位置算起的位移量为 x,则 x 机械位移引起的电角度变化 $\theta = \frac{2\pi}{\tau}x$。因为绕组 r 的一个节距 $\tau = 2$ mm,而且每个 r 的电磁耦合状态相同,故称 τ 为检测周期。

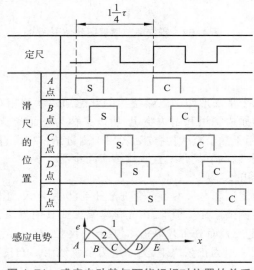

图 4.71 感应电动势与两绕组相对位置的关系

1—由 S 激磁的感应电动势幅值曲线;2—由 C 激磁的感应电动势幅值曲线

当位移超过节距 τ 时,感应同步器的输出电动势不能反映位移的绝对值,只能反映滑尺与定尺的相对位移。为了在较大距离位移后仍能测出位移的绝对值,需要对上述的基本感应同步器加以改进,三重直线感应同步器就能在测量范围 4 m 内都可得到位移的绝对值,总分辨力小于 0.01mm。但这种测量系统的电路较复杂。

如果采用标准型直线式感应同步器,当测量长度超过标准型直线式感应同步器定尺长度时,需要用多块定尺接长使用,定尺接长后全行程的测量误差一般大于单块定尺的最大误差。

3. 感应同步器输出信号的检测

根据感应同步器的工作原理,感应同步器的输出信号是一个能反映定尺和滑尺相对位移的交变电动势,因而对输出信号的处理,可归结为对交变电动势的检测和处理。当频率恒定时,交变电动势的特征可用幅值和相位两个物理量描述,所以感应同步器有鉴相型和鉴幅型两种检测方式。

（1）鉴相型

根据感应电动势的相位来鉴别位移量对滑尺上两绕组供以同频、等幅,但相位相差90°电角度的激磁电压。考虑到感应同步器定尺和滑尺之间的气隙有0.25 mm,可以近似认为绕组的阻抗是纯电阻性的。因此,当正弦绕组单独激磁时,设激磁电压 $u_s = U_m \sin \omega t$,定尺绕组中的感应电动势为

$$e_s = -k\omega U_m \cos \omega t \sin \theta \tag{4.61}$$

式中 k——电磁耦合系数。

当余弦绕组单独激磁时,激磁电压 $U_0 = U_m \cos \omega t$,定尺绕组中的感应电动势为

$$e_c = k\omega U_m \sin \omega t \cos \theta \tag{4.62}$$

式(4.61)和式(4.62)中的 $\sin \theta$ 和 $\cos \theta$ 是由滑尺激磁绕组和定尺绕组间的相对位置引入的。实际正弦、余弦绕组同时供电,这时总的感应电动势为

$$e = e_c + e_s = k\omega U_m \sin \omega t \cos \theta - k\omega U_m \cos \omega t \sin \theta$$
$$= k\omega U_m \sin(\omega t - \theta) \tag{4.63}$$

式(4.63)把感应同步器两尺间的相对位移 $\theta = \dfrac{2\pi}{\tau}x$ 和感应电动势的相位 $(\omega t - \theta)$ 联系起来,所以可以通过检测 e 的相位来测量机械位移量。

（2）鉴幅型

根据感应电动势的幅值来鉴别位移量。

给滑尺上正弦、余弦绕组分别提供同频、同相,但幅值不等的交流激磁电压

$$u_s = U_s \cos \omega t \qquad U_s = U_m \sin \varphi$$
$$u_c = U_c \cos \omega t \qquad U_c = U_m \cos \varphi \tag{4.64}$$

式中 U_m——激磁电压幅值;

φ——给定的电相角。

滑尺上的交流激磁电压在定尺绕组中产生的感应电动势 $e_c = k\omega U_c \sin \omega t \cos \theta$ 和 $e_s = k\omega U_s \sin \omega t \sin \theta$,此时定尺绕组总的感应电动势为

$$e = e_c + e_s = k\omega U_m \cos \varphi \sin \omega t \cos \theta + k\omega U_m \sin \varphi \sin \omega t \sin \theta$$
$$= k\omega U_m \cos(\varphi - \theta) \sin \omega t \tag{4.65}$$

式(4.65)把感应同步器两尺的相对位移 θ 和感应电动势的幅值 $k\omega U_m \cos(\varphi - \theta)$ 联系起来,所以可以通过检测 e 的幅值变化来测量机械位移量。

4.13.3 计量光栅

光栅的种类很多,按作用原理和用途,可分物理光栅和计量光栅。物理光栅是利用光栅的衍射现象;计量光栅利用光栅的莫尔条纹现象,以线位移和角位移为基本测试内容。

计量光栅按应用范围不同有透射光栅和反射光栅两种;按用途不同有测量线位移的长光栅和测量角位移的圆光栅;按光栅的表面结构不同,又可分幅值(黑白)光栅和相位(闪耀)光

栅。光栅传感器的测量精度高,分辨力强(长光栅 0.05 μm,圆光栅 0.1°),适合于非接触式的动态测量。

本节主要介绍黑白透射型长光栅。

1. 黑白透射型长光栅的结构和工作原理

黑白透射型长光栅就是在一块长条形的光学玻璃上,均匀地刻上许多明暗相间,宽度相等的刻线,如图 4.72 所示。图中在 1 020 mm 内,都是光栅刻线,A 为光栅刻线的局部放大图。a 为刻线宽(不透光),b 为刻线间宽(透光),$w=a+b$ 称为光栅的节距或栅距,通常 $a=b=\dfrac{w}{2}$。目前常用的每毫米刻线数目有 10,25,50,100,250 几种。

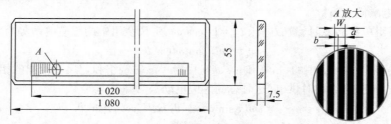

图 4.72　透射长光栅

两块具有相同栅距的长光栅叠合在一起,使它们的刻线之间交叉一个很小的角度口,如图 4.73 所示,在与光栅刻线大致垂直的方向,产生明暗相间的条纹,这些条纹称为莫尔条纹。由图 4.73 可见,在 a-a 线上,两块光栅的刻线重合,透光面积最大,形成条纹的亮带;在 b-b 线上,两块光栅刻线错开,形成条纹的暗带,当夹角 θ 减小时,条纹间距 B 增大,适当调整 θ,可获得所需的条纹间距。

由图 4.73 得,条纹间距(mm)

$$B=\frac{\dfrac{W}{2}}{\sin\dfrac{\theta}{2}}\approx\frac{\dfrac{W}{2}}{\dfrac{\theta}{2}}=\frac{W}{\theta}(\text{mm}) \tag{4.66}$$

图 4.73　横向莫尔条纹

式中 W——光栅栅距；

θ——刻线夹角。

由式(4.66)知，θ 越小，B 越大，这相当于把栅距放大了 $1/\theta$ 倍。说明光栅具有放大位移的作用。

在图 4.73 中，还可以看到透光条纹 a-a，近于垂直光栅刻线，故称为横向莫尔条纹。条纹与刻线夹角的平分线 EF 保持垂直。当两块光栅沿着垂直于刻线的方向相对移动时，莫尔条纹将沿着刻线的方向移动。光栅每移动一个光栅节距 W，条纹也跟着移动一个条纹宽度 B。如果光栅做反向移动，条纹移动方向也相反，所以辨向十分容易。利用光栅具有莫尔条纹的特性，可以通过测量莫尔条纹的移动数，来测量两光栅的相对位移量，这要比直接计数光栅的线纹容易多；而且由于条纹是由光栅的大量刻线共同形成的，因而对光栅刻线的本身刻画误差有平均作用。图 4.74 是辐射圆光栅，光栅盘内圆($\phi42$ mm)是定位圆，圆光栅上每根刻线的延长线都通过圆心，W 为中径 $\phi80$ mm 处节距，同样采用 $a=b=\dfrac{w}{2}$，两条相邻刻线间的夹角称为角节距。在整个圆周上通常刻 1 080 至 64 800 条线。

将两块具有相同栅距 W 的圆光栅叠合在一起，它们的圆心分别为 O 和 O'，彼此间保持一个不大的偏心量 e。这时在光栅各个部分夹角 θ 不同。形成不同曲率半径的圆弧形莫尔条纹，如图 4.75 所示。关于圆光栅的详细情况请参看有关资料。

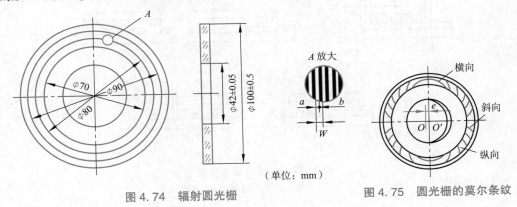

图 4.74　辐射圆光栅　　　　　图 4.75　圆光栅的莫尔条纹

2. 光电转换

用光栅的莫尔条纹测量位移，需要两块光栅。长的称主光栅，与运动部分连在一起，它的大小与测量范围一致。短的称指示光栅，固定不动，主光栅与指示光栅之间的间距为 d。

$$d=\frac{W^2}{\lambda} \tag{4.67}$$

式中 W——光栅栅距；

λ——有效光波长；若采用一般的硅光电池 $\lambda=0.8$ μm，对 25 条/mm 刻线的光栅 $d=$ 2 mm。

现以黑白透射长光栅为例，它的光电转换装置示意图如图 4.76 所示。它由光源、透镜、光栅和光电元件等组成。通过读数装置对莫尔条纹计数，从而测出两块光栅相对移过的距离。

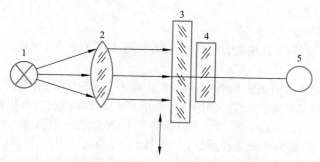

图 4.76　光电转换装置示意图

1—光源；2—透镜；3—主光栅；4—指示光栅；5—光电元件

由图 4.77 可以观察莫尔条纹在光栅移动一个光栅节距时的变化规律。图 4.77(a)为两块光栅刻线重叠，通过的光最多，为"亮区"；图 4.77(b)为光线被刻线宽度遮去一半，为"半亮区"；图 4.77(c)为光线被两块光栅的刻线正好全部遮住，出现"暗区"；图 4.77(d)和图 4.77(e)透光又逐步增加，直至恢复"亮区"。此时主光栅正好移过一个栅距，而其莫尔条纹也亮暗变化一次。

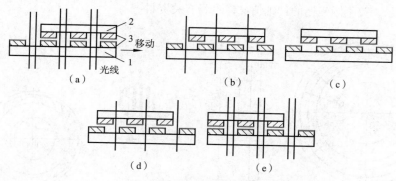

图 4.77　光栅位置放大图

1—主光栅；2—指示光栅；3—刻线

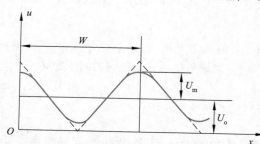

图 4.78　实际光通量和光电元件输出信号波形图

上述的遮光作用和光栅位移成线性变化，所以光通量的变化是理想的三角形，如图 4.78 中虚线所示。但实际上最后输出的波形近似为正弦曲线。当光电元件接收到明暗变化的光信号，就将它转换成电信号。

图中横坐标是位移 x，纵坐标是光电元件的输出电压 u，可以用直流分量叠加一个交流分量表示。

$$u = U_0 + U_m \sin\left(\frac{\pi}{2} + \frac{2\pi x}{W}\right) \tag{4.68}$$

式中　U_0——直流分量电压；

　　　U_m——交流分量电压幅值；

　　　W——光栅节距；

　　　x——光栅位移。

由式(4.68)可见，输出电压反映瞬时位移大小，当 x 从 0 变化到 W 时，相当于电角度变化 360°。如果采用 50 线/mm 的光栅，若主光栅移动了 x mm，指示光栅上的莫尔条纹就移动了 $50x$ 条，将此条数用计数器记录，就可知道移动的相对距离。

3. 辨向与细分原理

上述光栅读数装置只能产生正弦信号，因此不能辨别光栅移动的方向。为了能够辨向，应当在相隔 1/4 条纹间距的位置上，安放 2 个光电元件 1 和 2，得到两个相位差 π/2 的正弦信号，然后送到辨向电路(图 4.68)处理，光栅传感器便可辨向，进行正确的测量。

随着对现代测量仪器不断提出高精度的要求，数字读数的最小分辨值也逐步缩小。细分就是为了得到比栅距更小的分度值。在莫尔条纹信号变化一周期内，发出若干个计数脉冲，以减小脉冲当量，即减小每个脉冲所相当的位移。常用的细分方法有倍频细分法、电桥细分法等。

4.13.4　频率式数字传感器

频率式传感器是将被测非电量转换为一列频率与被测量有关的脉冲，然后在给定的时间内，通过电子电路累计这些脉冲数或者用测量与被测量有关的脉冲周期的方法来测得被测量。传输的信号是一列脉冲信号，所以具有数字化技术的优点。频率式传感器基本上有三种类型：利用力学系统固有频率的变化反映被测参数的值、利用电子振荡器的原理，使被测量的变化转化为振荡器的振荡频率的改变、将被测非电量转换为电压量，再用此电压去控制振荡器的振荡频率，称压控振荡器。本节将以振弦式传感器说明频率式传感器的工作原理。

图 4.79(a)是振弦式传感器的原理图。振弦由一根很细的金属丝组成，放置在永久磁铁所产生的磁场内，振弦的一端固定，另一端与传感器的运动部分相连。振弦由运动部分拉紧，作用于振弦上的张力 T 就是传感器的输入物理量。

振弦的固有振动频率：

$$f_0 = \frac{1}{2l}\sqrt{\frac{T}{\rho_l}} \tag{4.69}$$

式中　l——振弦的有效长度；

　　　T——弦的张力($T = S\sigma$，σ 为弦应力，S 为弦的截面积)；

　　　ρ_l——振弦线密度(单位长度的质量 $\rho_l = m/l$)。

式(4.69)说明，对于 l，ρ_l 已定的振弦，其固有振动频率由张力 T 决定。

振弦本身作为测量电路的一部分，和运算放大器一起组成自激振荡器。当电路接通时，有一个初始电流流经振弦，振弦在磁场中受到作用力，从而激发起振弦的振动。由图 4.79(b)可见，振弦在激励电路中组成一个选频的正反馈网络，振弦振动所需能量可不断得到补充，振荡器产生等幅的持续振荡。

振弦在测量系统中可等效为一个并联的 LC 电路,这个电路与放大器组成振荡电路,可推导出:

$$\omega = \frac{\pi}{l}\sqrt{\frac{T}{\rho_l}}$$

即

$$f = \frac{1}{2\pi}\omega = \frac{1}{2l}\sqrt{\frac{T}{\rho_l}} \tag{4.70}$$

式(4.70)说明激励电路输出的频率等于振弦的固有振动频率,这样当被测张力 T 变化时,振荡器输出信号的频率也跟着变化,于是张力 T 被转换为频率信号 f。

实际应用的振弦传感器包括振弦、磁铁、夹紧装置等三个主要部分,与一些装置配合可以组成振弦式压力传感器,振弦式扭矩传感器等。图 4.79(b)所示振弦式传感器的激励电路,是一个由运算放大器和振弦等元件组成的自激振荡器。电路中 R_3 和振弦支路形成正反馈,R_1、R_2 和场效应管 V 组成负反馈电路;R_4,R_5,C 和二极管 VD 组成的支路,提供对场效应管的控制信号;负反馈支路和场效应管控制支路的作用是控制起振条件和自动稳幅。

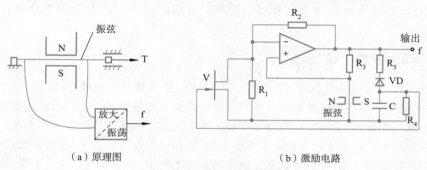

(a)原理图　　　　　　　　　(b)激励电路

图 4.79　振弦式传感器

自动稳幅的原理是:当工作条件变化,引起振荡器的输出幅值增加. 这个输出信号经过 R_5,R_4,VD 和 C 检波后,成为场效应管的栅极控制信号,并具有较大的负电压,使场效应管漏源间的等效电阻增加,从而使负反馈支路的负反馈增大,运算放大器的闭环增益降低,以致输出信号的幅值减小,趋向于增加前的幅值。当输出幅值减小时,也可采用类似的分析方法。这样,就起到了自动稳定振幅的作用。

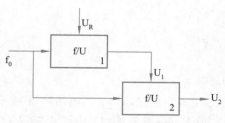

图 4.80　振弦式传感器线性化框图

从测量的角度,希望输出频率与被测参数呈线性关系,所以需要线性化处理。图 4.80 是振弦式传感器的线性化框图。图中两个 f/U 方框代表两个相同的频率与电压变换兼乘法运算电路,U_R 为基准电压。经过第一个电路之后输出的电压 $U_1 = K_1 f_0 U_R$,U_1 与 f_0 同时输入到第二个电路,得电路的输出电压 $U_2 = K_2 f_0 U_1 = K_1 K_2 f_0^2 U_R = K_3 f_0^2$,$K_1$,$K_2$ 为两电路的运算常数,K_3 为 $K_1 K_2$ 和 U_R 相乘后的常数。于是电压 U_2 就和被测的张力 T 呈线性关系。

当被测非电量已经转换为一系列频率与被测量有关的脉冲之后,测量频率的方法基本有两种:计数方式或计时方式。计数式和计时式测量电路的基本原理,可概括在图 4.81 中。

如图 4.81 所示,从传感器来的输入脉冲,经过整形网络传送到方式选择开关端。晶体振荡器用以产生基准频率(或基准时间)。方式选择开关有三个位置,即 C,P 和 MP。当开关放在位置 C 时,为计数式测量电路。晶体振荡器输出的信号,经分频器分频后产生时间基准,通过时间选择开关,控制门电路的开门时间。输入待测脉冲接到门电路的另一个输入端,于是输入脉冲按照选定的时间基准,在计数器中累计。当门电路关门时,控制信号将计数器的输出转移给寄存器,同时令计数器复位和开始另一次计数。所以测量结果是在一个基准时间内的脉冲数。

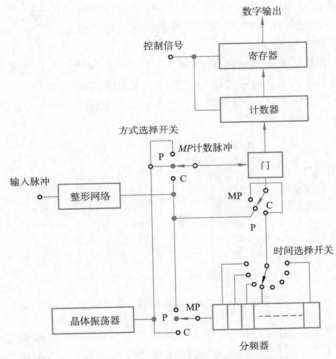

图 4.81 计时式和计数式测量原理图

当输入脉冲周期比晶体振荡器的时钟脉冲周期大得多时,采用计时式测量电路。将方式选择开关置于位置 P,输入脉冲直接作为门电路的控制信号控制门电路的开门时间。晶体振荡器的输出作为标准时钟脉冲,在门电路的开门时间内,通过门电路进入计数器计数。此时计数器所计的数能反映被测脉冲周期的时间。这种情况下,分频器和时间选择开关不工作。

为了改善分辨力,将方式选择开关置于 MP 位置,目的是把输入脉冲的周期扩大。输入脉冲在分频器中分频后,通过时间选择开关,控制门电路的开门时间。于是晶体振荡器的输出时钟脉冲在所选定的时间内,在计数器中计数。另外,还可以用提高晶振的时钟脉冲频率的方法来提高分辨力。

4.14 生物传感器

生物传感器(Biosensor)起源于 20 世纪 60 年代,随着生物医学工程的迅猛发展,并作为传感器的一个分支应用于食品、制药、化工、临床检验、生物医学、环境监测等方面。

4.14.1 概 述

生物传感器是利用各种生物或生物物质(如酶、抗体、微生物等)作为敏感材料,并将其产生的物理量、化学量的变化转换为电信号。生物传感器通常将生物敏感材料固定在高分子人工膜等载体上,当被识别的生物分子作用于人工膜(生物传感器)时,将会产生变化的信号(电、热、光等)输出,然后采用电化学法、热测量法或光测量法等测出输出信号。

1. 生物传感器的工作原理

生物传感器的基本工作原理如图 4.82 所示,主要由敏感膜(分子识别元件)和敏感元件(信息转换元件)两部分构成。待测物质经扩散进入生物敏感膜层,经分子识别,发生生物学反应(物理、化学变化),产生物理、化学现象或产生新的化学物质,由相应的敏感元件转换成可定量、可传输与处理的电信号。

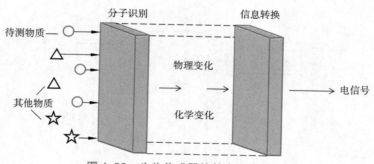

图 4.82 生物传感器的基本工作原理

生物敏感膜是利用生物体内具有奇特功能的物质制成的膜,它与待测物质相接触时会伴有物理、化学反应,可以进行分子识别,即选择性地"捕捉"自己感兴趣的物质,如图 4.83 所示。正是由于这种特殊的作用,生物传感器具有选择性识别能力。生物敏感膜是生物传感器的关键元件,直接决定了传感器的功能与性能。根据生物敏感膜选材的不同,可以制成酶膜、全细胞膜、组织膜、免疫膜、细胞器膜、复合膜等。各种膜的生物物质见表 4.2。

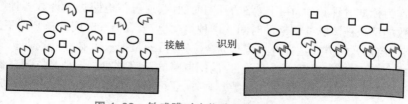

图 4.83 敏感膜对生物分子的选择性作用

表 4.2　生物传感器的生物敏感膜

生物敏感膜	生物活性材料
酶膜	各种酶类
全细胞膜	细菌、真菌、动植物细胞
组织膜	动植物组织切片
免疫膜	抗体、抗原、酶标抗原等
细胞器膜	线粒体、叶绿体
配体、受体	具有生物亲和力的物质膜
寡聚核苷酸	核酸膜
高分子聚合物	模拟酶膜

生物分子识别元件与换能器的不同组合,可以构建出适用于不同用途的生物传感器类型。目前发展相对成熟的生物识别元件主要包括以下生物活性物质:酶抗体(抗原)、核酸、受体和离子通道,以及细胞或组织。生物分子被识别后,敏感物质与待测物质反应的产物一般不能直接被解读,需要将其转换为电流、电压、电导率、电阻、荧光、频率、质量和温度等能够记录和进一步处理的信息,此功能部分称为换能器。常用的有电化学、光化学、半导体、声波、热学等类型的换能器。传感器包含分子识别元件和换能器,如图 4.84 所示。

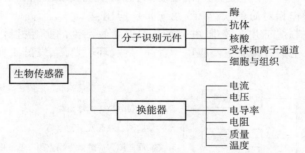

图 4.84　生物传感器的分子识别元件和换能器

2. 生物传感器的分类

生物传感器的分类有很多种,生物学工作者习惯于将生物传感器以敏感膜所用材料的种类进行分类,而工程学方面的工作者常常根据敏感元件的工作原理进行分类。

(1)根据生物识别原件进行分类

酶传感器、全细胞膜、免疫传感器、细胞传感器、微生物传感器、组织传感器和 DNA 传感器等,如图 4.85 所示。

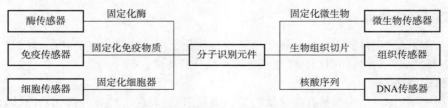

图 4.85　生物传感器按分子识别元件进行分类

（2）根据换能器信号转换的方式进行分类

电化学生物传感器、介体生物传感器、热生物传感器、压电晶体生物传感器、半导体生物传感器、光生物传感器等,如图 4.86 所示。在本章后续内容中,若不加特殊说明,讨论的生物传感器均为电化学生物传感器。

图 4.86　生物传感器按照换能器工作原理分类

3. 生物传感器的特点

与传统的分析检测手段相比,生物传感器具有以下特点。

①根据分子识别特征的多样性,生物传感器应用范围较广;

②生物传感器是由具有高度选择性的生物材料构成敏感(识别)元件的,一般情况下,检测时不需要另加其他试剂,也不需要进行样品的预处理;

③生物传感器体积小、分析速度快、准确度高,容易实现在线检测和自动分析;

④生物传感器操作相对简单、成本低、易于推广应用;

⑤生物传感器在制造工艺上较难,并且使用具有生物活性的酶等材料,使用寿命较短。

如图 4.87 所示,生物传感器主要应用于食品工业、环境监测、发酵工业和医疗检验等几大领域。

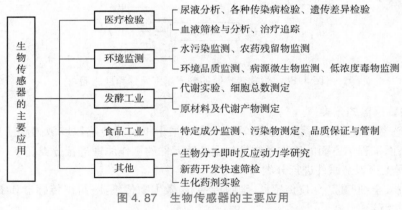

图 4.87　生物传感器的主要应用

4.14.2　酶传感器

酶传感器是利用被测物质与各种生物活性酶在化学反应中产生或消耗的物质量,通过电化学装置转换成电信号,从而选择性地测出某种成分的器件。

1. 酶的特性

酶是由生物体内产生并具有催化活性的一类蛋白质,表现出特异的催化功能,因此,酶也称为生物催化剂。酶在生命活动中参与新陈代谢过程中的所有生化反应,并以极高的速度维持生命的代谢活动,包括生长、发育、繁殖与运动等。目前已鉴定出来的酶有 2 000 余种。

酶与一般催化剂有相同之处,即相对浓度较低时,仅能影响化学反应的速度,而不改变反应的平衡点。酶与一般催化剂的不同之处有以下几点。

①酶的催化效率比一般催化剂要高 $10^6 \sim 10^{13}$ 倍;

②酶催化反应条件较为温和,在常温、常压条件下即可进行;

③酶的催化具有高度的专一性,即一种酶只能作用于一种或一类物质,产生一定的产物,而非酶催化剂对作用物没有如此严格的选择性;

④酶的催化过程是一种化学放大过程,即物质通过酶的催化作用能产生大量产物。

2. 酶传感器的结构及原理

酶传感器由生物酶膜与各种电极(离子选择电极、气敏电极、氧化还原电极等)组合而成,或将酶膜直接固定在基体电极上制成,也称为酶电极。工作原理是通过电化学装置(电极)把被测物质与各种生物活性酶在化学反应中产生或消耗的物质量转换成电信号,从而选择性地测出某种成分。酶具有分子识别和催化反应的功能,选择性高,能够有效放大信号。同时,电极测定响应速度快、操作简单,因此,酶传感器能够快速测定样品中某一特定样品目标的浓度,并且只需要很少的样品量。电化学酶传感器基本原理示意图如图4.88所示。

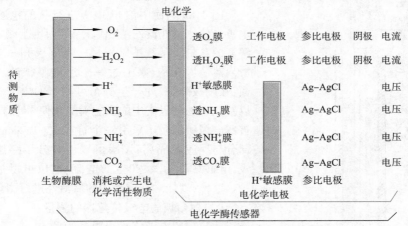

图 4.88 电化学酶传感器的基本原理示意图

表 4.3 酶传感器的分类

检测方式		被测物质	酶	检测物质
电流型	氧检测方式	葡萄糖	葡萄糖氧化酶	O_2
		过氧化氢	过氧化氢酶	
		尿酸	尿酸氧化酶	
		胆固醇	胆固醇氧化酶	
	过氧化氢检测方式	葡萄糖	葡萄糖氧化酶	H_2O_2
		L-氨基酸	L-氨基酸氧化酶	

检测方式		被测物质	酶	检测物质
电位型	离子检测方式	尿素	尿素酶	NH_4^+
		L-氨基酸	L-氨基酸氧化酶	NH_4^+
		D-氨基酸	D-氨基酸氧化酶	NH_4^+
		天门冬酰胺	天门冬酰胺酶	NH_4^+
		L-酪氨酸	酪氨酸脱羧酶	CO_2
		L-谷氨酸	谷氨酸脱羧酶	NH_4^+
		青霉素	青霉素酶	H^+

　　根据输出信号,酶传感器可分为电流型和电压型两种。电流型酶传感器通过与酶催化反应所得到的电流来确定反应物质的浓度,一般采用氧电极、H_2O_2 电极等。而电压型酶传感器通过测量敏感膜的电位来确定与催化反应有关的各种物质的浓度,一般采用 NH_3 电极、CO_2 电极、H_2 电极等。表 4.3 列出了两类传感器的异同。

3. 酶传感器的测量

（1）Clark 氧电极

图 4.89 为使用铂 Pt 电极进行氧的检测。Clark 氧电极是使用最广泛的液相氧传感器,用于测定溶液中溶解氧的含量。其基本结构由一个阳极和一个阴极电极浸入溶液所构成,氧通过一个通透膜扩散进入电极表面,在阳极减少,并产生一个可测量的电流。酶促反应以及微生物呼吸链中的氧化磷酸化使得电子流入氧,并被氧电极所测量。采用一个特氟龙（Tefelon）膜将电极部分与反应腔隔离,该膜可以使氧分子穿透并到达阴极,电解并消耗氧,产生的电流、电位可以被仪器所记录。这样,就能对反应液中的氧活性进行测量。

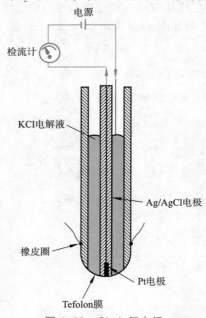

图 4.89　Clark 氧电极

（2）葡萄糖酶电极传感器的测量

　　葡萄糖酶电极传感器由酶膜和 Clark 氧电极（或过氧化氢电极）组成。如图 4.90 所示,测量时,将葡萄糖酶电极传感器插入被测葡萄糖溶液中,在葡萄糖氧化酶（GOD）作用下,葡萄糖发生氧化反应,消耗氧后生产葡萄糖酸和过氧化氢,过程可以用式（4.71）表示:

$$葡萄糖+O_2 \xrightarrow{\text{GOD}} 葡萄糖酸+H_2O_2 \tag{4.71}$$

　　由式（4.71）可知,葡萄糖氧化时产生 H_2O_2,而 H_2O_2 通过选择性透气膜,使电极表面的氧化量减少,相应电极的还原电流减少,从而可以通过电流值的变化确定葡萄糖的浓度。氧的消耗及过氧化氢的生成可被铂电极所检测,因此,该方法可以作为测量葡萄糖的方法。

　　通过区分氧电极、过氧化氢电极,以及是否使用电子转移媒介,可将葡萄糖酶电极分为以

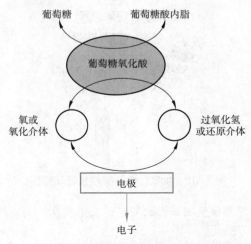

图 4.90 通过葡萄糖酶电极传感器测量葡萄糖

下两种类型。

①氧电极葡萄糖传感器:电流型葡萄糖氧化酶传感器若使用氧电极作为葡萄糖检测换能器,以铂电极(-0.6 V)作为阴极,Ag/AgCl 电极($+0.6$ V)作为阳极,电极对氧响应产生电流,该电极称为氧电极葡萄糖传感器。反应式如下:

$$2H^+ + O_2 + 2e^- \longrightarrow H_2O_2 \tag{4.72}$$

$$H_2O_2 + 2H^+ + 2e^- \longrightarrow 2H_2O \tag{4.73}$$

由于氧电极葡萄糖传感器的电流响应与氧浓度有关,所以检测过程受到溶解氧的影响,溶解氧的变化可能引起电极响应的波动。由于氧的溶解度有限,因此当溶解氧贫乏时,响应 电流明显下降,从而影响检出限(产生一个能可靠地被检测出来的分析信号所需要的某元素的最小浓度或含量)。另外,传感器的响应性受溶液中 PH 酸碱度及温度影响较大。

②过氧化氢电极葡萄糖传感器:若将电流型葡萄糖氧化酶传感器的电极反过来,即以铂电极(-0.6 V)作为阳极,以 Ag/AgCl($+0.6$ V)作为阴极,电极就能对过氧化氢响应产生电流,该电极称为过氧化氢电极葡萄糖传感器。反应式如下:

$$2H_2O_2 \longrightarrow 2H_2O + O_2 + 2e^- \tag{4.74}$$

过氧化氢电极传感器最重要的优点是便于制备,采用较简单的技术都可能将其小型化。当电化学活性物质(过氧化氢)和葡萄糖进行物质交换时,电流信号就是线性的,这可以通过在生物传感器的制备过程中使用各种扩散限制膜来实现。

4.14.3 免疫传感器

抗体是由机体 B 淋巴细胞和血浆细胞分泌产生,可对外界(非自身)物质产生反应的一种血清蛋白。外界物质因其能引发机体免疫反应,故称为免疫原,即抗原。由于具有高的亲和常数和低的交叉反应,因此抗原抗体反应被认为有很强的特异性,如图 4.91 所示。

免疫传感器的基本原理是免疫反应。它利用固体定化抗体(或抗原)膜与相应的抗原(或

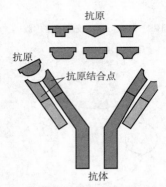

图 4.91　抗原抗体特异性结合示意图

抗体)的特异反应,反应的结果使生物敏感膜的电位发生变化。免疫传感器一般可以分为非标识免疫传感器和标识免疫传感器。

(1)非标识免疫传感器

非标识免疫传感器也称为直接免疫传感器。利用抗原或抗体在水溶液中两性解离本身带电的特性,将其中一种固定在电极表面或膜上,当另一种与之结合形成抗原抗体复合物时,原有膜电荷密度将发生改变,从而引起膜的 Donnan 电位和离子迁移变化,最终导致膜电位改变。

如图 4.92 所示,非标识免疫传感器有两种方案。一种是在膜的表面结合抗体(或抗原),用传感器测定抗原抗体反应前后的膜电位;另一种是在金属电极的表面直接结合抗体(或抗原作为感受器,测定与抗原抗体反应相关电极的电位变化。

在检测抗原时,抗体膜为感受器,而在检测抗体时,抗原膜则成了感受器。当抗原膜或抗体膜与不同浓度的电解质溶液(如 KCl 溶液)相接触时,膜电位取决于膜的电荷密度、电解质浓度、浓度比和膜相离子的输送率等因素。因此,在抗原或抗体膜表面发生抗原抗体结合反应时,膜电位将产生明显的变化。

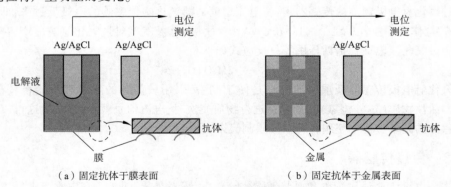

(a)固定抗体于膜表面　　　　　　　　(b)固定抗体于金属表面

图 4.92　非标识免疫传感器的基本原理

非标识免疫传感器的优点是不需要额外试剂、仪器要求简单、操作容易、响应快。不足之处在于其灵敏度较低、样品需求量较大、非特异性吸附容易造成假阳性结果。

（2）标识免疫传感器

固定化的抗原或抗体在与相应的抗体或抗原结合时,自身的生物结构发生变化,但这个变化是比较小的。为使抗原抗体结合时产生明显的化学量改变,通常利用酶的化学放大作用,即标识免疫传感器是利用酶的标识剂来增加免疫传感器的检测灵敏度,标识免疫传感器也称为间接免疫传感器。

酶标识免疫传感器属于间接型免疫电化学传感器,这类传感器将免疫的专一性和酶的灵敏性融为一体,可对低浓度底物进行检测。常用的标识有:辣根过氧化物酶、葡萄糖氧化酶、碱性磷酸酶和脲酶。另外,无论是电位型还是电流型酶标记免疫传感器,都可归结为是对还原型辅酶Ⅰ(NADH)、苯酚、O_2、H_2O_2 和 NH_3 等电活性物质的检出,酶标识免疫传感器如图 4.93 所示。

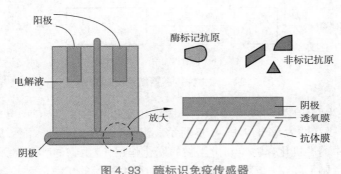

图 4.93　酶标识免疫传感器

在用过氧化氢酶作为标识酶时,标识酶的活性是在给定的过氧化氢中根据每单位时间内所生成的氧量而求出的,即

$$H_2O_2 \xrightarrow{\text{过氧化氢酶}} H_2O + \frac{1}{2}O_2 \tag{4.75}$$

将清除游离抗原后的酶免疫传感器放在溶液中浸渍。抗体膜表面结合的标识酶催化 H_2O_2,分解成水和氧。氧经扩散透入抗体膜及 Clark 氧电极的透气膜,到达铂阴极,得到与生成的氧量相对应的电流。从电流量可求出在膜上结合的标识酶的量。

标识免疫传感器的优点是所需样品量少,一般只需要数升至数十微升,灵敏度高,选择性好,可作为常规方法使用;缺点是需要添加标记物,操作过程较为复杂。

4.14.4　微生物传感器

酶作为生物传感器的敏感材料虽然已有许多应用,但因酶的性能不够稳定,价格也较高,使它的应用受到了限制。随着微生物间固化技术的不断发展,产生了微生物传感器。

1. 微生物传感器的原理

微生物主要包括原核微生物(如细菌)、真核微生物(如真菌、藻类和原虫)和无细胞生物(如病毒)等几大类。由于体积极其微小,因此相对面积大,物质吸收快,转化也快。微生物生长繁殖迅速,适应性强。微生物也完全可以作为敏感元件用来构建生物传感器。

微生物传感器也称为微生物电极,它属于酶电极的衍生电极,除了用微生物替代酶,两者之间有相似的结构和工作原理。

　　微生物传感器是一种选择性电化学探测器,由经适当方法培养的细菌细胞(或经固定化的细胞)覆盖于相应的电化学传感器件表面而成,它利用细胞中酶对待测物水解、氨解或氧化等反应的选择性催化作用,以及电化学传感器元件对反应物的有选择探测,依据反应的电化学价量关系,定量地测出底物存在量的信息。微生物传感器根据对氧气的反应情况分为呼吸机能型微生物传感器和代谢机能型微生物传感器。结构原理框图如图4.94所示。

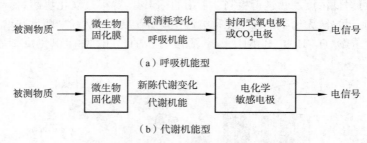

图4.94　微生物传感器结构原理框图

　　呼吸机能型微生物传感器由好氧型微生物固定化膜和氧电极(或 CO_2 电极)组合而成,测定时以微生物的呼吸活性为基础,如图4.95所示。当微生物传感器插入溶解氧保持饱和 状态的试液中时,试液中的有机化合物受到微生物的同化作用,微生物的呼吸加强,在电极上扩散的氧减少,电流值急剧下降。一旦有机物由测试液向微生物膜的扩散活动趋向恒定时,微生物的耗氧量也达到恒定。于是溶液中氧的扩散速度与微生物的耗氧速度之间达到平衡。向电极扩散的氧量趋向恒定,得到一个恒定的电流值,此恒定电流值与测试液中的有机化合物浓度之间存在着相关关系。代谢机能型微生物传感器则以微生物的代谢活性为基础,如图4.96所示。微生物摄取有机化合物后,当生成的各种代谢产物中含有电极活性物质时,用安培计可测得氧、甲酸和还原型辅酶等代谢物,而用电位计则可测得 CO_2、有机氢(H^+)等代谢物。由此可以得到有机化合物的浓度信息。

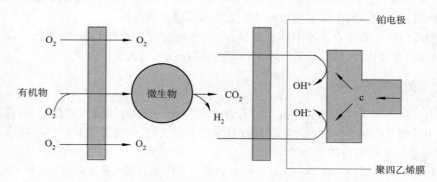

图4.95　呼吸机能型微生物传感器

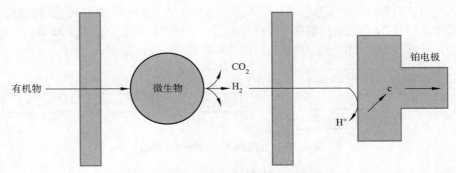

图 4.96 代谢机能型微生物传感器

2. 微生物传感器的应用

与酶传感器等其他生物传感器相比较,微生物传感器的特点是使用寿命较长。这是由于采用了生存状态的微生物和用固定化技术使微生物稳定化的缘故。微生物传感器在工业生产(发酵工业、石油化工等)、环境保护和医疗检测上已逐步实用化。

4.14.5 其他常见生物传感器及应用

1. 血糖测试仪

血液中的糖分称为血糖,绝大多数情况下都是葡萄糖(英文简写 Glu),人体内各组织细胞活动所需要的能量大部分来自葡萄糖,所以血糖必须保持在一定水平才能维持体内各器官和组织的需要。所以,血糖的检测在预防与控制医学中具有重要的意义。

血糖测试仪的检测原理分为两种:光化学法和电化学法。光化学法基于血液和试剂产生的反应测试血糖试条吸光度的变化值,其反应过程如下

$$葡萄糖 + O_2 \xrightarrow{GOD} 葡萄糖酸内酯 + H_2O_2 \tag{4.76}$$

$$H_2O_2 + OP \xrightarrow{POD} AH + H_2O \tag{4.77}$$

式中,GOD 和 POD 分别代表葡萄糖氧化酶和过氧化物酶;OP 和 AH 分别代表燃料及其产物。一般情况,采用光化学法原理比采用电化学原理的血糖仪测试时需要的血样多。

电化学法测定葡萄糖是通过测定铂金电极上过氧化氢的氧化分解产生的电流变化,来测算出溶液中因氧的消耗导致的氧分压下降值,进而测得葡萄糖的浓度。

采用分子导电介质铁氰化钾代替氧分子进行氧化还原反应的电子传递,实现了血糖的电化学测定,其反应原理如下

$$葡萄糖 + FAD(GOX) \longrightarrow 葡萄糖酸内脂 + FADH_2(GOD) \tag{4.78}$$

$$FADH_2(GOD) + Fe(CN)_6^{3-} \longrightarrow FAD(GOX) + Fe(CN)_6^{4-} \tag{4.79}$$

$$Fe(CN)_6^{4-} \longrightarrow Fe(CN)_6^{3-} + e^- \tag{4.80}$$

血糖测试仪的硬件结构如图 4.97 所示,整个系统由酶电极传感器部分、信号调理电路(电流电压转换、放大滤波部分)、温度补偿部分、单片机及显示部分组成。在酶电极上滴血后产生的微电流较小,只能达到微安量级,不便于测量和分析,所以将其先转换成电压信号,然后进行

电压放大。由于电源和各种因素干扰信号产生的系统噪声会影响测试精度,因此应设计滤波电路去除干扰信号,使测试更加精确。经过处理后的电压值传送给内置 A/D 转换的单片机中,单片机经过计算得出血糖浓度值,最后通过液晶屏幕将结果显示出来。

图 4.97 血糖测试仪的硬件结构图

环境温度的变化会引起监测系统零点漂移和灵敏度的变化,从而造成测量误差。为消除环境温度的影响,系统中温度补偿电路采用微型温度传感器,其测温范围为 $-55 \sim 125$ ℃,测量分辨力为 0.062 5 ℃,测温精度为 ±0.51 ℃。温度信号经过多路开关输入单片机,根据血糖测试电极的温度特性进行测试结果误差的自动修正。

2. 水源监测光纤阵列传感器

为了水源免受污染,人们需要知道水源中重金属的种类和数量。可以利用载体将对重金属离子特别敏感的试剂覆膜于光纤的一端形成探头,光纤的另一端传输至高清晰度 CCD,最后成像并由计算机处理形成可对比的图像,再通过与原先存储在计算机中的标准样本对比,最终得到测试结果,如图 4.98 和图 4.99 所示。

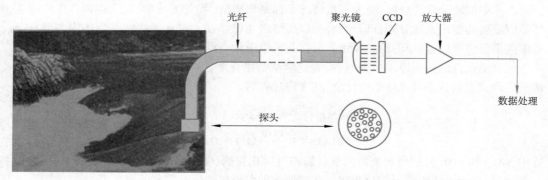

图 4.98 监测金属离子污染的光纤阵列传感器

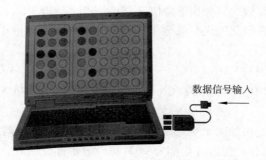

图 4.99 彩膜图像显示

例如,为了识别 Hg(Ⅱ),利用硅烷醇将一种对 Hg(Ⅱ)特别敏感的试剂二苯卡巴腙膜涂于光纤的一端,形成 Hg(Ⅱ)识别器件。其工作原理是:光纤探头功能膜中的二苯卡巴腙与水源中的 Hg(Ⅱ)发生反应,在膜中生成蓝色化合物,膜颜色的变化及程度迅速通过光纤传至 CCD 形成彩膜图像,彩膜图像经过数字传输至计算机后,通过与原来存储的标准样本对比后,即可判断 Hg(Ⅱ)是否存在以及含量多少。

思考与练习

　　1. 应变片有哪两类?有哪些共同点和不同点?

　　2. 应变片是一种使用方便、适应性强的传感器,在力学量的测量中得到了广泛的应用。但它受温度影响很大,为了使测量数据更真实,在实际应用中应该采取哪些措施?

　　3. 有一钢板,原长 $L = 1$ m,截面为 1 cm×10 cm,钢板的弹性模量 $E = 2.1 \times 10^6$ kg/cm^2 (1 kg/cm^2 = 98.07×10^5 Pa)。在力 F 的作用下拉伸,使用箔式应变片($R = 120 \ \Omega$,灵敏度 $S = 2$),测出应变片的电阻变化量为 0.3 Ω,求钢板的伸长量 ΔL 和力 F 的大小。

　　4. 一电容测微仪,其传感器的圆形极板的半径 $r = 4$ mm,工作初始间隙 $\delta_0 = 0.3$ mm,介质为空气。求:

　　(1)如果传感器极板的间隙变化 $\Delta \delta = \pm 1$ μm 时,电容的变化量是多少?

　　(2)如果测量电路的放大系数 $K = 100$ mV/PF,读数仪表的灵敏度 $S = 5$ 格/mV,当 $\Delta \delta = \pm 1$ μm 时,读数仪表的指示值将变化多少格?

　　5. 下图是一个电容式液位计。两个圆柱形金属套筒的直径分别为 d 和 D,液位高为 h,金属套筒总高为 L,液体的相对介电常数为 ε_1,其空的介电常数为 ε_0。求:(1)液位高度 h;(2)指出该液位计的输出量、输入量分别是什么?求出该液位计的灵敏度 S。

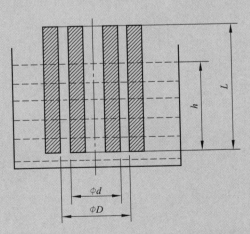

　　6. 铂电阻是目前用得较多的一种传感器,但是它存在自热温升,采用什么措施可以减小自热温升的影响,提高测量精度?

7. 压电晶片的输出特性是什么？对前置放大器有什么要求？能否用压电传感器测量静态特征信号或变化缓慢的信号？为什么？

8. 压电传感器的前置放大器有哪两种形式？分析它们各自的特点。

9. 已知磁电式传感器线圈直径 $D = 25$ mm，气隙磁感应强度 $B = 6\ 000$ T，灵敏度 $S = 600$ mV/(cm · s^{-1})，求线圈匝数 N。

10. 热电偶的测量原理是什么？当参考端温度 T_0 变化时，测得的热电势会有什么样的变化？由此得到的温度是否代表实际测得的温度？

11. 什么是生物传感器？简述生物传感器的工作原理、组成、分类以及特性。

12. 生物敏感膜的种类有哪些？其工作原理是什么？

13. 以葡萄糖传感器为例，简述酶传感器的结构和工作原理。

14. 什么是免疫传感器？简述其工作原理、结构及分类。

15. 简述非标识免疫传感器和标识免疫传感器在工作原理上的异同。

16. 生物传感器敏感膜的固定化方法有哪些？酶膜、抗体和微中物的固定方法有哪些异同？

17. 微生物传感器有哪两种类型？试各举例说明。

18. 试列举两种以上生物传感器在医学上的应用。

19. 用免疫传感器设计一个测定人血清中乙肝病原表面抗体（HBVs-Ab）的传感器检测系统，简述其工作原理和硬件系统组成。

第5章

模拟信号的获取与处理

学习目标

1. 掌握测量电桥的特性和计算公式；
2. 掌握信号调理与解调的基本原理与方法；
3. 掌握滤波器的分类、工作原理及其特性参数，能正确选用滤波器；
4. 了解放大器、显示与记录仪器的种类、掌握常用仪器的组成结构、工作原理及特性。

传感器在测量过程中，测量信号（绝大多数都是模拟信号）往往会有干扰信号掺杂，这些干扰信号会影响检测结果的真实性，因此，必须进行去噪处理。去噪的方法有电桥法、调制解调法等，处理过程中也要以有用信号功率放大和信噪比的提高为基本原则。在对待工作任务和生活事件中，同样要分清好坏、优缺点、有针对性地保留、培养好的部分和优点，减少甚至消除坏的部分和缺点，努力提高"信噪比"，具有这样的行为思想，才能真正提高自己的工作、生活的能力。

5.1 概　　述

被测物理量经过传感器后，被转换为电参数。许多情况下，信号比较微弱，不能满足测试要求。在测试过程中，也不可避免地受到各种内、外干扰因素的影响。为了使被测信号具有足够的信噪比、能够驱动显示仪、记录仪、控制器，或进一步将信号输入到计算机进行信号分析与处理，需要对传感器的输出信号进行调理、放大、滤波等一系列的变换处理，使变换处理后的信号变为信噪比高、有足够驱动功率的电压或电流信号。通常使用各种电路完成上述任务，这些电路称为信号变换或调理电路。被测参量经传感器转换后的输出一般是模拟信号，所以信号变换及调理电路也可以称为模拟信号的获取与处理电路。

5.2 电　　桥

电桥是将电阻、电感、电容等参数的变化变为电压或电流输出的一种典型调理电路。电桥结构简单，精确度和灵敏度高，易消除温度及环境影响，因此在测量装置中被广泛应用。

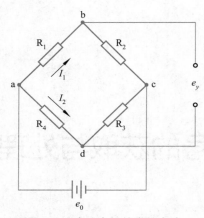

图 5.1　直流电桥的常用电路

按照电桥所采用的激励电源不同,分为直流电桥和交流电桥。

1. 直流电桥

直流电桥的工作原理是利用四个桥臂中的一个或数个的阻值变化而引起电桥输出电压的变化。图 5.1 为直流电桥的常用电路,其中电阻 R_1、R_2、R_3、R_4 组成电桥的四个桥臂。在电桥的一条对角线两端 a 和 c 接入直流电源 e_0 作为电桥的激励电源,而在电桥的另一对角线两端 b 和 d 上,输出电压值 e_y,该输出可直接用于驱动指示仪表,也可接入后续放大电路。

则输出电压

$$e_y = U_{ab} - U_{ad} = \frac{R_1 R_3 - R_2 R_4}{(R_1 + R_2)(R_3 + R_4)} e_0 \tag{5.1}$$

电桥平衡条件

$$R_1 R_3 = R_2 R_4 \tag{5.2}$$

直流电桥的连接形式:四分之一桥(单臂)、半桥、全桥。图 5.2 给出了直流电桥的三种连接方式。

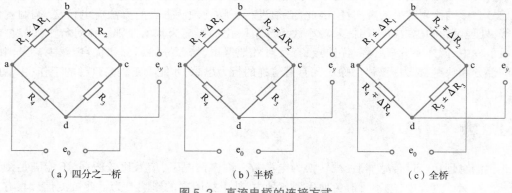

（a）四分之一桥　　　　　　（b）半桥　　　　　　（c）全桥

图 5.2　直流电桥的连接方式

对于四分之一桥的连接形式,工作时仅有一个桥臂电阻值随被测量而变化,设该电阻为 R_1,变化量为 ΔR,则由式(5.1)可得

$$e_y = \left(\frac{R_1 + \Delta R}{R_1 + R_2 + \Delta R} - \frac{R_4}{R_3 + R_4} e_0 \right) \tag{5.3}$$

设相邻桥臂的阻值相等,亦即:$R_1 = R_2 = R_3 = R_4 = R_0$,则

$$e_y = \frac{\Delta R}{4R_0 + 2\Delta R} e_0 \tag{5.4}$$

若 $\Delta R \ll R_0$,则

$$e_y \approx \frac{\Delta R}{4R_0}e_0 \tag{5.5}$$

对于全桥连接法,假设四个桥臂的阻值均随被测量而变化,即 $R_1 \pm \Delta R_1$,$R_2 \mp \Delta R_2$,$R_3 \pm \Delta R_3$,$R_4 \mp \Delta R_4$,当 $R_1 = R_2 = R_3 = R_4 = R_0$ 且 $\Delta R_1 = \Delta R_2 = \Delta R_3 = R_4 = \Delta R$,输出为

$$e_y = \frac{\Delta R}{R_0}e_0 \tag{5.6}$$

当四个桥臂的阻值变化同号时,即 $R_1 + \Delta R_1$,$R_2 + \Delta R_2$,ΔR_3,$R_4 + \Delta R_4$,而当 $R_1 = R_2 = R_3 = R_4 = R_0$ 时

$$e_y = \frac{1}{4}\left(\frac{\Delta R_1}{R} - \frac{\Delta R_2}{R} + \frac{\Delta R_3}{R} - \frac{\Delta R_4}{R}\right)e_0 \tag{5.7}$$

相邻两桥臂电阻的变化(如图中的 R_1 和 R_2),所产生的输出电压为该两桥臂各阻值变化所产生的输出电压之差;相对两桥臂电阻的变化(如图中的 R_1 和 R_3)所产生的输出电压为该两桥臂各阻值变化所产生输出电压之和。电桥灵敏度的定义为

$$S = \frac{\Delta e_y}{\left(\dfrac{\Delta R}{R_0}\right)} \tag{5.8}$$

直流电桥平衡的配置方式有四种,即串联、差动串联、并联、差动并联,如图 5.3 所示。

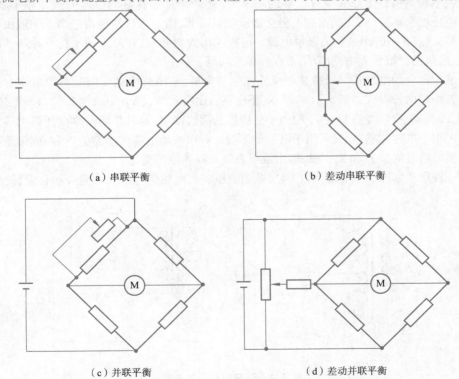

（a）串联平衡　　　　　　　　　　　　　　　（b）差动串联平衡

（c）并联平衡　　　　　　　　　　　　　　　（d）差动并联平衡

图 5.3　直流电桥平衡调节的配置方式

2. 交流电桥

交流电桥采用交流电源,电桥的四个桥臂可以是电感、电容、电阻或其组合。如果桥臂的阻抗、电流及电压都用复数表示,则关于直流电桥的平衡关系式对交流电桥也是适用的。即电桥达到平衡时必须满足

$$Z_1 Z_3 = Z_2 Z_4 \tag{5.9}$$

把各阻抗用指数式表示,则电桥平衡关系式为

$$Z_{01} e^{j\phi_1} Z_{03} e^{j\phi_3} = Z_{02} e^{j\phi_2} Z_{04} e^{j\phi_4}$$

$$Z_{01} Z_{03} e^{j(\phi_3 + \phi_1)} = Z_{02} Z_{04} e^{j(\phi_4 + \phi_2)} \tag{5.10}$$

式中,Z_{01}、Z_{02}、Z_{03}、Z_{04} 为各阻抗的模;ϕ_1、ϕ_2、ϕ_3、ϕ_4 是各桥臂电压与电流之间的相位差,称为阻抗角。纯电阻时电压与电流同相位,$\Phi = 0$;电感性阻抗电压超前于电流,$\Phi > 0$(纯电感 $\Phi = 90°$);电容性阻抗电压滞后于电流,$\Phi < 0$(纯电容 $\Phi = -90°$)。因此交流电桥的平衡条件为

$$Z_{01} Z_{03} = Z_{02} Z_{04} \qquad \phi_3 + \phi_1 = \phi_4 + \phi_2 \tag{5.11}$$

由式(5.11)可知,交流电桥平衡必须满足上述两个条件。前者称为交流电桥模的平衡条件,后者称为相位平衡条件。

对于纯电阻交流电桥,由于导线分布电容的影响,相当于每个桥臂上都并联了一个电容,因此需调节电阻平衡和电容平衡。

交流电桥的供桥电源除应有足够的功率外,还必须具有良好的电压波形和频率稳定度。若电源电压波形畸变,则高次谐波不但会造成测量误差,而且将扰乱电桥平衡。一般由振荡器输出音频交流(5~10 kHz)作为电桥电源。电桥输出为调制波,外界工频干扰不易从线路中窜入,并且后接的交流放大电路简单,不存在零漂问题。

带感应耦合的电桥是一种特殊的交流或电容电桥,它由感应耦合的一对绕组作为桥臂而组成。常用的两种形式如图5.4(a)所示,感应耦合由绕组 W_1、W_2(阻抗为 Z_1、Z_2)和阻抗 Z_3、Z_4 构成电桥的四个臂。绕组 W_1、W_2 相当于变压器的副边绕组,这种桥路又称变压器电桥。这种电桥既可用于电容传感器,又可用于电感传感器。若用差动电容传感器的电容,或用差动变压器式电感传感器代替 Z_3 和 Z_4,电桥输出就可表征被测参数的变化。

另一种形式如图5.4(b)所示。如用差动变压器式电感传感器代替感应耦合臂,便成为电

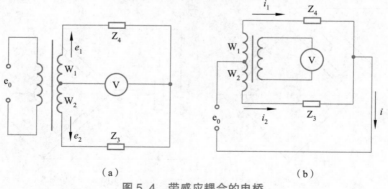

（a）　　　　　　　　　　　（b）

图5.4　带感应耦合的电桥

感式传感器的转换电路。电桥平衡时,绕组 W_1、W_2 两段磁通大小相等,方向相反,互相抵消,二次(副边)绕组无电压输出。当铁芯随着被测参数的变化而移动时,桥臂 W_1 和 W_2 的阻抗发生变化,使电桥失去平衡。变压器的耦合作用,在二次(副边)绕组中产生电压 e_y(接电压表 V)的输出。带感应耦合臂的电桥具有较高的精度和灵敏度,且性能稳定,频率范围宽,近年来得到广泛的应用。

3. 直流电桥与交流电桥的比较

对于直流电桥,有以下几方面的优点。

①由于直流电源稳定性高,直流电桥具有较高的稳定性;

②由于直流电桥的输出是直流量,因此可用直流仪表测量,精度较高;

③直流电桥与后接仪表间的连接导线不会形成分布参数,因此对导线连接的方式要求较低;

④电桥的平衡电路简单,只需对纯电阻的桥臂调整,因此实现起来较容易。

直流电桥的缺点是易引入工频干扰。由于输出为直流,故需对其作直流放大,而直流放大器一般都比较复杂,易受零漂和接地电位的影响。

对于交流电桥,它的平衡必须同时满足幅值与阻抗角两个条件,因此与直流电桥相比,交流电桥调平衡要复杂得多。

首先,交流电桥的电桥导线之间形成的分布电容,会影响桥臂阻抗值,因此调电阻平衡的同时,需进行电容的调平衡。

第二,影响交流电桥测量精度及误差的因素较之直流电桥要多得多,这些因素包括以下几点。

①电桥各元件之间的互感耦合;

②泄漏电阻以及元件间、元件对地之间的分布电容;

③邻近交流电路对电桥的感应影响。对这些影响应采取适当措施加以消除。

第三,要求交流电桥的激励电源,电压波形和频率必须具有很好的稳定性,否则将影响电桥的平衡。

将应变片应用于电桥时,虽然应变片对温度很敏感,但电桥能将敏感程度减小到最低。图 5.5 是带有温度补偿的测量电路,图中,在同一电桥支路中作为工作应变片的平衡应变片能补偿由温度变化引起的相对电阻变化 y。由于平衡应变片未粘贴在受应力作用的材料上,所以它将经历相同的温度变化,但不会产生与应变相关的变化 x。半桥和全桥的连接都有自身的热补偿作用。

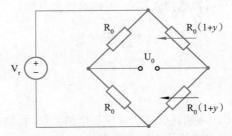

图 5.5　带有温度补偿的测量电路

5.3 信号的调制与解调

传感器的输出往往是一些微小地缓变信号,需要进一步放大。因直流放大器存在零漂和级间耦合两个主要问题,不失真放大比较困难。一般先把缓变信号变为频率适当的交流信号。用交流放大器放大后,再恢复原来的缓变信号。信号的这种变换过程就是调制与解调。

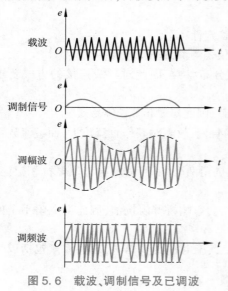

图 5.6 载波、调制信号及已调波

交流放大器可在较高的频率范围工作,不易产生幅值和相位失真。**为把被测的低频信号提高到交流放大器的工作频带上去需要进行调制。**调制就是用被测信号来调整和制约高频振荡波的某个参数(幅值、频率或相位),控制高频振荡的被调参数按照被测信号的规律变化,以便放大和传输。当被控制的量是高频振荡的幅值时,称为调幅(AM);被控制的量是高频振荡的频率和相位时,则分别称为调频(FM)和调相(PM)。

控制高频振荡的被测信号称为调制信号,用于载送被测信号的高频振荡波称为载波,经过调制的高频振荡波称为已调波,如图 5.6 所示。对已经放大的已调波进行鉴别以恢复缓变的被测信号的过程称为解调。本节主要介绍在动态测试中常用的幅值和频率的调制与解调。

5.3.1 幅值的调制与解调

调幅就是将调制信号与载波相乘,使载波的幅值随调制信号的变化而变化。电桥是较典型的调幅电路。通常将用来对载波幅值实现调制的器件称为调幅器。交流电桥就是用音频载波电源供桥的一个调幅器如图 5.7(a)所示。设电桥电源为一正弦交流电压(载波 e_0),波形如图 5.7(a)所示。其表达式为

$$e_0 = E_0 \sin \omega t \tag{5.12}$$

式中　E_0——载波电压的最大幅值;

　　　ω——载波电压的角频率。

若电桥为全桥接法,四个桥臂均接入应变片,则电桥输出为

$$e_y = \frac{\Delta R}{R_0} E_0 \sin \omega t$$
$$= SE_0 \varepsilon \sin \omega t \tag{5.13}$$

式中　S——应变片的灵敏度系数;

　　　ε——应变片的应变。

式(5.13)就是电桥输出的调幅波表达式。经过电桥调幅后,输出幅值变为 $SE_0\varepsilon$ 随着调制信号 ε 正负半周的改变,调幅波的相位也随着改变。

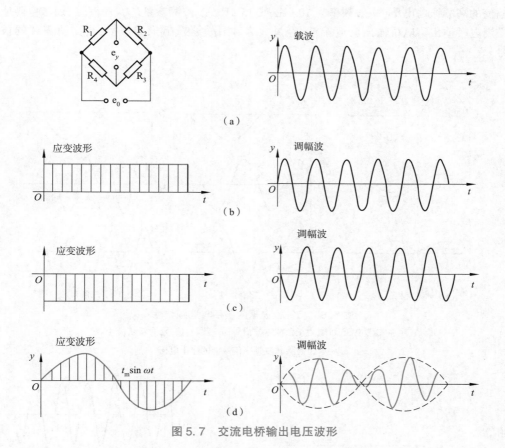

图 5.7 交流电桥输出电压波形

电桥调制不仅对纯电阻电桥适用,而且对电感电桥或电容电桥也同样适用。电桥的输出信号经交流放大器放大后,若要恢复原来的信号,还必须进行"解调"处理。

检波解调是一种常用的解调方法。检波就是对调幅波进行解调还原出调制信号的过程。如图 5.7(d) 中的调幅波,该波幅值的包络线反映了应变的大小,而相位则包含了应变方向(拉伸或压缩)的信息。若要同时获得这两种信息,可用相敏检波器进行解调。相敏检波器利用载波作参考信号来鉴别调制信号的极性。当信号电压(调幅波)与载波同相时,相敏检波器的输出电压为正;当信号电压与载波反相时,其输出电压为负。输出电压的大小仅与信号电压成比例,而与载波电压无关。实现了前面提出的既能反映被测信号幅值又能辨别被测信号极性的目的。图 5.8 为相敏检波器的鉴相与选频特性。

常用的有半波相敏检波和全波相敏检波电路。图 5.9(a) 所示为一全波相敏检波电路。相敏检波器的输出波形是一个一个的峰波[图 5.9(b)],作其包络线就是调制信号。为了取出所需要的已放大了的调制信号,必须后接低通滤波器,滤去高频载波分量只让低频的调制信号(即检测信号)通过。低通滤波器的输出波形如图 5.9(b) 所示。

动态电阻应变仪(见图 5.10)具有电桥调幅与相敏检波的典型电路。电桥由振荡器供给

机械工程测试技术基础

等幅值的高频振荡电压(一般频率为 10 kHz 或 15 kHz)。被测参量(力、应变等)通过电阻应变片控制电桥输出。电桥输出为调幅波,经过放大、相敏检波、低通滤波后,得到所需要的被测信号。

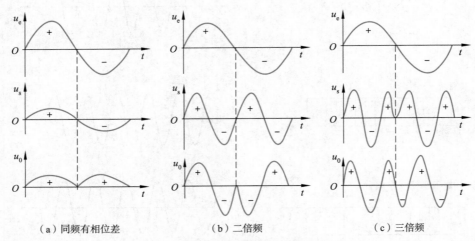

（a）同频有相位差 （b）二倍频 （c）三倍频

图 5.8 相敏检波器的鉴相与选频特性

u_e—参考电压,可视为正弦或方波信号;u_s—调制信号,为正弦信号;

u_0—未经滤除载波频率信号前的输出电压

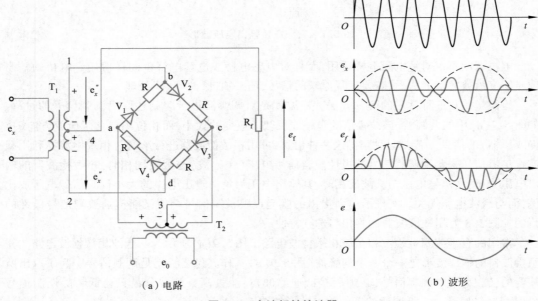

（a）电路 （b）波形

图 5.9 全波相敏检波器

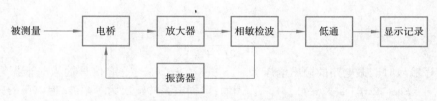

图 5.10　动态电阻应变仪方框图

5.3.2　频率的调制与解调

调频就是用被测信号电压的幅值控制一个振荡器,使其振荡频率的变化与被测信号电压幅值的变化成正比例,而振荡幅值保持不变。为保证测试精度,对应于零信号的载波中心频率应远高于信号中的最高频率成分。谐振电路是由电容、电感(或电阻)元件构成的电路。由线圈和电容器并联后再接高频振荡电源的电路,称为并联谐振电路。电路的谐振频率为

$$f_n = \frac{1}{2\pi\sqrt{LC}} \tag{5.14}$$

式中　f_n——谐振电路的谐振频率,Hz;

　　　L——电感量,H;

　　　C——电容量,F。

当谐振频率随电容、电感值发生变化时并联谐振电路输出的信号频率将发生变化,得到调频波。若作为谐振电路电容的传感器电容值 C_1 随被测信号 $x(t)$ 线性变化时,得到的调频波的频率近似于 $x(t)$ 线性变化。

$$f_0 = \frac{1}{2\pi\sqrt{L(C+C_0)}} \tag{5.15}$$

有信号输入时,$x(t) = 0$,谐振电路的谐振频率为

$$f = \frac{1}{2\pi\sqrt{L(C+C_1)}} \tag{5.16}$$

谐振频率的绝对变化量可由上式微分求得

$$\mathrm{d}f = \frac{f}{2}\frac{\mathrm{d}C_1}{C+C_1} \tag{5.17}$$

在载波频率 f_0 附近有 $C_1 = C_0$,故

$$\Delta f = -\frac{1}{2}\frac{f_0}{C+C_0}\Delta C \tag{5.18}$$

电路谐振频率的表达式为

$$\begin{aligned}
f &= f_0 + \Delta f = f_0\left[1 - \frac{\Delta C}{2(C+C_0)}\right]\\
&= f_0\left[1 - \frac{C_0 K_x}{2(C+C_0)}x(t)\right]\\
&= f_0\left[1 - K_f x(t)\right]
\end{aligned} \tag{5.19}$$

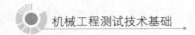

式中

$$K_f = \frac{C_0 K_x}{2(C+C_0)} \qquad (5.20)$$

无信号输入时谐振电路的输出电压为 $e_{y0} = E\cos(2\pi f_0 t + \varphi)$。有信号输入时谐振电路的输出电压为 $e_y = E\cos\{2\pi f_0 [1-K_f x(t)]t + \varphi\}$。因而,谐振电路的输出为等幅波,但电压的频率受输入 $x(t)$ 调制而达到调频的目的。调频波的解调电路又称为鉴频器,它的作用是将调频波频率的变化变换成电压幅值的变化,通常将这种变换分两步完成。第一步先将等幅的调频波变成幅值随频率变化的调频-调幅波。第二步检出幅值的变化,从而得到原调制信号。完成上述第一步功能的称为频率—幅值线性变换器,完成第二步功能的称为振幅检波器。

5.4 信号的放大与滤波

5.4.1 信号放大

在机械量测试中传感器或测量电路的输出信号电压是很微弱的,不能直接用于显示、记录或 A/D 转换,需要进行放大。因此,对微弱的信号放大是检测系统中必须解决的问题。对测试系统中放大器的要求包括以下几点:(1)频带宽,且能放大直流信号。(2)精度高,线性度好。(3)高输入阻抗,输出阻抗低。(4)低漂移,低噪声。(5)强的抗共模干扰的能力。

运算放大器是由集成电路组成的一种高增益的模拟电子器件。由于价格低廉、组合灵活,故得到广泛应用。随着电子技术的发展,各种新型、高精度的通用与专用放大器也大量涌现,如测量放大器、可编程放大器及隔离放大器等。下面介绍两种不同性能的放大器:

1. 运算放大器

图 5.11(a)是反相比例放大器,由 D 点输入放大器电流为零,可得 $U/e_a = -R_f/R_a$。若通过 R_a 和 R_b 分别输入信号 e_a 和 e_b,则得到加法器 $U = -R_f(e_a/R_a + e_b/R_b)$。

图 5.11(b)是差动放大器或比较器。若 A 点接地,B 点输入 e_b,可组成同相输入放大器。$U/e_a = 1 + R_f/R_b$

图 5.11(c)是积分放大器 $U = -\dfrac{1}{RC}\int e\,dt \quad U = -\dfrac{1}{RC}\int e\,dt$。

图 5.11(d)是微分放大器 $U = -RC\dfrac{de}{dt} \quad U = -RC\dfrac{de}{dt}$

2. 测量放大器

普通运算放大器对微弱信号的放大,仅适用于信号回路不受干扰的情况。实际测量中在传感器的两条传输线上经常产生较大的干扰信号(噪声),有时是完全相同的干扰,称共模干扰。测量放大器具有高的线性度、高的共模抑制比与低噪声,它广泛用于传感器的信号放大,特别是微弱信号具有较大共模干扰的场合。

测量放大器的基本电路如图 5.12 所示,它是一种两级串联放大器。前级由两个对称结构的同相放大器组成,它允许输入信号直接加到输入端,从而具有高抑制共模干扰的能力和高输入阻抗。后级是差动放大器,它不仅切断共模干扰的传输,还将双端输入方式变化成单端输出方式,适应对地负载的需要。

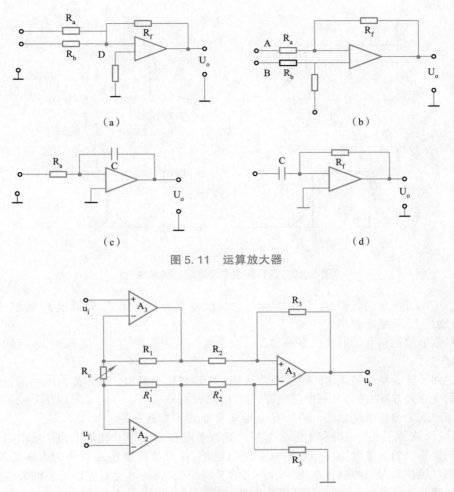

（a）　　　　　　　　　　　（b）

（c）　　　　　　　　　　　（d）

图 5.11　运算放大器

图 5.12　测量放大器的基本电路

5.4.2　信号滤波

滤波电路是一种选频电路,它可使信号中需要的频率成分通过,衰减其他频率成分。利用滤波电路的选频作用,可以滤除干扰噪声。能通过它的信号频率范围称为滤波电路的通带,被衰减的信号频率范围称为阻带,通带与阻带之间分点的频率称为截止频率。滤波电路按频率范围分为四类,即低通、高通、带通、带阻滤波电路,**图 5.13 表示这四种滤波电路的幅频特性**。

①低通滤波电路频率在 $0\sim f_{c2}$ 之间,幅频特性平直。它可以使信号中低于 f_{c2} 的成分通过,而高于 f_{c2} 的频率成分被极大地衰减不能通过。f_{c2} 称为上截止频率。

②高通滤波电路与低通滤波电路相反,频率在 $f_{c1}\sim\infty$,其幅频特性平直。高于 f_{c1} 的频率成分通过,而低于 f_{c1} 的频率成分都不能通过。f_{c1} 称为下截止频率。

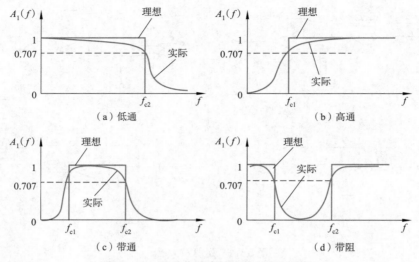

图 5.13　四种滤波电路理想的幅频特性

③带通滤波电路通频带在 $f_{c1} \sim f_{c2}$ 之间,它仅仅使信号中高于 f_{c1} 而低于 f_{c2} 的成分通过。f_{c2}、f_{c1} 分别为上、下截止频率。

④带阻滤波电路与带通滤波电路相反。当带阻滤波频率在 $f_{c1} \sim f_{c2}$ 之间时,该区间的频率成分不能通过。

上述四种滤波器电路理想的幅频特性只是一个理想化的模型。实际滤波电路的带通与带阻之间的变化并非陡直,总有一个过渡带。其幅频特性是一斜线,在此频带内信号受到不同程度的衰减。这个过渡带是滤波电路所不希望的,但也是不可避免的。

此外,滤波器还可按有源和无源分为有源滤波器电路和无源滤波器电路。由电阻、电容、电感等元件构成的滤波电路不用电源就可进行滤波,这类滤波器电路被称为无源滤波电路。目前采用由运算放大器和阻容滤波网络构成的有源滤波电路,可克服上述无源滤波电路的缺陷。按电路的元件类型分,滤波器还可分为 RC 滤波电路和 LC 滤波电路等。

在测试系统中常用 RC 滤波器,这是因为机械工程测试系统领域中信号的频率一般不高,RC 滤波器有较好的低频特性,与 LC 滤波电路相比,它制造简单、容易实现。因此,这里仅介绍 RC 滤波电路。

(1)RC 低通滤波器电路

RC 低通滤波器电路如图 5.14 所示。

幅频特性为

$$A(\omega) = \frac{1}{\sqrt{1 + (\omega\tau)^2}} \qquad (5.21)$$

相频特性为

$$\varphi(\omega) = -\arctan(\omega\tau) \qquad (5.22)$$

当 $f \ll \dfrac{1}{2\pi RC}$ 时,$A(f) \approx 1$,信号可以几乎不受衰减地通过。$\Phi(f) \approx -2\pi fRC$,相频特性曲线

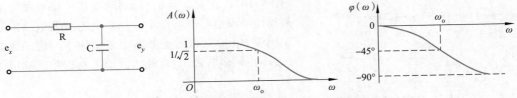

图 5.14 RC 低通滤波器电路及其幅、相频率特性

近似于一条通过原点的直线。因此,可以认为在此情况下,RC 低通滤波器电路是一个不失真传输系统。

当 $f = \dfrac{1}{2\pi RC}$ 时,$A(f) \approx \dfrac{1}{\sqrt{2}}$,即上截止频率为

$$f_{c2} = \frac{1}{2\pi RC} \tag{5.23}$$

式(5.23)表明,RC 值决定着低通滤波器电路的上截止频率。

(2)RC 高通滤波器电路

图 5.15 是 RC 高通滤波器电路及其幅频、相频特性。其幅频特性为

$$A(f) = \frac{2\pi fz}{\sqrt{1 + (2\pi fz)^2}} \tag{5.24}$$

相频特性为

$$\varphi(f) = \arctan \frac{1}{2\pi fz} \tag{5.25}$$

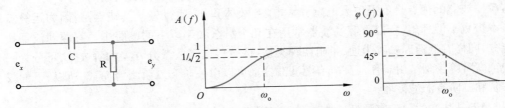

图 5.15 RC 高通滤波器电路及其幅频、相频特性

当 $f = \dfrac{1}{2\pi RC}$ 时,$A(f) \approx \dfrac{1}{\sqrt{2}}$,即此滤波器的 $-3\ \mathrm{dB}$ 截止频率为

$$f_{c1} = \frac{1}{2\pi RC} = \frac{1}{2\pi I} \tag{5.26}$$

当 $f \gg \dfrac{1}{2\pi RC}$ 时,$A(f) \approx 1$,信号可以几乎不受衰减地通过,$\varphi(f) \approx 0$ 即当 f 相当大时,幅频特性接近于 1,相移趋于零。此时,可将高通滤波电路视为不失真传输系统。

(3)RC 带通滤波器电路

RC 带通滤波器电路可看成是由 RC 低通滤波器电路和高通滤波器电路串联组成

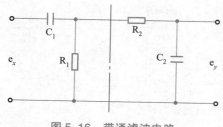

图 5.16　带通滤波电路

（图 5.16）。在 $R_2 \gg R_1$ 时，低通滤波器电路对前面的高通滤波器电路影响极小。如高通滤波器电路的频率响应 $H_1(j\omega)$，低通滤波器电路的频率响应函数为 $H_2(j\omega)$，则串联之后，带通滤波器电路的频率响应函数为

$$H(j\omega) = H_1(j\omega)H_2(j\omega) \tag{5.27}$$

幅频特性和相频特性分别为

$$A(f) = A_1(f)A_2(f) \tag{5.28}$$

$$\varphi(f) = \varphi_1(f) + \varphi_2(f) \tag{5.29}$$

串联后所得的带通滤波器电路以原来的高通滤波器电路的截止频率为下截止频率，即

$$f_{c1} = \frac{1}{2\pi R_1 C_1} \tag{5.30}$$

相应地，其上截止频率为原低通滤波器电路的 -3 dB 截止频率，即

$$f_{c2} = \frac{1}{2\pi R_2 C_2} \tag{5.31}$$

分别调节高、低通环节的时间常数（τ_1 及 τ_2），就可得到不同的上、下截止频率和带宽的带通滤波器电路，但是要注意高、低通两级串联时，应消除两级耦合时的相互影响。带通滤波器各级电路之间常用射极输出器或者运算放大器进行隔离。

（4）有源滤波器电路

有源滤波器是由运算放大器等有源器件和 RC 元件构成。运算放大器既可作为级间隔离作用，又可起到信号幅值放大作用。RC 网络则通常作为运算放大器的负反馈网络。

有源滤波器的优点是不采用大电感和大电容，故体积小、质量轻。其缺点是：因为运算放大器频率带宽不够理想，所以有源滤波器常用在几个赫兹频率以下的电路中。有源滤波器按照功能分，同样有低通、高通、带通、带阻四种类型；按照传递函数微分方程的阶数分，可分为一阶、二阶、高阶等类型。由于任何高阶有源滤波器都可以由一阶和二阶组合而成，所以，下面仅介绍一阶和二阶有源滤波器。

图 5.17 是基本的一阶有源低通滤波器。很明显，图 5.17（a）是将简单一阶低通滤波网络接到运算放大器的输入端。运算放大器起到隔离负载影响、提高增益和提高带负载能力的作用。其截止频率为 $f_c = 1/(2\pi RC)$，放大倍数为 $K = 1 + R_F/R_1$。图 5.17（b）则把高通网络作为运算放大器的负反馈，结果获得低通滤波的作用，其截止频率为 $f_c = 1/(2\pi R_F C)$，直流放大倍数 $K = R_F/R_1$。

为了使通带外的高频成分衰减更快，应提高低通滤波器的阶次。图 5.18 是二阶低通滤波器，高频衰减率为 -40 dB/10 倍频程。

图 5.18（a）是图 5.17（a）（b）的简单组合。图 5.18（b）是图 5.18（a）的改进，形成多路负反馈以削弱 R_f 在调谐频率附近的负反馈作用，滤波器的特性将更接近"理想"的低通滤波器。关于有源低通滤波器的其他电路形式以及关于一、二价有源高通滤波器的电路可以参阅有关书籍。

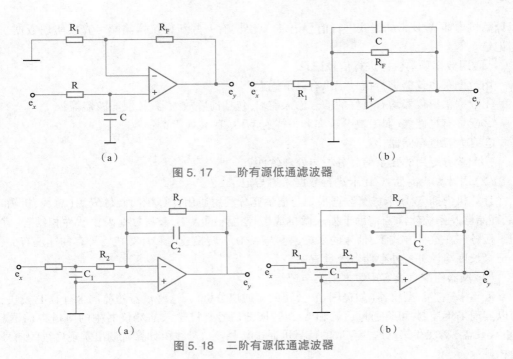

图 5.17　一阶有源低通滤波器

图 5.18　二阶有源低通滤波器

5.5　模拟信号的显示与记录

机械量测试中,由传感器检测的微弱信号经中间转换电路将信号放大处理后,还必须用示波器或记录仪将信号显示或记录下来,以供测试人员直接观察和分析。还可进一步地供后续仪器分析和处理。不同的测试对显示、记录仪器的要求也不同。常用的信号显示仪器有信号示波器、二次显示仪表等。常用的信号记录仪器按照信号记录后的可观察性,可分为显性记录仪器和隐性记录仪器。信号经显性记录后,在记录介质上可以观察到所测信号的变化情况。这类记录仪器有各种直写式记录仪器、光线示波器等。隐性记录仪器在记录后不能直接观察到记录的波形,需要借助其他仪器设备才能显示出来,如磁带记录仪。另外,机械测试记录仪器按照记录信号的性质,记录仪器又可分为模拟信号记录仪器和数字信号记录仪器。

测试信号的显示和记录是测试系统不可缺少的组成部分。信号显示与记录的目的在于如下。

①测试人员通过显示仪器观察各路信号的大小或实时波形;

②及时掌握测试系统的动态信息,必要时对测试系统的参数做相应调整,如输出的信号过小或过大时,可及时调节系统增益;信号中含噪声干扰时可通过滤波器降噪等;

③记录信号的重现;

④对信号进行后续的分析和处理。传统的显示和信号记录装置包括万用表、阴极射线管示波器、XY 记录仪、模拟磁带记录仪等。

1. 信号的记录

信号的记录方式越来越趋向于两种途径:一种是用数据采集仪器进行信号的记录,一种是以计算机内插 A/D 卡的形式进行信号记录。此外,有一些新型仪器前端可直接实现数据采集与记录。

(1)用数据采集仪器进行信号记录

用数据采集仪器进行信号记录有以下优点。

①数据采集仪器均有良好的信号输入前端,包括前置放大器、抗混滤波器等;

②配置有高性能(具有高分辨率和采样速率)A/D 转换板卡;

③有大容量存储器;

④配置有专用的数字信号分析与处理软件。

(2)用计算机内插 A/D 卡进行数据采集与记录

计算机内插 A/D 卡进行数据采集与记录充分利用通用计算机的硬件资源(总线、机箱、电源、存储器及系统软件),借助于插入微机或工控机内的 A/D 卡与数据采集软件相结合,完成记录任务。在这种方式下,信号的采集速度与 A/D 卡转换速率和计算机写外存的速度有关,信号记录长度与计算机外存储器容量有关。

(3)仪器前端直接实现数据采集与记录

近年来一些新型仪器(如美国 dP 公司的多通道分析仪,这些仪器的前端含有 DSP 模块,可用以实现采集控制,可将通过适调和 A/D 转换的信号直接送入前端仪器中的海量存储器(如100 G 硬盘)实现存储。这些存取的信号可通过某些接口母线由计算机调出实现后续的信号处理和显示。

2. 信号的显示

合适的显示与记录装置应如实反映被记录信号,不给测试结果引入不允许的误差。为此,选择显示与记录装置时,应针对被记录信号的特点进行多方面的分析,以便找到最适用的装置。首先要考虑记录精度的要求,被记录信号的频率、幅值、持续时间、内阻及输出功率。此外,应考虑是否需要同时显示或记录多路信号,记录下来的信号是否需要再现等因素。最后要考虑仪器使用的电源、体积、质量、抗震性能及温度恒定性等技术参数是否满足测试的要求。综合以上诸因素,并考虑到经济性,可作出最佳的选择。表 5.1 列出了几种常用的显示与记录装置的性能供选择时参考。

表 5.1　部分显示与记录装置性能

名称	笔式记录仪	光线示波器	自动平衡记录仪	XY 记录仪	磁带记录器 FM	电子示波器
特点	结构简单,操作方便;记录幅值小,频响特性较差	频率响应好,可多线记录;多半需匹配电路	精度高,记录幅度宽,响应缓慢	精度高,记录幅度宽,可作 XY 函数记录;响应相当缓慢	能存储大量信息,频响好,可多路记录,无显示功能,信噪比较低	频率响应最好,不能记录,记录要配相机
用途	低频信号的同时记录	高、低频信号的同时记录	各种物理量长时间记录	特性曲线自动记录	高、低频信号及暂态过程的同时记录	瞬变过程的显示及其他信号监视
记录单元	磁电式检流计	振动子	伺服机构	伺服机构	磁头、磁带	示波管

续上表

名称	笔式记录仪	光线示波器	自动平衡记录仪	XY记录仪	磁带记录器FM	电子示波器
记录方式	墨水笔、热笔、电笔及划痕记录	光笔使记录纸感光记录	墨水笔、圆珠笔记录	墨水笔、圆珠笔记录	磁带的剩磁记录	荧光屏的荧光效应显示照相记录
工作频带	<30~100 Hz	<5 kHz(最高可达 12 kHz)	<1 kHz	<3 kHz	<40~80 kHz 最高可达 400 kHz	<100 MHz
典型响应时间	10 ms	<300 Hz 时 1 ms,<12 kHz 时 16 ms	0.4 s	0.2 s		0.3 ns
记录精度满幅的百分数	2%	2%	0.25%	0.25%	1%~5%	
灵敏度	0.5~2.5 mm/mA(检流计)	最高 1.9×10^5(mm/mA)/m	1~10 mV 满幅	10 mV 满幅		
记录线束	1~12	最多60	1~3	1~6(Y轴)	最多56	1~2
记录速度	1~25 cm/s	25 cm/min~200 cm/s	2 cm/h~50 cm/min		1.19~305 cm/s	
记录幅宽	40 mm	>100 mm	150~200 mm	纵横 250 mm		
输入阻抗	约 4 kΩ	10~200 Ω	不平衡时不大于100 kΩ	不平衡时不大于100 kΩ	约 100 kΩ	

思考与练习

1. 将阻值 $R = 120\ \Omega$、灵敏度 $S = 2$ 的金属丝应变片与阻值为 $120\ \Omega$ 的固定电阻组成电桥,供桥电压为 5 V。

(1)假定负载电阻为无穷大,当应变片的应变为 2μ 和 200μ 时,计算单臂、双臂电桥的输出电压,并比较两者的灵敏度。

(2)假定负载电阻 $R = 300\ \Omega$,当应变片的应变为 2μ 和 200μ 时,计算单臂、双臂电桥的输出电压,并比较两者的灵敏度。

2. 判断下列方法是否可以提高灵敏度?

(1)在相邻两臂上(半桥双臂测量方式)各串联一应变片;

(2)在相邻两臂上(半桥双臂测量方式)各并联一应变片;

(3)在两对边的桥臂上,各串联一应变片;

(4)在两对边的桥臂上,各并联一应变片。

3. 电荷放大器是为哪种传感器配接的前置放大器?对它的输入阻抗有什么要求?

4. 有源滤波器和无源滤波器在结构和性能上有何区别?各画出一个最简单的低通有源滤波器和低通无源滤波器。

5. 为什么在检测系统中要采用信号调制？什么是调幅信号？写出其数学表达式，并画出波形。什么是调频信号？写出其数学表达式，并画出波形。

6. 什么叫相敏检波？为什么要采用相敏检波？

7. 为什么在动态应变仪上除了设有电阻平衡旋钮外，还设有电容平衡旋钮？

8. 用电阻应变片接成全桥，测量某一构件的应变，已知其变化规律为

$$\varepsilon(t) = A\cos 10t + B\cos 100t$$

如果电桥激励电压 $u_0 = E\sin 10000t$，试求此电桥的输出信号频谱。

9. 已知调幅波 $x_a(t) = (100 + 30\cos \omega_\Omega t + 20\cos 3\omega_\Omega t)(\cos \omega_c t)$，其中 $f_c = 10\ \text{kHz}$，$f_\Omega = 500\ \text{Hz}$，试求：(1) $x_a(t)$ 所包含的各分量的频率及幅值；

(2) 绘出调制信号与调幅波的频谱。

10. 调幅波是否可以看作是载波与调制信号的叠加？为什么？

11. 试从调幅原理说明，为什么某动态应变仪的电桥激励电压频率为 10 kHz，而工作频率为 0~1 500 Hz？

12. 什么是滤波器的分辨力？与哪些因素有关？

13. 设一带通滤波器的下截止频率为 f_{c1}，上截止频率为 f_{c1}，中心频率为 f_0，试指出下列记述中的正确与错误。

(1) 倍频程滤波器 $f_{c2} = \sqrt{2} f_{c1}$；

(2) $f_0 = \sqrt{f_{c1} f_{c2}}$；

(3) 滤波器的截止频率就是此通频带的幅值-3 dB 处的频率；

(4) 下限频率相同时，倍频程滤波器的中心频率是 1/3 倍频程滤波器的中心频率的 $\sqrt[3]{2}$ 倍。

14. 已知某 RC 低通滤波器，$R = 1\ \text{k}\Omega$，$C = 1\ \mu\text{F}$，

(1) 确定各函数式 $H(s)$；$H(\omega)$；$A(\omega)$；$\varphi(\omega)$；

(2) 当输入信号 $u_i = 10\sin 1000t$ 时，求输出信号 u_0，并比较其幅值及相位关系。

15. 已知低通滤波器的频率响应函数

$$H(\omega) = \frac{1}{1 + j\omega\tau}$$

式中 $\tau = 0.05\ \text{s}$，当输入信号 $x(t) = 0.5\cos(10t) + 0.2\cos(100t - 45°)$ 时，求输出 $y(t)$，并比较 $y(t)$ 与 $x(t)$ 的幅值与相位有何区别。

16. 若将高、低通网络直接串联如下图，是否能组成带通滤波器？请写出网络的传递函数，并分析其幅频率、相频率特性。

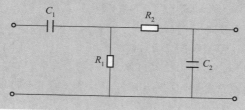

第6章

数字信号的获取与处理

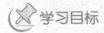 学习目标

1. 了解数字信号处理的功能、步骤；
2. 掌握采样、截断、量化过程、误差种类、处理方法；
3. 了解数字信号的预处理方法、工作原理；
4. 了解离散傅里叶变换(DFT)、快速傅里叶变换(FFT)算法基本公式、性质、功能；
5. 了解细化方法功能、种类、工作原理、特点。

由于大部分传感器的敏感元件感应的被测物理量信号属于模拟信号，如果想对这些模拟信号进行实时、在线分析、处理，就必须使用具有强大数据处理功能的计算机，然而，计算机只能识别二进制码，因此，只有把传感器测量的模拟信号进行数字化预处理，最终转化成二进制码，才能使计算机为我们服务。在日常生活、工作中，在遇到问题时，即要学会利用已有的方法、处理工具，但在利用前，先要弄清楚这些方法、工具在这些问题处理上所必须具备的先决条件，然后再真正有效地利用这些方法和处理工具，最终得到理想的处理结果。没有实现对应的条件准备，盲目使用，不但不能解决问题，反而会产生负面的效果。在工作、生活中一定要培养遇事分析研究，充分准备，有的放矢的行事作风和习惯。

测量信号的分析分为模拟式分析与数字式分析。模拟式分析法有很多缺点，例如，精度低、速度低、适应性不强以及需要的设备多等；数字式分析不但具有精度高、工作稳定、速度快和动态范围宽等一系列优越性，而且还能完成很多模拟分析方法无法实现的运算分析。特别是近 40 年来，随着数字信号分析理论和算法的不断创新与发展，高速、高精度、大容量微型计算机以及专用信号处理芯片的不断开发和完善，给信号数字分析提供了坚实的理论基础和强有力的装备手段，使信号数字分析技术得到了飞速的发展，并获得了极其广泛的应用，成为当今信号分析技术的主流。随着计算机技术的飞速发展，借助于计算机，测试技术获得了越来越广泛的应用，它已成为现代科学技术必不可少的工具。利用计算机对测试信号进行处理，具有速度快、精度高、灵活、实用性强等优点，因而已成为一个专门的研究领域。

所谓计算机测试系统，就是将传感器输出的温度、压力、流量及位移等模拟信号转换成计算机能识别的数字信号，然后送入计算机，根据不同的需要由计算机进行相应的计算和处理，得出所需的数据。与此同时，将计算机得到的数据进行显示或打印，以便实现对某些物理量的

监视,其中一部分数据还将被计算机控制系统用来控制生产过程中的某些物理量。本章以计算机测试技术为背景,首先介绍了模拟信号数字化过程的采样与量化、采样定理、频率混淆现象及防止等问题;然后介绍了数字信号处理之前的零均值化、剔除奇异点、消除趋势项等技术;最后详细介绍了数字信号处理中信号的时域截断与泄漏、离散傅里叶变换及快速傅里叶变换、细化傅里叶变换等相关问题。

6.1 数字信号获取与处理系统简介

作为测试技术领域的数字信号获取与处理系统的基本组成,与模拟信号的获取与处理相似之处是它们都由传感器、信号调理、信号处理及显示记录组成,所不同的是中间多了一个模拟信号数字化环节,且后两部分一般由计算机完成。从传感器出来的数字信号的获取与处理系统组成如图 6.1 所示。

图 6.1 数字信号获取与处理框图

1. 模拟信号预处理

模拟信号预处理指模拟信号经过放大器与抗频混滤波器变为幅值适当(一般为±5 V)和有限带宽的模拟电压信号,为模拟信号的数字化转换做好准备。这一预处理过程与前面介绍的模拟信号的调理基本相同。

2. 模拟信号数字化

模拟信号数字化指该部分完成模拟信号离散采样和幅值量化及编码,并将模拟信号转化为数字信号。首先,采样保持器把预处理后的模拟信号按人为选定的采样间隔 Δ 采样为离散序列,该时间轴上离散而幅值连续的信号通常称为采样信号。随后,量化编码装置将每一个采样信号的幅值转换为数字码,最终把采样信号变为数字序列。通常在不引起混淆的情况下,也将量化及编码过程称为模/数转换(A/D)。

3. 数字信号处理

数字信号处理指接收数字信号的数字序列,并进行数字信号处理。数字信号的处理首先要进行预处理,包括零均值化、剔除奇异点、消除趋势项等;然后进行正式处理,包括信号的时域截断、FFT、数字滤波等;最后完成各种显示、输出分析结果等。

6.2 模拟信号的数字化

首先要将模拟信号数字化或离散化才能处理与分析数字信号,因而本节主要介绍与模拟测试信号的离散化相关步骤和方法。将模拟信号通过模/数(A/D)转换可变为离散的数字信号,在这一过程中涉及采样与量化误差、采样间隔与频率混淆等方面。

6.2.1 采样与量化

1. 保持采样

保持采样过程是指将模拟信号转换为数字信号的过程,该过程是利用 A/D 转换器将模拟信号转换为数字信号。它包括采样、量化、编码等,这是数字信号分析的必要过程。采样也称抽样,是利用采样脉冲序列 $p(t)$ 从模拟信号 $x(t)$ 中抽取一系列样值,使之成为离散信号的过程。如图 6.2 所示,$\Delta t = T_\mathrm{m}$ 称为采样间隔,$f_\mathrm{s} = 1/\Delta t$ 称为采样频率。也就是说,采样的过程是按一定的时间间隔 Δt 逐点取模拟信号 $x(t)$ 的瞬时值。

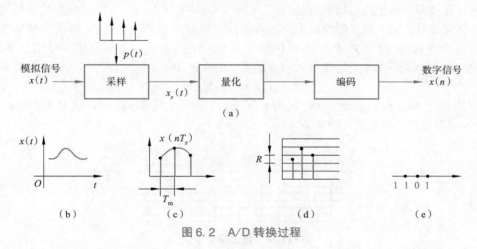

图 6.2 A/D 转换过程

由于 A/D 转换器将模拟信号转换为数字信号的转换过程需要一定时间,因而采样值在A/D 转换过程中需保持不变,否则,转换精度会受到影响,尤其是当被测信号变化较快时。可在 A/D 转换器前级设置采样保持电路。

采样保持电路是指对模拟电压信号 $x(t)$ 以采样间隔 Δt 进行离散采样,得到采样信号 $x(n\Delta t)$。图 6.3 为一种常用的采样保持电路的原理,图中 A_1 及 A_2 为理想的同相跟随器,其输入阻抗趋于无穷大、输出阻抗趋于零。控制信号在采样时使开关 K 闭合,此时存储电容器 C 迅速充电达到输入电压 V_x 的幅值,同时充电电压 V_c 对 V_x 进行跟踪。控制信号在保持阶段时使开关 K 断开,此时在理想状态(电容 C 无电荷泄漏路径),输出跟踪器的输入电阻极大且增益等于 1,电容器 C 上的电压 V_c 可以维持不变,并通过 A_2 送至 A/D 转换器进行模数转换,以保证A/D 转换器进行模数转换期间其输入电压稳定不变。脉冲 p 转为高电平时,开始下一次采样保持,采样脉冲 p 的频率即采样频率。

采样保持器实现了对一连续信号 $x(t)$ 以一定时间间隔快速取其瞬时值。该瞬时值是保持控制指令下达时刻 V_c 对 V_x 的最终跟踪值,该瞬时值保存在记忆元件——电容器 C 上,供模/数转换器再进一步进行量化。

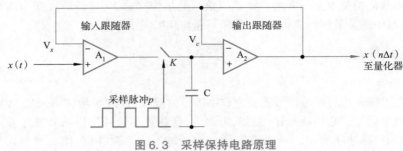

图 6.3 采样保持电路原理

2. 幅值量化

采样保持器的输出是时域离散、幅值连续的信号,各采样点的电压值要经量化过程才能最终变为数字信号。数字信号的数值大小不可能像模拟信号那样是连续的,而只能是某个最小数量单位的整数倍,这个最小单位叫作量化单位,用 R 表示。$x(t)$ 在某一时刻的采样值 $x(n\Delta t)$ 可以近似表示为量化增量 R 与某个整数 z 的乘积,即

$$x(n\Delta t) \approx zR \tag{6.1}$$

这如同用尺子来量线段长度一样,如图 6.4 所示,在 R 为定值时,z(正负整数)则代表了 $x(n\Delta t)$,模拟电压量转变成了数字量。

图 6.4 幅值量化示意

因此,量化又称幅值量化,将采样信号 $x(n\Delta t)$ 经过舍入的方法变为只有有限个有效数字的过程称为量化。例如,抽样信号的准确值为 1.7523,而这里只有 1.6、1.7、1.8、1.9 前后相差 0.1 的数字序列,因此就把上述准确值近似视为 1.8(四舍五入)。若采样信号 x(约可能出现的最大值为 A,令其分为 D 个间隔,则每个间隔长度为 $R=A/D$,R 称为量化步长或量化增量。当采样信号 $x(n\Delta t)$ 落在某一小区间内,经过舍入方法而变为有限值时,则产生生量化误差,其最大值应是 $\pm 0.5R$,其均方差与 R 成正比。量化的结果是整数 z 用二进制代码表示,这些代码就是量化器的输出。

量化误差的大小取决于计算机采样板的位数,其位数越高,量化增量越小,量化误差也越小。例如,若用 8 位的采样板,8 位二进制数为 $2^8 = 256$,则量化增量为所测信号最大幅值的 1/256,最大量化误差为所测信号最大幅值的 $\pm 1/512$。

6.2.2 采样定理

离散采样把连续信号 $x(t)$ $(0 \leqslant t \leqslant T)$ 变为离散序列 $x(n\Delta t)$ $(n=0,1,2,\cdots)$,那么,如何选择采样间隔 Δt 就是一个十分重要的问题。也就是说,采样的基本问题是如何确定合理的采样

间隔 Δt 以及采样长度 T，以保证采样所得的数字信号能真实地代表原来的连续信号 $x(t)$。一般来说，采样频率 f_s 越高，采样点越密，所获得的数字信号越逼近原信号。当采样长度 T 一定时，f_s 越高，数据量 $N=T/\Delta t$ 越大，所需的计算机存储量和计算量就越大；反之，当采样频率降低到一定程度，就会丢失或歪曲原来信号的信息。

$x(n\Delta t)$ 能否复原到连续信号 $x(t)$，与 $x(t)$ 波形的幅值变化剧烈程度和采样间隔 Δt 的大小有关，而 $x(t)$ 波形幅值变化的剧烈程度又取决于 $x(t)$ 的频率分量。

香农（Shannon）采样定理给出了带限信号不丢失信息的最低采样频率为

$$f_s \geqslant 2f_m \quad \text{或} \quad \omega_s \geqslant 2\omega_m \tag{6.2}$$

式中，f_m 为原信号中最高频率成分的频率，若不满足此采样定理，将会产生频率混淆现象。

6.2.3　频率混叠现象

频率混叠是由于采样频率取值不当而出现高、低频成分发生混叠的一种现象，如图 6.5 所示。图 6.5（a）给出的是信号 $x(t)$ 及其傅里叶变换 $X(\omega)$，该信号的频带范围为 $-\omega_m \sim \omega_m$。图 6.5（b）给出的是采样信号 $x_s(t)$ 及其傅里叶变换，它的频谱是一个周期性谱图，周期为 ω_s，且 $\omega_s = 2\pi/\Delta t$。图中表明，当满足采样定理，即 $\omega_s > 2\omega_m$ 时，周期谱图是相互分离的。而图 6.5（c）给出的是当不满足采样定理，即 $\omega_s < 2\omega_m$ 时，周期谱图相互重叠，即谱图之间高频与低频部分发生重叠的情况，这使信号复原时产生混叠，即频率混叠现象。为了使计算的频率在 $[0,f]$ 范围内与原始信号的频谱一样，采样频率必须满足采样定理。但在实际中，f_m 可能很大，人们并不需要分析到这么高的频率或多数情况下，由于噪声的干扰，使得 f_m 不能确定，故通常首先对信号进行低通滤波，低通滤波器的上限频率由分析的要求确定，采样频率由低通滤波器确定。由于不存在理想低通滤波器，而实际计算中又总是使用有限序列，所以在实际应用时选择的采样频率为

$$f_s = \frac{1}{\Delta t} \geqslant (3 \sim 5)f_c \tag{6.3}$$

式中，f_c 为低通滤波器的上限截止频率。

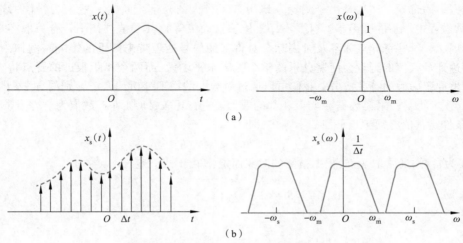

图 6.5　采样信号的频率混叠现象

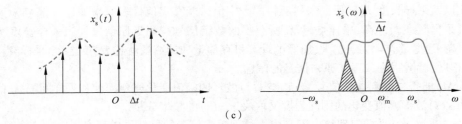

图 6.5　采样信号的频率混叠现象(续)

6.3　数字信号的预处理

由于各种因素的影响,工程测试中获取的模拟信号常常混有噪声,有时,噪声甚至可以把信号"淹没";通过 A/D 变换后的离散时间信号除了含有原来的噪声外,又增加了 A/D 转换器的量化噪声。因此在对数字信号作数字处理之前,有必要对它做一些预处理,旨在尽可能地去除噪声,提高信号的信噪比。数字信号的预处理范围很广,此处介绍几个主要内容。

6.3.1　零均值化

信号的均值相当于一个直流分量,而直流信号的 Fourier 变换是在 $\omega=0$ 处的脉冲函数。因此,如果不去掉均值,在估计该信号的功率谱时,将在 $\omega=0$ 处出现一个很大的谱峰,并会影响在 $\omega=0$ 左右处的频谱曲线,使之产生较大的误差。因此,在信号的正式处理之前要进行信号的零均值化。

零均值化也叫中心化,即把被分析数据值转换为零均值的数据,这样可以减少信号处理与分析中的误差,且能简化以后分析中用的公式和计算。

6.3.2　奇异点(野点)剔除

数据中的奇异点往往是由于测量系统引入了较大的外部干扰或一些人为错误所造成的(如测量过程中严重的噪声干扰、信号丢失、传感器失灵等),其数值往往不符合一般客观事物的变化规律。这些奇异点如不及时剔除会对将来的信号处理带来严重的影响。例如,一个数字化后达到最大值的野点会使谱分析的整个噪声水平增大,而两个相距很近的野点将在谱分析中产生许多虚假的频率成分。我们可以通过对数据的物理分析和人工鉴别的方法剔除这些奇异点,或者将某一采集数据 x_i 与其相邻的数据点进行比较,即判别 x_i 数值为合理点(非奇异点)的条件是其值必须满足下面的不等式,即

$$x_{i-1}-KS<x_i<x_{i+1}+KS \tag{6.4}$$

式中,K 为常数,通常取 3~5,根据被测的对象而定,S 由下式确定

$$S=\sqrt{\frac{1}{N}\sum_{i=1}^{N}\left(x_i-\bar{x}\right)^2}$$

$$\bar{x}=\frac{1}{N}\sum_{i=1}^{N}x_i \tag{6.5}$$

6.3.3　消除趋势项

趋势项是样本记录中周期大于记录长度的频率成分,这可能是测试系统中各种原因引起的在时间序列中线性的或慢变的趋势误差,如果不去掉,会在相关分析和功率谱分析中出现很大畸变,如图 6.6 所示。数据中的趋势项甚至可以使低频时的谱估计完全失去真实性。但是,在某些问题中,趋势项不是误差,而是原始数据中本来包含的成分,它本身就是一个需要知道的结果,这样的趋势项就不能消除,所以消除趋势项的工作要特别谨慎。只有物理上需要消除的和数据中明显的、确系误差的趋势项才能消除。趋势项可能随时间作线性增长,也可能按平方关系增长。为了消除趋势项,需要对数据作专门处理。最常用而精度又高的一种方法就是最小二乘法,该方法算法简单,精度又高,不但能消除线性趋势项,还能消除高阶多项式趋势项。

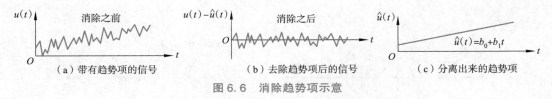

（a）带有趋势项的信号　　　　　（b）去除趋势项后的信号　　　　　（c）分离出来的趋势项

图 6.6　消除趋势项示意

6.4　数字信号处理

6.4.1　信号的时域截断与泄漏

数字信号的处理与分析与模拟信号不同,数字信号处理是针对数据块进行的。模数转换输出的数字串 x_n 先要被分为一系列的点数相等的数据块,而后再一块一块地参与运算。设每个数据块的数据点数为 N,在采样频率一经确定后,每个数据块所表示的实际信号长度 $T=N\Delta t$ 是一个有限的确定值。这个截取有限长度段信号的过程称为对信号的时域截断,下面介绍由于该截断引起的相关问题。

1. 泄漏现象

正如上面所说,数字信号分析不可能对无限长的信号进行分析运算,而是需要选取合理的采样长度 T,即对信号进行截断。假定截断区间为 $(-T\sim T)$,由于对 $|t|>T$ 的 $x(t)$ 值为零,故而所得到的频谱为近似的,与实际有一定差异。截断实质上是对无限长的信号 $x(t)$ 加一个权函数 $w(t)$,或称为窗函数,而将被分析信号变为

$$x_w(t) = x(t)w(t) \tag{6.6}$$

其傅里叶变换为

$$X_w(\omega) = \frac{1}{2\pi}X(\omega) \cdot W(\omega) \tag{6.7}$$

即截断后所得频谱 $X_w(\omega)$ 是真实频谱 $X(\omega)$ 与窗谱 $W(\omega)$ 的卷积。图 6.7 表示余弦信号的真实频谱与截断后所得频谱之间的差异。

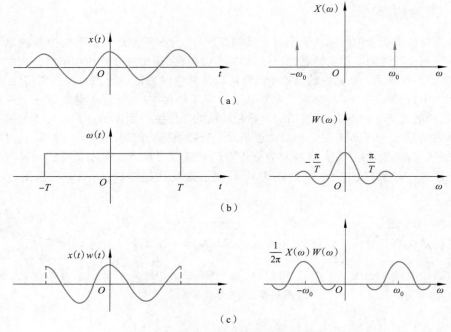

图 6.7　余弦信号加窗后的泄漏现象

图 6.7(a)表明,余弦信号的实际频谱 $X(\omega)$ 是位于 ω_0 处的 δ 函数,其频谱为两根谱线。图 6.7(b)给出矩形窗函数 $\omega(t)$ 及其频谱 $W(\omega)$,其窗谱是一个采样函数。而卷积的结果如图 6.7(c)所示,加窗后的谱被分散为一个包含主瓣与旁瓣的采样型函数,显然,真实频谱被歪曲了,这种现象称为泄漏。这种因时域被截断而在频域增加很多频率成分的泄漏是影响频谱分析精度的重要因素之一。

2. 窗函数及其选用

综上所述,截断是必然的,如果增大截断长度 T,即矩形窗口加宽,则窗谱 $W(\omega)$ 主瓣将变窄,主瓣以外的频率成分衰减较快,因而泄漏误差将减小。

可见,泄漏与窗函数频谱的两侧旁瓣有关,为此,可采用不同的时域窗函数来截断信号,以满足不同的分析需要。研究窗谱形状的基本思路是改善截断处的不连续状态,因为时域内的截断反映到频域必然产生振荡现象。加窗的作用除了减少泄漏以外,在某些场合,还可抑制噪声,提高频率分辨能力。

基于上述分析,对于窗函数的基本要求如下。

(1)窗谱的主瓣要窄且高,以提高分辨率;

(2)旁瓣高度与主瓣高度之比尽可能小,旁瓣衰减快,正负交替接近相等,以减少泄漏或负谱现象。

但是,对于实际的窗函数,这两个要求是互相矛盾的。主瓣窄的窗函数,旁瓣也较高;旁瓣矮、衰减快的窗函数,主瓣也较宽。实际分析时要根据不同类型信号和具体要求选择适当的窗函数。

常用窗函数及其特性如下。

（1）矩形窗

矩形加窗即不加窗，信号截断后直接进行分析运算。矩形窗属于时间变量的零次幂窗，函数形式为

$$w(t)=\begin{cases}\dfrac{1}{T} & 0\leqslant|t|\leqslant T\\[2mm] 0 & |t|\geqslant 1\end{cases}\tag{6.8}$$

相应的窗谱为

$$W(\omega)=\dfrac{2\sin\omega T/2}{\omega T}\tag{6.9}$$

矩形窗的形状如图 6.7（b）所示。它的优点是主瓣宽度窄；缺点是旁瓣较高，泄漏较为严重，第一旁瓣相对主瓣衰减 -13 dB，旁瓣衰减率 -6 dB/倍频程。矩形窗可用于脉冲信号的加窗。调节其窗宽，使之等于或稍大于脉冲的宽度，不仅不会产生泄漏，而且可以排除脉冲宽度外的噪声干扰，提高分析信噪比。在特定条件下，矩形窗也可用于周期信号的加窗，矩形窗的宽度等于周期信号的整数个周期时，泄漏可以完全避免。

（2）汉宁窗

汉宁窗是由一个高度为 $1/2$ 的矩形窗与一个幅值为 $1/2$ 的余弦窗叠加而成，它的时、频域表达式是

$$w(t)=\begin{cases}\dfrac{1}{2}+\dfrac{1}{2}\cos\dfrac{2\pi}{T}t & |t|<T/2\\[2mm] 0 & |t|>T/2\end{cases}\tag{6.10}$$

$$W(w)=\dfrac{\sin\omega T}{\omega T}+\dfrac{1}{2}\left[\dfrac{\sin(\omega T+\pi)}{\omega T+\pi}+\dfrac{\sin(\omega T-\pi)}{\omega T-\pi}\right]\tag{6.11}$$

式（6.11）表明，汉宁窗的谱窗是由三个矩形谱叠加组成。由于 $\pm\pi$ 的频移，使这三个谱窗的正负旁瓣相互抵消，合成的汉宁谱窗的旁瓣很小，衰减也较快。它的第一旁瓣相对主瓣衰减 32 dB，旁瓣衰减率 60 dB/10 倍频程，但它的主瓣宽度是矩形窗的 1.5 倍。

图 6.8 为汉宁窗的时域函数图形和经汉宁加窗后的正弦信号。可见，正弦信号经汉宁加窗后，在窗宽（也就是数据段的长度）内，其幅值被不等加权。

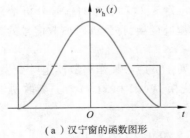
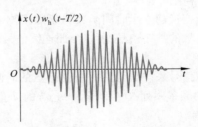

（a）汉宁窗的函数图形　　　　　　（b）汉宁加窗后的正弦信号

图 6.8　汉宁窗与经汉宁加窗后的正弦信号

汉宁窗具有较好的综合特性，它的旁瓣小而且衰减快，适用于随机信号和周期信号的截断

与加窗。这种两端为零的平滑窗函数可以消除截断时信号始末点的不连续性,大大减少截断对谱分析的干扰,但是这是以降低频率分辨率为代价而得到的。图 6.9 为同一正弦信号分别加汉宁窗和矩形窗后计算出的频谱(窗宽不是正弦信号周期的整数倍),该图清楚地显示了汉宁窗减少泄漏误差的效果。

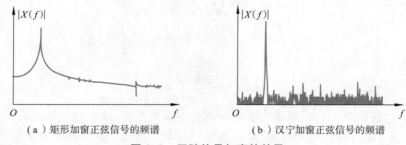

（a）矩形加窗正弦信号的频谱　　　　　　（b）汉宁加窗正弦信号的频谱

图 6.9　正弦信号加窗的效果

（3）指数窗

理论分析和实验表明,很多系统受到瞬态激励时,会产生一种确定性的振荡,并随着时间的延长,该振荡的振幅最终衰减为零,衰减的快慢取决于系统的阻尼。

如果用矩形窗截取衰减振荡信号,由于时窗宽 T 受各种因素影响不能太长,信号末端中代表小阻尼模态的信号段会被丢失,汉宁窗起始处为零或很小,破坏了信号的始端数据。这种情况比较合适的方法是采用指数衰减窗 $w(t) = e^{-\sigma t}$,将其与衰减振荡信号相乘,加快衰减。

选择适当的衰减因子 σ,使信号在截断末端的幅值相对于其最大值衰减约为 -80 dB,可以满足各类工程测试的要求。加指数窗相当于使结构振动的衰减因子增加了一个 σ 值,在处理分析结果时要考虑这一因子。

信号数字分析中采用的时窗函数还有三角窗、海明窗等,它们各具特点,对泄漏误差都有一定的抑制作用,有兴趣的读者可查阅有关书籍。

6.4.2　离散傅里叶变换及 FFT

1. 离散傅里叶变换（DFT）

（1）基本公式

傅里叶变换建立了时间函数和频谱函数之间的关系,这种关系对信号分析带来了许多方便。对于离散的数字信号,可以参照连续信号的傅里叶变换,得到针对离散信号的离散傅里叶变换（DFT）。

对模拟信号采样后得到一个 N 个点的时间序列 $x(n)$,对其作离散傅里叶变换（DFT）,得到 N 个点的频率序列 $X(k)$,即为 $x(n)$ 的傅里叶变换,$X(k)$ 和 $x(n)$ 为一离散傅里叶变换对（DFT）,即有

$$X(k) = \sum_{n=0}^{N-1} x(n) e^{-j2\pi kn/N} \qquad k=0,1,2,\cdots,N-1 \tag{6.12}$$

$$x(n) = \frac{1}{N} \sum_{k=0}^{N-1} X(k) e^{j2\pi kn/N} \qquad n=0,1,2,\cdots,N-1 \tag{6.13}$$

上述离散傅里叶变换对将 N 个时域采样点 $x(n)$ 与 N 个频率采样点 $x(k)$ 联系起来,建立了时域与频域的关系,提供了通过数字计算机作傅里叶变换运算的一种数学方法。

(2)基本性质

在对离散数字信号进行分析时,掌握 DFT 的基本性质非常重要。其中最重要的是 DFT 具有周期性和共轭性。周期性指的是离散信号在时间轴上按时间间隔 Δt 采样后得到离散信号 $x(n)$,其频谱为 $X(k)$,则离散时间信号 $x(n)$ 与离散频谱 $X(k)$ 分别是时域和频域内的以 N 为周期的周期序列。即时域离散采样导致频域周期化,频域离散采样将导致时域周期化。

共轭性是指,对于实信号 $x(n)$,由于其频谱 $X(k)$ 在 $0 \sim N-1$ 内,以 $N/2$ 为中点,是左右共轭的,如图 6.10 所示,所以 $X(k)$ 只有在 $k=0,1,2,\cdots,N/2-1$ 处的值是独立的。在进行谱分析时,离散傅里叶变换的结果只需显示 $k=0,1,2,\cdots,N/2-1$ 条谱线。但在数字信号分析系统中,为了傅里叶逆变换的需要,全部 N 点的 $X(k)$ 值仍然保留。

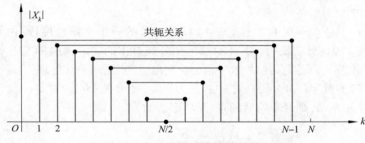

图 6.10 离散傅里叶变换的共轭特性

2. 以 DFT 为基础的数字信号分析

(1)基本计算公式

离散傅里叶变换对是由式(6.12)和式(6.13)定义的。对于不同种类信号样本 $x(t)$、$y(t)$,$0 \le t \le T$,用其离散傅里叶变换 $X(k)$、$Y(k)$ 定量地表示它们的频谱在 $f = k\Delta f$、$\Delta f = 1/T$ 处的值以及相关的其他函数还需要乘以不同的因子。

如果 $x(t)$ 是周期等于 T 的周期信号,或者把它看成是该信号,则它的离散频谱和功率谱可以分别由下式计算,即

$$c_n \Big|_{n=k} = \frac{1}{N} X(k) \tag{6.14}$$

$$|c_n|^2 \Big|_{n=k} = \frac{1}{N^2} |X(k)|^2 \tag{6.15}$$

若 $x(t)$、$y(t)$ 是瞬变能量信号,则其谱密度函数和自、互功率谱可分别写为

$$\left. \begin{aligned} X(k) \Big|_{f=k\Delta f} &= \Delta t X(k) \\ Y(k) \Big|_{f=k\Delta f} &= \Delta t Y(k) \end{aligned} \right\} \tag{6.16}$$

$$\left. \begin{aligned} S_x(f) \Big|_{f=k\Delta f} &= S_x(k) = \Delta t^2 |X(k)|^2 \\ S_y(f) \Big|_{f=k\Delta f} &= S_y(k) = \Delta t^2 |Y(k)|^2 \end{aligned} \right\} \tag{6.17}$$

$$S_{xy}(f)\bigg|_{f=k\Delta f}=S_{xy}(k)=\Delta t^2 \bar{X}(k)Y(k) \Bigg\}$$

$$S_{yx}(f)\bigg|_{f=k\Delta f}=S_{yx}(k)=\Delta t^2 \bar{Y}(k)X(k) \Bigg\} \tag{6.18}$$

若 $x(t)$、$y(t)$ 是随机信号,则其自、互功率谱可分别写为

$$S_x(f)\bigg|_{f=k\Delta f}=S_x(k)=\Delta t^2 |X(k)|^2 \Bigg\}$$

$$S_y(f)\bigg|_{f=k\Delta f}=S_y(k)=\Delta t^2 |Y(k)|^2 \Bigg\} \tag{6.19}$$

$$S_{xy}(f)\bigg|_{f=k\Delta f}=S_{xy}(k)=\frac{\Delta t}{N}\bar{X}(k)Y(k) \Bigg\}$$

$$S_{yx}(f)\bigg|_{f=k\Delta f}=S_{yx}(k)=\frac{\Delta t}{N}\bar{Y}(k)X(k) \Bigg\} \tag{6.20}$$

其中上横线表示取共轭。

（2）谱的平均

参与 DFT 的 $x(n)$（$n=0,1,2,\cdots,N-1$）只是信号的一个有限长度段,由它得出的频谱 $X(k)$ 具有随机性。理论分析证明,用 $X(k)$ 按上述公式得出的功率谱的标准差等于其均值,这意味着分析精度很差。为了提高信号数字谱分析精度,需要做谱平均处理。

将待分析计算的数字序列 $x(n)$、$y(n)$ 各分为 q 段,每段 N 个点。对每一段分别作 DFT,并计算它们的自、互功率谱,则经平均后的自、互功率谱约为

$$\hat{S}_x(k)=\frac{1}{q}\sum_{r=1}^{q}S_x^r(k) \Bigg\}$$

$$\hat{S}_{xy}(k)=\frac{1}{q}\sum_{r=1}^{q}S_{xy}^r(k) \Bigg\} \tag{6.21}$$

式中,$S_x^r(k)$ 和 $S_{xy}^r(k)$ 分别表示第二段数据块的自、互功率谱。平均后的自、互功率谱的标准差降为平均前的 $1/\sqrt{q}$,大大提高了频谱分析精度。在实际信号数字分析处理中,这一过程必不可少,称为谱平均。平均次数 q 的实际取值通常是在十几次到上百次。

（3）DFT 谱分析的极限

由于信号频域离散化的结果,离散傅里叶变换的分析范围和频率分辨力均有一定的限制,主要如下。

①频率分析上限,即频率分析范围。离散傅里叶变换的频率分析上限由采样频率 f_s 决定,即

$$f_{max}=\frac{1}{2}f_s \tag{6.22}$$

实际上,由于频混误差不可能完全避免,在 k 值接近 $N/2-1$（f 接近 f_{max}）时,频混误差可能较大。故在解释频谱中接近分析上限的高端分量时必须谨慎处理若干高端谱线。如 $N=1\,024$ 时,理论上 k 的取值范围为 $0\sim511$,而实际只显示 $k=0,1,2,\cdots,400$ 共 401 条谱线,余下的高端 100 余条谱线被删去。

②频率分辨力。频率分辨力是指离散谱线之间的频率间 Δf,即频率采样的采样间隔。它由数据块的长度 $T=N\Delta t$ 决定,即

$$\Delta f = \frac{1}{N\Delta t} \tag{6.23}$$

由于谱窗的带宽大于 $1/T$，再加上旁瓣的影响，实际的频率分辨力低于 Δf。

频谱经离散化后，只能获得在 $f_k = k\Delta f$ 处的各频率成分，其余部分被舍去，该现象称为栅栏效应。这犹如通过栅栏观察外界景物时只能看到部分景物而不能看到其他部分。栅栏效应和频混、泄漏一样，也是数字信号分析中的特殊问题。显然，感兴趣的频率成分和频谱细节有可能出现在非 f_k 点，即谱线之间的被舍去处，而使信号数字谱分析出现偏差。要减少栅栏效应，就需要提高频率分辨力。但是提高频率分辨力和扩宽频率分析范围是矛盾的。采用频率细化技术可较好地减少栅栏效应不利影响。

③频率分析下限 f_{min}。频率分析下限 f_{min} 理论上为 $k=1$ 时对应的频率值，即等于频率分辨力。故有

$$f_{min} = \Delta f = \frac{1}{N\Delta t} \tag{6.24}$$

影响 f_{min} 的原因，除了同影响频率分辨力的原因相同外，还由于传感器和前置放大器的低频特性通常不理想，或者直流放大器的零漂等原因，原始模拟信号中的低频成分往往有较大的误差。故在解释 k 接近 1 的若干低端谱线时，亦应当谨慎，特别是在频域内将各谐波分量的幅值除以其角频率来进行信号的积分时，因为这时低端谱分量的误差将会被极大地放大。

④频率分析范围和分辨力之间的关系。离散傅里叶变换的频率分析范围和频率分辨力之间的关系为

$$f_{max} = \frac{N}{2}\Delta f \tag{6.25}$$

由于计算机容量计算工作量的限制，各数据块的点数 N 是有限的，N 的典型取值为 1 024（1K）或 2 048（2K）。式（6.25）表明，当 N 值一定时，分析范围越宽，谱线之间的频率间隔加大，频率分辨力必然下降；要有高的频率分辨力，频率分析范围必然较窄。在进行数字信号分析时，需要权衡作出两项指标都可以接受的决定。

3. 快速傅里叶变换（FFT）简介

虽然 DFT 为离散信号的分析提供了工具，但计算时间很长最终也很难实现。对 N 个数据点作 DFT 变换，需要 N^2 次复数相乘和 $N(N-1)$ 次复数相加。这个运算工作量是很大的，尤其是当 N 比较大时。如对于 $N=1\,024$ 点，需要一百多万次复数乘法运算，所需的运算时间太长，难以满足实时分析的需要。为了减少 DFT 很多重复的运算量，产生了快速傅里叶变换（FFT）算法。若以 FFT 算法对 N 个点的离散数据作傅里叶变换，需要 $\frac{N}{2}\log_2 N$ 复数相乘和 $N\log_2 N$ 次复数相加，显然，运算量大大减少。

FFT 算法在傅里叶变换近似运算、谐波分析、快速卷积运算、快速相关运算及功率谱计算等方面已大量应用，并广泛应用于各个领域，已成为科研人员和工程技术人员进行信号分析最主要的工具之一，它的重要性无与伦比。鉴于此算法已相当成熟，已有大量的计算机软件来实现，其原理和方法也有许多专著介绍，此处不再赘述。

6.4.3 细化 FFT

连续信号 $x(t)$ 在 $[0,T]$ 内以采样周期 T_s 作 N 点采样后,频谱被周期延拓,延拓周期为采样频率 $f_s = 1/T_s$。若该频谱用 DFT 逼近,即用 FFT 计算时,则只能观察到 $f = k\Delta f(k = 0,1,2,\cdots,N-1;\Delta f = 1/T)$ 频率点上的频谱,即存在栅栏效应。为了能观察到被遮挡的频率,必须增大信号的截断长度 T,即增加采样点数 N,这会导致 FFT 运算次数剧增。如若要使分辨率提高 D 倍(D 为正整数),则要做 $M = DN$ 点的 FFT 运算,复数乘法次数由原来的 $N\log_2 N$ 剧增到 $DN\log_2 DN$,存储量也增加 D 倍,在采样点数已经较大且计算机能力又有限的情况下是难以实现的。在信号处理中,有时只需要仔细了解信号在某频段内的谱,而对其余频段的谱只需要一般了解即可,此时若用 DN 点计算 FFT,使整个频段具有相同的分辨率,但这对于无须高分辨率的频段是一种浪费。细化 FFT 法(Zoom-FFT)能解决上述矛盾,如图 6.11 所示。

细化(Zoom)是指对信号频谱中某一频段进行局部放大,它是一项信号处理技术,在一些先进的信号处理机上配有硬件细化单元。标准 FFT 分析结果也称基带 FFT 的频率谱线是从零频率到截止频率 $f_s/2$ 的范围内均匀分布的。例如,要使分析频率达到 1 kHz,采样频率必须大于 2 kHz,若 FFT 块大小(采样点数)$N = 1\ 024$,则可以获得的频率分辨率是 $1\ 000/512 \approx 2$ Hz。如果要使分辨率提高,正常情况下可缩小分析频率范围或增加 FFT 块大小。前者使得分析范围减小,后者增加了计算时间及内存空间。Zoom 则是在分析频率 $f_c(f_c = f_s/2)$ 内某一频率 f_0 附近局部提高谱线的密度。Zoom 分析后,总的谱线没有变化,但频率范围已不是从 0 到 f_c,而是在 f_0 左右,因此增加了 f_0 附近的分辨率。细化的方法有 Chinp-Z 变换、Yi-Zoom 变换及相位补偿 Zoom-FFT 等。这些方法在分析精度、计算效率、细化能力、谱的等效性及应用范围等方面都有一定限制。以下介绍一种实用的 Zoom-FFT 方法,称为复调制细化分析法。

1. 复调制细化分析法

复调制细化分析法的原理如图 6.11 所示,其算法的核心分为三步。

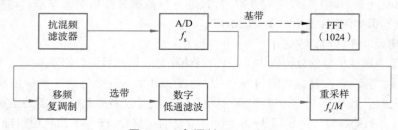

图 6.11 复调制 Zoom-FFT

(1)移频——将高频信号变换为低频信号

如图 6.12 所示,原信号的傅里叶变换在 f_j 和 f_k 之间一段需要局部加密 m 倍 $[m(f_k-f_j) \leqslant f_m]$。首先将原始信号 $x(t)$ 的频谱向左移 f_j,根据傅里叶变换的频移性质可知,时间信号 $x(t)$ 乘以单位旋转向量 $e^{-j2\pi f_j t}$ 后,其对应的频谱是将 $X(f)$ 沿 f 轴向左移 f_j 距离,为此只需要将原始信号乘上因子 $e^{-j2\pi f_j t}$,因此所得结果 $x_1(t)$ 是复函数。

（2）对新函数 $x_1(t)$ 进行低通滤波

图 6.12（c）为滤波后的波形，图 6.12（d）为低通数字滤波器特性。数字滤波的实现有各种方法，常用的是卷积滤波器。根据傅里叶变换频域相乘等于时域卷积的原理，将 $x(t)$ 与图 6.12（e）的卷积滤波器的权函数 $h(t)$ 做卷积计算，$x_2(t)=x_1(t)\cdot h(t)$，就实现了低通滤波，将绝对值大于 f_k-f_j 的频率成分滤掉了。此时所得 $x_2(t)$ 也是复函数。

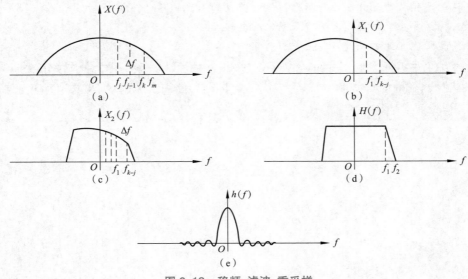

图 6.12　移频、滤波、重采样

（3）重采样

经过移频，$X(f)$ 中 $f\geqslant f_j$ 的高频信号部分就变换为 $X_1(f)$ 中的低频信号 $f\geqslant 0$。由于人们感兴趣的只是一个较窄的局部频带 f_k-f_j，对于 $X_1(f)$ 而言是从 $0\sim f_k-f_j$ 范围的低频段。所以可以滤掉所有绝对值大于 f_k-f_j 的高频成分。因此新的信号 $x_2(t)$ 取 $T'=mT$、$\Delta t'=m\Delta t$，而仍然保持 $N=T'/\Delta t'=T/\Delta t$ 不变。

总之，这三个步骤的物理概念是：由于只要求对局部谱加密，因此可以过滤掉暂不考虑的高频成分，又经过复调制移频处理将高频信号转变为低频信号，从而使研究对象成为低频信号，这样，在保持 N 不变时可以加长采样时间 T，从而减小采样频率间隔 Δf，即加密频域谱线。

2. 使用复调制细化分析时应注意的问题

①局部加密的带宽和加密的倍数之间呈反比关系。要想得到高分辨率，就应在每次计算中采用较小的带宽；若欲加密的带宽过大，可以分几次进行计算。

②由于 $x_1(t)$ 与 $x_2(t)$ 都是复数，所以算得的频域 $X_1(f)$ 与 $X_2(f)$ 都不关于零频率对称。

③由于低通滤波器的影响，加密谱的末端附近将出现局部失真。

细化 FFT 需要进行重采样及大量数值计算，高档硬件信号处理机配有硬件细化模块；若采用软件分析，速度不能与硬件分析相比，细化倍数也不能取值太高。

思考与练习

1. 试叙述数字信号获取的方法和应该注意的要点。

2. 简述模拟信号数字化的过程,以及各自的误差特点和处理方法。

3. 试叙述模拟傅里叶变换与离散傅里叶变换的用途和各自特点。

4. 为什么要在数据采集系统中采用采样电路?

5. 简述细化 FFT 的用途和特点。

6. 对三个正弦信号 $x_1(t) = \cos 2\pi t$、$x_2(t) = \cos 6\pi t$、$x_3(t) = \cos 10\pi t$ 进行采样,采样频 $f_s =$ 4 Hz,求三个采样输出序列,比较这三个结果,画出 $x_1(t)$、$x_2(t)$、$x_3(t)$ 的波形及采样点位置,并解释频率混叠现象。

第7章

测量误差分析与处理

 学习目标

1. 掌握测量误差产生的原因及其处理方法；
2. 了解测量的必备条件、误差的来源；
3. 掌握绝对误差、相对误差、引用误差的性质、作用；
4. 掌握系统误差、随机误差和粗大误差的定义、产生原因、处理方法。

误差是客观存在的，误差产生的原因有多种，误差的种类也有多种，不同误差的处理方法也不相同。因此，我们即要有对事物的缺点、不足的包容心，也不能放任不管，听之任之。要勤于分析研究，认清其特点、产生的原因，针对不同类型的问题，采用对应的方法进行纠正、把它们控制在一个允许的范围内，这样才能快速、有效地解决问题，获得最佳的成效。

在实际测量工作中，由于测量设备和测量方法的不完善、测量环境的影响以及测量人员能力的限制等，都会使测量结果与被测量真实值之间存在差异，这种差异的数值表现即为误差。随着科学技术的发展，测量误差会越来越小，但误差绝不可能为零，它有一个理论极限，这个极限就是使测量对象本身失去物质概念的那个量。例如，长度测量的误差就不可能小于分子的大小，否则就破坏了被测物体表面的连续性，因而失去界限变成了无对象测量。因此，任何测量结果都具有误差，误差始终存在于一切科学实验与测量之中，这就是"误差公理"。人们研究测量误差的目的就是寻找产生误差的原因，认识误差的规律、性质，进而找出减小误差的途径与方法，以求获得尽可能接近真值的测量结果。在测试系统调试过程中，尤其要重视测量误差的估计与消除方法。本章主要介绍测量误差的基础知识，以及消除或减少误差的基本方法。

7.1 测量误差

完成测量必备三个条件：测量设备、测量方法、测量人员。误差的表示方法有：设备误差、方法误差、人员误差和环境误差。测试仪器（设备或系统）本身性能不完善所产生的测量误差（如仪器中的电阻、电容、电池等的老化，机械零件的磨损等等都会产生测量误差）称为设备误差。测量方法或计算方法不合理、不完善所产生的测量误差（如经验公式的近似性误差；间接

测量中需通过测量与被测量有关的其他量,再通过其他量与被测量之间的函数关系式换算成被测量,由于换算过程中使用的函数关系式的建立过程中可能出现的近似误差与其他量自身的测量误差叠加产生的累积误差称为方法误差。测量人员本身存在有感觉器官功能、习惯、知识与技能、责任心等因素(如习惯斜视的人对指针式仪器的读出的结果就会有偏差,而情绪变化也会使测量结果产生不同的误差)称为人员误差。环境条件(如温度、湿度、振动、光照、电磁场等)不满足要求或发生变化,从而使测量设备或被测量发生不应有的变化,以至产生的误差称为环境误差。

7.1.1 真值与测量误差

1. 真值的定义

被测量在一定条件下,有一个真正反映它大小的量值,这个量值是客观存在的,它就是被测量的真实值,简称"真值",记作 x_0。测量的目的就是要得到这个真值。根据"误差公理",真值是不可测的,所以在实际测量中,经常使用"约定真值"。将"约定真值"认为是特定的,有时是约定所取的值。如高一级测量装置的测量值做了相应修正后的多次重复测量数据的平均值等。

2. 测量误差的定义

测量结果 x 与真值 x_0 之间的差异被称为测量误差,即

$$\Delta x = x - x_0 \tag{7.1}$$

式(7.1)给出的误差称为绝对误差,它反映了测量值偏离真值的绝对大小,是有量纲的;

但有时为表示测量值偏离真值的程度,还可用相对误差表示误差的大小,它被定义为

$$r = \frac{\Delta x}{x_0} \times 100\% \tag{7.2}$$

相对误差没有量纲,是一个用百分数表示的比值。一般情况,用绝对误差可以评价相同被测量测量精度的高低,但不可用于评价不同被测量测量精度的高低;相对误差可用于评价相同和不同被测量测量精度的高低。

【例1】 用两种方法测得工件 L_1 100 mm 的误差分别为 $\Delta_1 = \pm 0.01$ mm,$\Delta_2 = \pm 0.02$ mm,用第三种方法测 $L_2 = 180$ mm 时的误差为 $\Delta_2 = \pm 0.03$ mm,如何判断哪种方法精度高?

解:由前两种方法测得结果可知,显然第一种方法比第二种方法精度高,但第三种方法不好直接判断精度的高低,因为 L_2 与 L_1 是不同的被测量,此时求相对误差如下,即

$$\frac{\Delta_1}{L_1} \times 100\% = \pm \frac{0.01}{100} \times 100\% = 0.01\%$$

$$\frac{\Delta_2}{L_1} \times 100\% = \pm \frac{0.02}{100} \times 100\% = 0.02\%$$

$$\frac{\Delta_3}{L_2} \times 100\% = \pm \frac{0.03}{100} \times 100\% = 0.017\%$$

可见,第一种方法精度最好,第二种方法最差,第三种方法居中。

除了绝对误差和相对误差以外,当描述测量装置的精度等级时,也用到引用误差,其定

义为

$$\varepsilon = \frac{\Delta x}{X_{\mathrm{m}}} \times 100\%$$

(7.3)

式中，X_{m} 为测量装置的满量程读数。由于测量仪表的各示值的绝对误差有正有负，有大有小。所以，测量仪表的准确度等级应参考最大引用误差的绝对值，准确度等级取最接近最大引用误差的绝对值中较大的准确度等级指数。例如，某测量仪表的最大引用误差的绝对值为 0.15，则该测量仪表的准确度等级为 0.2。

$$a = \frac{|\Delta x|_{\max}}{X_{\mathrm{m}}} \times 100\%$$

(7.4)

电工测量仪表的准确度等级分为 0.1、0.2、0.5、1.0、1.5、2.5 及 5.0 等七级。

【例2】　某 1.0 级电压表，量程为 300 V，当测量值分别为 $U_1 = 300$ V，$U_2 = 200$ V，$U_3 = 100$ V 时，试求出测量值的最大绝对误差和示值相对误差。

解：由式（7.3）可知，最大绝对误差为

$$\Delta U_{1\max} = \Delta U_{2\max} = \Delta U_{3\max} = \pm 300 \times 1.0\% = \pm 3 \text{ V}$$

由式（7.2）可知，最大示值相对误差为

$$r_{\mathrm{U}_1} = \frac{\Delta U_{1\max}}{U_1} \times 100\% = \pm \frac{3}{300} \times 100\% = \pm 1.0\%$$

$$r_{\mathrm{U}_2} = \frac{\Delta U_{2\max}}{U_1} \times 100\% = \pm \frac{3}{200} \times 100\% = \pm 1.5\%$$

$$r_{\mathrm{U}_3} = \frac{\Delta U_{3\max}}{U_1} \times 100\% = \pm \frac{3}{100} \times 100\% = \pm 3.0\%$$

由例2不难看出：测量仪表产生的示值测量误差不仅与所选仪表等级指数 a 及所选仪表量程有关，而且与测量值大小有关。量程 x_{m} 与测量值 x 相差越小，测量准确度越高。所以，在选择仪表量程时，测量值应尽可能接近仪表满量程，一般不小于满量程的 2/3。这样测量结果的相对误差将不会超过仪表准确度等级指数 a 的 1.5 倍。

7.1.2　测量误差分类

根据误差的统计特征，一般将测量误差分为系统误差、随机误差和粗大误差。

1. 系统误差

在相同测量条件下，对同一被测量进行多次测量的过程中保持定值或按一定可循规律变化的误差，被称为系统误差。

产生系统误差的主要原因如下。

（1）仪器误差：由于仪器制造本身存在缺陷，如结构设计、安装调整等方面不完善所致；

（2）仪器零位误差：使用仪器时，仪器零位未校准所产生的误差；

（3）理论误差：实验所依据的理论不完善造成的误差；

（4）观测误差：测量过程中，由于观测者主观判断不当所引起的误差；

（5）环境误差：测量仪器所规定的使用条件不满足所产生的误差。

系统误差根据其变化规律又分为：①不变（恒定）系统误差，即误差大小和方向为固定值；

②变化系统误差,误差大小和方向为变化的,按其变化规律又分为线性系统误差、周期性系统误差和复杂规律系统误差等。

2. 随机误差

在相同条件下多次测量同一被测量时,误差的绝对值和符号以不可预知的方式变化,则此类误差为随机误差。产生随机误差的原因很复杂,如测量环境中温度、湿度、气压、振动及电场等因素对仪器装置、实验者的影响等。随机误差是大量因素对测量结果产生的众多微小影响的综合,就个体而言无规律可循,但其总体却服从统计规律。在了解其统计规律后,还是可以控制和减少它们对测量结果的影响。

3. 粗大误差

明显超出规定条件下预期值的误差,被称为粗大误差。粗大误差一般是由于操作人员粗心大意或操作不当造成的人为差错。如读错示值、使用有缺陷的测量器具等。粗大误差一般数量占比少,且绝对值明显大于其他大多数同等条件下的测量误差。在数据处理时,应按一定依据判定后予以剔除。

三类误差对测量值的影响各不相同,随机误差反映了测量结果的分散情况,由于它主要是测量时各种随机因素综合影响的结果,一般能借助概率与数理统计的各种分布函数进行处理并估计其大小。系统误差往往数值较大,隐含在测量中又不易被发现,它使测量值偏离真值,故系统误差比随机误差影响更严重。系统误差一般是借助各种物理判别与统计判别方法,查找出系统误差是否存在于测量之中,然后用一定措施将其减少或消除。粗大误差明显歪曲测量结果,一般是借助各种统计判别方法,将含有粗大误差的坏值予以剔除。

7.2 系统误差的发现与剔除

由于系统误差对测量结果的影响往往比随机误差严重得多,而且通过多次测量同一被测量的方法并不能减小其影响,因此,研究系统误差的特征和规律,用一定的方法发现和消除系统误差的影响就显得十分重要。由于系统误差是固定不变或按一定规律变化的误差,通常可以通过用合理安排实验和数学计算的方法予以更正。

7.2.1 系统误差的发现准则

系统误差的发现有许多方法,例如,实验对比法(主要用于发现不变系统误差)、残余误差 v_i 观察法(主要用于发现有规律变化的系统误差)、马利科夫判据(主要发现线性误差)、Abbe-Helmert 判据(主要发现周期性系统误差)等。残余误差 v_i 观察法能够发现各种有规律变化的系统误差,下面对其进行简要介绍。

若测量列含有变化系统误差,其测得值为 $l_1, l_2, \cdots, l_n$。设每个测量值对应的系统误差为 $\Delta l_1, \Delta l_2, \cdots, \Delta l_n$,其不含系统误差的测量值为 $l'_1, l'_2, \cdots, l'_n$,则有

$$l_i = l'_i + \Delta l_i \tag{7.5}$$

取算术平均值

$$\bar{l} + \bar{l}' + \Delta \bar{l}$$

式中,$\bar{l}$ 表示测量值的平均值;$\Delta\bar{l}$ 表示系统误差的平均值。因为 $v_i = l_i - \bar{l}$,相应有 $v_i' = l_i' - \bar{l}'$(不含系统误差测量值与其平均值之差),所以有

$$v_i = l_i - \bar{l} = (\bar{l}_i' + \Delta l_i) - \bar{l} = l_i' - \bar{l}' + \Delta l_i + \bar{l}' - \bar{l}$$

$$= (l_i' - \bar{l}') + [\Delta l_i - (\bar{l} - \bar{l}')] = v_i' + (\Delta l_i - \Delta\bar{l}) \tag{7.6}$$

由于 $v_i' = l' - \bar{l}'$ 不含系统误差测量值-不含系统误差测量值的平均值,故 v_i' 主要反映了随机误差的影响,当测量列中系统误差显著大于随机误差时,v_i' 可以忽略,则 $v_i = (\Delta l_i - \Delta\bar{l})$,由于 $\Delta\bar{l}$ 为确定值,所以测量列中残差 v_i 的变化主要反映测量中系统误差 Δl_i 的变化。若将测量列的 v_i,按序作图进行观察,如图 7.1 所示,即可判断有无系统误差。

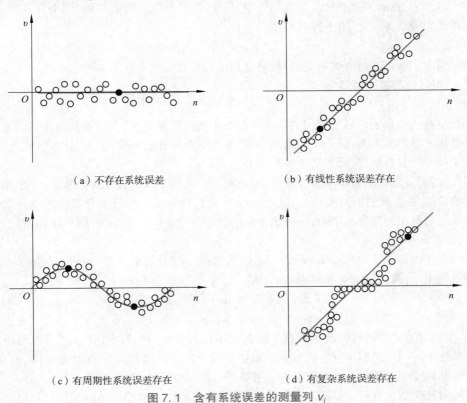

（a）不存在系统误差　　　　　　　　（b）有线性系统误差存在

（c）有周期性系统误差存在　　　　　　（d）有复杂系统误差存在

图 7.1　含有系统误差的测量列 v_i

7.2.2　系统误差的消除

下面介绍其中两种系统误差消除的方法。

1. 从误差来源上消除

从产生系统误差的来源上消除是消除或减弱系统误差最基本的方法。它要求实验者对整个测量过程有一个全面仔细的分析,弄清楚可能产生系统误差的各种因素,然后在测量过程中予以消除。产生系统误差的来源多种多样,因此要消除系统误差只能根据不同的测量目的,对

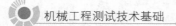

测量仪器误差从根源上加以消除。具体地,选择准确度等级高的仪器设备以消除仪器的基本误差;使仪器设备工作在其规定的工作条件下,使用前正确调零、预热以消除仪器设备的附加误差;选择合理的测量方法,设计正确的测量步骤以消除方法误差和理论误差;提高测量人员的测量素质,改善测量条件以消除人员误差等。

2. 利用修正方法消除

利用修正的方法是消除或减弱系统误差的常用方法,在智能化仪表中广泛应用。所谓修正方法是指在测量前或测量过程中,求取某类系统误差的修正值,而在测量的数据处理中手动或自动地将测量读数或结果与修正值相加,于是,就从测量读数或结果中消除或减弱了该类系统误差。若用 C_i 表示某类系统误差的修正值,用 x_i 表示测量读数或结果,则不含该类系统误差的测量读数或结果 x_i' 可用下式求出,即

$$x_i' = x_i + C_i \tag{7.7}$$

修正值的求取可通过查阅有关资料、通过理论推导及实验求取等获得。

3. 利用特殊测量方法消除

(1)恒定系统误差的消除

①标准替代测量法。标准替代测量法是指在相同测量条件下,先对被测量进行测量,再用同等量的标准量替换被测量,采用差值法、指零法或重合法等获得被测量。这种方法的测量误差决定于标准量自身精度,而与测量装置无关。

例如,用测量装置测量某个量 X,示值为 x;再用一个与之大小接近的标准量 N(已知大小)代替被测量 X,在该装置上的测量结果示值为 n。若两次测量中保持测量状态不变,那么测量装置的误差对两次测量影响相同,则两次测量读数之差为 $\varepsilon = x - n = X - N$,则利用此差值可获得被测量,即 $X = N + \varepsilon$。

被测量 X 的测量误差可由 $\Delta X = \Delta N + \Delta \varepsilon$ 估算,其中 ΔN 是标准量 N 自身的误差;$\Delta \varepsilon$ 是测量装置的系统误差;则被测量 X 相对误差 r_x 为

$$r_x = \frac{\Delta X}{X} = \frac{\Delta N + \Delta \varepsilon}{X} = \frac{\Delta N}{X} + \frac{\Delta \varepsilon}{\varepsilon} \cdot \frac{\varepsilon}{X} \approx \frac{\Delta N}{X} + r_\varepsilon \cdot \frac{\varepsilon}{X} \tag{7.8}$$

其中,r_ε 为测量装置的相对误差。由于 X 与 N 大小接近,$\varepsilon = x - N$ 很小,与 X 比较可忽略不计,则上式简化为 $r_x = r_N$,说明标准替代测量法测量误差决定于标准量 N 的准确度等级,而几乎与测量装置准确度等级无关。这种测量方法可降低对测量装置的苛求。

②换向补偿法。对测量作适当安排,使固定系统误差在两次测量中以相反符号出现,从而相互抵消,这种方法称为换向补偿测量法。例如,在直流电量测量中,为消除测量装置的寄生电势,可安排正、反向电流两次测量,测量结果分别为 u 和 u'。设被测量真值为 U,因寄生电势 e 的大小方向不变,取两次测量结果的算术平均值

$$\bar{u} = (u + u')/2 = [(U + e) + (U - e)]/2 = U \tag{7.9}$$

即可消除寄生电势的影响。

③交换法。交换法的本质也是抵消,但形式上是将测量中的某些条件(如被测物的位置)相互交换,使产生系统误差的原因对测量结果起相反的作用,从而抵消系统误差。

例如,在等臂天平上称重,由于制造原因,天平两侧臂长不等,如图7.2所示。为消除不等

臂带来的系统误差,可安排两次测量,重物 x 放在左盘,x 与 P 平衡后,可知,$X=\dfrac{l_2}{l_1}P$,然后将 X

与 P 交换位置,由于 $l_1\neq l_2$,在新的平衡下有 $P'=\dfrac{l_2}{l_1}X$,将两次结果相乘得

$$X=\sqrt{PP'} \tag{7.10}$$

按此式计算可消除系统误差。

（2）可变系统误差的消除

①等时距对称观测法。当测量系统由于某种原因随时间产生线性漂移造成测量误差时,可以用在相等的时间间隔里校准的办法来消除,这种方法称为等时距对称观测法。线性系统误差的特点是,相对中点的系统误差平均值相等。若将测量对称安排,取对称点两次测得值的平均值为测得结果,即可消除系统误差。

例如,如果我们想要通过测量电阻上的电压获得电阻的大小,前提条件是测量过程中电流保持不变。但在化学电池供电的电路中,由于电池的电流线性减小,导致工作电流线性下降,因而测量结果必然产生随时间线性变化的系统误差,电流变化曲线如图 7.3 所示。

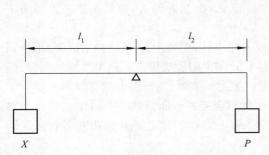

图 7.2　交换法测量示意

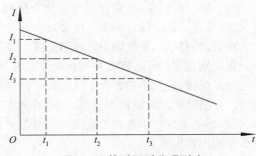

图 7.3　等时距对称观测法

为了消除该误差,可采用等时距对称观测法。测量分以下三步:

a. 在 t_1 时刻,相应的工作电流为 I_1,测量被测电阻 R_x 上的电压 U_{x_1},得

$$U_{x_1}=I_1R_x \tag{7.11}$$

b. 在 t_2 时刻,且 $t_2=t_1+\Delta t$ 相应的工作电流为 I_2,测量标准电阻 R_N 上的电压 U_{N_2},得

$$U_{N_2}=I_2R_N \tag{7.12}$$

c. 在 t_3 时刻,且 $t_3=t_2+\Delta t$ 相应的工作电流为 I_3,再测被测电阻 R_x 上的电压 U_{x_3},得

$$U_{x_3}=I_3R_x \tag{7.13}$$

考虑到工作电流线性下降,于是有 $I_1=I_2+\Delta I,I_3=I_2-\Delta I$,将此式代入式（7.10）和式（7.12）,且联立求解,可得

$$(U_{x_1}+U_{x_3})/2=I_2R_x=U_{x_2} \tag{7.14}$$

再由式（7.11）和式（7.13）联立求解,可得

$$R_x=(U_{x_2}/U_{N_2})R_N \tag{7.15}$$

显然,这样得到的被测电阻即可消除电流下降引起的系统误差。

②半周期偶数观测法。此方法是消除周期性系统误差的有效方法。周期性系统误差一般可表示为

$$\varepsilon = A\sin(\omega t + \varphi_0) \tag{7.16}$$

当 $t = t_0$ 时

$$\varepsilon_1 = A\sin(\omega t_0 + \varphi_0) \tag{7.17}$$

当 $t = t_0 + T/2$ 时

$$\varepsilon_2 = A\sin\left(\omega t_0 + \frac{\omega T}{2} + \varphi_0\right) = -A\sin(\omega t_0 + \varphi_0) = -\varepsilon_1 \tag{7.18}$$

则测量时取两次读数的平均值即可消除此类误差。

7.3 随机误差分析

根据误差理论,在任何一次测量中,一般都含有系统误差 ε 和随机误差 δ,即

$$\Delta x = \varepsilon + \delta = x - x_0 \tag{7.19}$$

在一般工程测量中,系统误差远大于随机误差,即 $\varepsilon \gg \delta$,相对而言,随机误差可以忽略不计,此时只需处理和估计系统误差即可。

在精密测量中,系统误差已经消除或小得可以忽略不计,即 $\varepsilon \approx 0$。在这种情况下,随机误差显得特别重要,所以,在处理和估计误差时,必须且只需考虑随机误差。就单次测量而言,随机误差无规律,其大小和方向不可预知。但当测量次数足够多时,随机误差的总体服从统计学规律。要消除或减弱随机误差的影响,首先应了解随机误差的分布规律。在讨论误差分布之前,先回顾一下统计学知识。假设我们对某长度进行了 30 次测量,其测量结果在各长度区间中出现的次数见表 7.1。

表 7.1　测量数据表格

长度区间 ΔX/mm	[100,102]	[102,104]	[104,106]	[106,108]	[108,110]	[110,112]	[112,114]
出现次数 m	1	4	6	10	5	3	1
频率 f	0.03	0.13	0.20	0.33	0.17	0.10	0.03

以长度 x 为横坐标,以频率 f(把某长度区间测量结果出现的次数 m 与总测量次数 n 之比称为测量结果在这个长度区间出现的频率)为纵坐标作直方图,如图 7.4 所示。当长度区间变小、测量次数增加时,横坐标的间隔减小,直方图上边缘的折线起伏变小;当 $\Delta x \rightarrow 0$、$n \rightarrow \infty$ 时,直方图上边缘的折线变成光滑曲线,如图 7.5 所示。图 7.5 中的纵坐标 $p(x)$ 被称为概率密度,该曲线被称为概率密度分布曲线。图中阴影部分的面积就表示测量值在 $[x, x+\Delta x]$ 区间出现的概率 P,$P = \int_x^{x+\Delta x} p(x)\mathrm{d}x$。概率 P 的取值范围为 0~1。

图 7.5 中,x_0 是测量值概率分布的总体期望值,从测量角度来看,总体期望值即是被测量的真值,而测量值偏离真值的情况即体现为误差分布。随机误差的概率分布有多种类型,但在测量工作中经常遇到的分布则是正态分布、t 分布和均匀分布,下面介绍这三种分布。

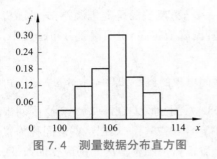

图7.4 测量数据分布直方图

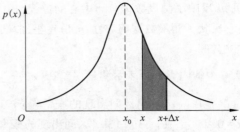

图7.5 测量数据概率分布

7.3.1 随机误差的概率分布

1. 正态分布

大量实践证明,无系统误差的测量随机误差大多数具有下列统计特性。

①有界性:即随机误差的绝对值不超过一定界限。

②单峰性:即绝对值小的随机误差比绝对值大的随机误差出现的概率大。

③对称性:等值反号的随机误差出现的概率接近相等。

④抵偿性:当 $n \to \infty$ 时,随机误差的代数和为零,即

$$\lim_{n \to \infty} \sum_{i=1}^{n} \delta_i = 0 \qquad (7.20)$$

具有上述特性的随机误差 X 服从正态分布,其概率密度函数满足下式

$$p(x) = \frac{1}{\sigma \sqrt{2\pi}} e^{\left[-\frac{1}{2} \left(\frac{x-\mu}{\sigma} \right)^2 \right]} \qquad -\infty < x < \infty \qquad (7.21)$$

正态分布可记为 $X \text{-} N(\mu, \sigma)$,其分布曲线如图7.6所示。其中,$\mu$ 称为数学期望,常用 $E(X)$ 表示,σ^2 称为方差,常用 $V(X)$ 表示,为了与被测量单位一致,定义 σ 为标准差。若测量数据为 x_i,其数学期望与方差的定义如下,即

$$E(X) = \mu = \lim_{n \to \infty} \frac{1}{n} \sum_{i=1}^{n} x_i \qquad (7.22)$$

$$V(X) = \sigma^2 = \lim_{n \to \infty} \frac{1}{n} \sum_{i=1}^{n} (x_i - \mu)^2 \qquad (7.23)$$

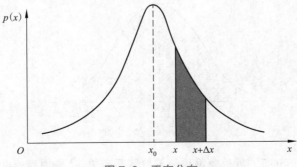

图7.6 正态分布

可见，μ 反映了测量数据分布中心的位置，式中 $x_i-\mu=\delta_i$ 反映的是随机误差，σ 是随机误差的函数，它反映了测量数据离散性，σ 值越小，曲线越陡，峰值越高，说明误差分布越集中，测量的重复性越好。

图 7.6 中的阴影部分表示测量误差在 $[\varepsilon_1,\varepsilon_2]$ 区间出现的概率，即 $p=\int_{\varepsilon_1}^{\varepsilon_2}p(\varepsilon)\mathrm{d}\varepsilon$。可以计算出测量误差在 $[-\sigma,+\sigma]$ 区间出现的概率为 $p=0.6827$；测量误差在 $[-2\sigma,+2\sigma]$ 区间出现的概率为 $p=0.9545$；在 $[-3\sigma,+3\sigma]$ 区间出现的概率为 $p=0.9973$。一般把这些区间称为置信区间，测量误差在置信区间出现的概率称为置信概率。置信概率随置信区间的改变而改变，若增大置信区间，测量误差出现的置信概率也相应地增大。

根据中心极限定理，受大量、独立、均匀、小效应影响的变量服从正态分布。由于测量随机误差是由大量的、独立的因素引起的，因此，一般考虑其服从正态分布。

2. t 分布

如上所述，正态分布是当测量次数 $n\to\infty$ 时的分布。实际测量不可能无限次，则有限次测量误差分布服从 t 分布。

对于连续随机变量 X，若其概率密度函数满足下式，即

$$p(x)=\frac{1}{\sqrt{\pi v}}\frac{\Gamma\left(\frac{v+1}{2}\right)}{\Gamma\left(\frac{v}{2}\right)}\left(1+\frac{x^2}{v}\right)^{-\frac{v+1}{2}}\qquad -\infty<x<\infty \tag{7.24}$$

则称 X 服从 t 分布，记为 $X-t(v)$。

式(7.24)中 v 为正整数，是指计算残差时所具有的独立项个数，也被称为 t 分布的自由度。如有 n 个重复观测值组成的测量列 x_i，其中 $\bar{x}$ 为其算术平均值，残差为 $v_i=x_i-\bar{x}$，由于独立的 v_i 的个数只有 $n-1$，因此，称其自由度为 $n-1$。其中 $\Gamma(n)=\int_0^x x^{n-1}\mathrm{e}^{-x}\mathrm{d}x$ 为 γ 函数。

由式(7.24)可见，t 分布不仅与随机变量 X 有关，而且与自由度 v 有关。当 v 较小时，t 分布的方差比正态分布大，其分布曲线如图 7.7 所示。当测量次数 $n\to\infty$ 时，t 分布与正态分布完全相同。当 $x\sim t(v)$，则数学期望 $E(X)=0$，方差 $V(X)=v/(v-2)$，$v>2$。

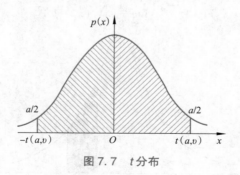

图 7.7　t 分布

与正态分布一样，t 分布的置信概率也与置信区间有关，且采用显著度 a 来衡量，显著度是

指随机变量在置信区间外取值的概率,即 $a = 1 - P$。

3. 均匀分布

对于连续随机变量 X,其概率密度函数在某有限区间内常数,在该区间外为 0,如图 7.8 所示,即

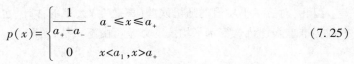

$$p(x) = \begin{cases} \dfrac{1}{a_+ - a_-} & a_- \leqslant x \leqslant a_+ \\ 0 & x < a_1, x > a_+ \end{cases} \tag{7.25}$$

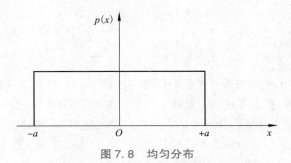

图 7.8 均匀分布

则称 X 服从均匀分布,记为 $X \sim U(a_-, a_+)$。

若 $x \sim U(a_-, a_+)$,则其数学期望、方差为 $E(X) = (a + a_+)/2$,$V(X) = (a_+ - a_-)^2/12$。

若 $x \sim U(-a, +a)$,则其数学期望、方差为 $E(X) = 0$,$V(X) = a^2/3$。

在某区间内等概率分布变量,如仪器读数分辨误差、舍入误差等均服从均匀分布。

7.3.2 测量数据数学期望与标准差的估计

由上面随机变量概率分布可知,随机变量通常有两个重要的特征参数:数学期望和方差。数学期望体现了随机变量分布中心的位置,而方差反映了随机变量对分布中心的离散程度。

由于测量数据的数学期望与方差是在测量次数足够 $(n \to \infty)$ 的条件下定义的,而在实际测量中,不可能满足这一条件,为评价测量的准确度高低,人们只能根据有限的测量数据求出数学期望和方差的估计值。无论是什么分布,数学期望产的估计值均可用算术平均值估计,标准差 σ 的估计可通过残差 $v_i = x_i - \bar{x}$ 计算,用 S_x 表示,即

$$\mu \approx \bar{x} = \frac{1}{n} \sum_{i=1}^{n} x_i \tag{7.26}$$

$$\sigma \approx S_x = \sqrt{\frac{1}{n-1} \sum_{i=1}^{n} (x_i - \bar{x})^2} = \sqrt{\frac{1}{n-1} \sum_{i=1}^{n} v_i^2} \tag{7.27}$$

可以证明,算术平均值具有以下特点。

①无偏性,即估计值 $\bar{x}$ 围绕被估计参数 x_0 摆动,且 $E(\bar{x}) = x_0$;

②有效性,即 $\bar{x}$ 的摆动幅度比单个测量值 x_i 小;

③一致性,即随着测量次数 n 的增加,$\bar{x}$ 趋于被测参数 x_0;

④充分性,即 $\bar{x}$ 包含了测量列的全部信息。

由于算术平均值的上述特点,它被称为是被测量 x_0 的最佳估计。根据概率理论可知,作为估计值的算术平均值也是一个随机变量,它本身也具有一定的随机性,即含有一定的随机误差。因此,对算术平均值的随机误差(离散性)大小的估计,也可以和其他随机变量一样,用方差或标准差来评价。算术平均值的方差可由下式估计,即

$$S_{\bar{x}}^2 = S_x^2 / n \tag{7.28}$$

则标准差为

$$S_{\bar{x}} = S_x / \sqrt{n} = \sqrt{\frac{\sum_{i=1}^{n} v_i^2}{n(n-1)}} \tag{7.29}$$

式(7.28)表明,算术平均值的方差仅为单次测量值的 $1/n$,即算术平均值的离散度比测量数据的离散度小。所以,在有限次同等条件下重复测量中,用算术平均值估计被测量要比测量列中任何一个测量数据估计更为合理可信。由式(8.29)还可知,增加测量次数 n,可减小测量结果的标准偏差,以提高测量的准确度。但这里的"减小"与"提高"意义是有限的,这是因为当 n 较小时,减小比较明显,随着 n 的增加,减小的程度越来越小。所以,在实际测量中,测量次数一般取 $10 \sim 20$ 次。若要进一步提高测量准确度,需从选择更高准确度的测量仪器、更合理的测量方法、更好的控制测量条件等方面入手。

7.4　粗大误差的判定与剔除

含有粗大误差的测量数据属于异常值,应予以剔除。但剔除数据时应有充分的依据。下面介绍两个常用的判定准则——拉依达准则和格罗布斯准则。

1. 拉依达准则

当测量数据呈正态分布时,误差大于 3σ 的概率仅为 0.0027。如果测量次数为有限次,测量误差(通常用残差代替)大于 $3S_x$ 即可判定该测量数据含有粗大误差,应予以剔除。该准则简单实用,但不适合于测量次数 $n \leqslant 10$ 的情况,可以证明,当 $n \leqslant 10$ 时,残差总是小于 $3S_x$ 的。即若 $v_i > 3S_x$,则对应的 x_i 为粗大误差,应剔除。

2. 格罗布斯准则

如果当测量列中某数据 x_i 与测量列平均值 $\bar{x}$ 的残差 v_i 大于格罗布斯鉴别值 $\varPhi(n)$,即被认定为含有粗大误差,该测量数据 x_i 应予以剔除。

若 $v_i > \varPhi(n)$,则对应的 x_i 为粗大误差,应剔除

$$\varPhi(n) = T(n,a) \cdot S_x \tag{7.30}$$

式中　$T(n,a)$——格罗布斯准则鉴别系数,与测量次数 n 和显著度 a 有关,见表 7.2;

　　　S_x——测量列标准差的估计值。

表7.2 格罗布斯准则鉴别系数 $T(n,a)$ 表

（显著度 $\alpha=1-p$，其中 p 为概率）

n \ α	0.05	0.01	n \ α	0.05	0.01
3	1.153	1.155	17	2.475	2.785
4	1.463	1.492	18	2.504	2.821
5	1.672	1.749	19	2.532	2.854
6	1.822	1.944	20	2.557	2.884
7	1.938	2.097	21	2.580	2.912
8	2.032	2.221	22	2.603	2.939
9	2.110	2.323	23	2.624	2.963
10	2.176	2.410	24	2.644	2.987
11	2.234	2.485	25	2.663	3.009
12	2.285	2.550	30	2.745	3.103
13	2.331	2.607	35	2.811	3.178
14	2.371	2.659	40	2.866	3.240
15	2.409	2.705	45	2.914	3.292
16	2.443	2.747	50	2.956	3.336

【例3】 对某量进行了15次等精度测量(同样测量条件)，测量数据见表7.3，试用拉依达准则和格罗布斯准则判定该组测量数据中是否存在粗大误差（$p=95\%$）。

表7.3 测量数据

28.39	28.42	28.43	28.43	28.40
28.39	28.41	28.40	28.42	28.42
28.40	28.43	28.30	28.39	28.43

解：测量列平均值为

$$\bar{x} = \frac{1}{n}\sum_{i=1}^{15} x_i = 28.404$$

测量列标准偏差为

$$S_x = \sqrt{\frac{1}{n-1}\sum_{i=1}^{n} v_i^2} = 0.033$$

最大数据：$x_{\max}=28.43$，最大数据的残差

$$|v_{\max}| = |28.43-28.404| = 0.026$$

最小数据：$x_{\min}=28.30$，最小数据的残差

$$|v_{\min}| = |28.30-28.404| = 0.104$$

(1)用拉依达准则判定

$$3S_x = 3 \times 0.033 = 0.099 < |U_{min}| = 0.104$$

因此可以判定，数据 28.30 是坏值，应当剔除。

(2) 用格罗布斯准则判定

已知 $n = 15$，$a = 1 - 0.95 = 0.05$，查表 7.1 得 $T(15, 0.05) = 2.41$，则

$$\Phi(n) = T(15, 0.05) \times S_x = 0.079\ 5$$

显然 $|v_{min}| = 0.104 > \Phi(n) = 0.079\ 5$，因此 28.30 应予剔除。

但应注意，剔除粗大误差每次只能剔除一个数据，剔除数据后，应重新计算出测量数据的平均值和标准偏差，再按上述步骤检验，直到粗大误差全部剔除为止。

7.5　测量结果误差的估计

测量结果的误差是衡量测量准确度高低的重要参数，也是评价测量结果参考价值的主要依据，因此，在给出测量结果的同时一般应给出测量结果的误差范围。本节给出测量结果误差估计的基本概念。

7.5.1　表征测量结果质量的指标

1. 测量的准确度

测量结果与被测量真值之间的一致程度，被称为测量的准确度，在工程领域也称为"精度"。准确度是精密度与正确度的综合。一般测量精密度指的是重复测量所得各测量值的离散程度，反映的是随机误差的大小；而正确度指的是测量值偏离真值的程度，反映了系统误差的大小。但由于准确度的概念涉及真值，难以量化表示，所以一般准确度只能用于对测量结果作定性描述。

2. 测量的不确定度

测量的不确定度表示对被测量真值不能肯定的误差范围的一种评定。或者说它是测量值不能肯定的程度，是测量结果所应有的指标。只有知道了测量结果的不确定度，才知道此测量结果可信赖程度。不确定度越小，测量结果的可信度越高，使用价值越高。用估算的标准（偏）差给出的测量不确定度称为标准不确定度。如果用统计学方法计算得到的，则称为 A 类标准不确定度；如果用不同于统计学的其他方法得到的，则称为 B 类标准不确定度。

7.5.2　直接测量结果的表达及误差估计

1. 测量结果的表达方式

以往测量结果表达式常采用如下形式，即

$$x_0 = \bar{x} \pm \delta_{max} \tag{7.31}$$

其中 δ_{max} 为极限误差，其意义为误差不超过此界限。严格讲，δ_{max} 不是误差而是误差临界值，$\pm \delta_{max}$ 是误差不得超过的范围。从概率统计学看，规定任一个界限，必定有一定的被超出的概率。以往为了防止误差超出此界限，往往加大 δ_{max}，以至于达到不合理的地步，致使无法说明测量精度，所以，已基本不被采用。

后来，人们将区间估计原理应用于测量结果的表达，同时表明测量结果的准确度和置信

度。其表达式如下,即

$$x_0 = \bar{x} \pm TS_{\bar{x}} \tag{7.32}$$

式中,T 为相应于置信概率 P 及测量次数 n 的鉴别系数,测量误差为 t 分布时,可由表 7.2 查出。$TS_{\bar{x}}$ 表示测量结果的准确度,而置信概率 P 表示置信度,在这种表达方式中,两者必须同时给出。

所选用的置信概率因行业而异,通常物理学中采用 0.682 6;生物学中采用 0.99;而工业技术中采用 0.95。

从理论上讲,这种表达方式是合理的。这样的测量结果表达式能同时说明准确度和置信概率,其意义也是明确的。很明显,$TS_{\bar{x}}$ 越小而 p 又越大,则表明测量结果既精确又可信。但是这种表达方式却与测量数据所服从的概率分布密切相关,其解释受到所服从的概率分布的限制。近年来,国际上越来越多采用下述方式表达测量结果

$$测量结果 = 样本平均值 \pm 标准不确定度 \tag{7.33}$$

关于各种情况下不确定度的评定下面将详细给出。在直接测量的情况下,不确定度可用被测量的最佳估计值 $\bar{x}$ 的标准差 $S_{\bar{x}}$ 来表征,这样,测量结果可表达为

$$x = \bar{x} \pm S_{\bar{x}} = \bar{x} \pm S_x / \sqrt{n} \tag{7.34}$$

这就是近年来国内外推行的测量结果表达方式。从式(7.34)可以看到,测量结果的表达式只与实验标准偏差 $S_{\bar{x}}$、测量次数 n 有关,并且对所有的分布都是适用的,很是方便。

2. A 类不确定度的评定

A 类不确定度适用于多次测量的误差评定。所谓 A 类不确定度,其定义为当某一变量 x_i 是由 n 次重复测量的算术平均值 $\bar{x}_i$,作为其估计值而参与测量结果的计算,则该独立变量 x_i 的标准不确定度为算术平均值 $\bar{x}_i$ 的标准差,即

$$u_A(x_i) = S_{\bar{x}_i} = \sqrt{\frac{\sum_{j=1}^{n}(x_{ij} - \bar{x}_i)^2}{n(n-1)}} \tag{7.35}$$

式中,x_{ij} 表示 x_i 的第 j 次测量值。

3. B 类不确定度的评定

B 类不确定度适用于单次测量的误差评定。工程测量一般多为单次测量,测量的不确定度主要来自 B 类不确定度。B 类不确定度是用非统计方法得到的不确定度信息,主要包括:以前的测量数据;对有关技术资料和仪器特性的了解和经验;生产部门提供的技术说明文件;校准、检定证书或其他文件提供的数据、准确度等级或级别;手册或某些资料给出的参考数据及其不确定度,即测量误差由仪表精度决定。

B 类标准不确定度是根据不同的信息来源,按照一定的换算关系进行评定的。对于资料给定的误差,可将其假定为服从均匀分布的随机误差。如果给出的是仪器的引用误差 a,可将其视为服从 $X \sim U(-a, +a)$ 的均匀分布,则其标准差为 $\sigma = \sigma/\sqrt{3}$;对于给出的是最大误差与最小误差,其误差大小的估计为 $a = (最大误差 - 最小误差)/2$,可将其视为服从 $X \sim U(a_-, a_+)$ 的均匀分布,则其标准差为 $\sigma = a/\sqrt{12}$。也就是把误差 a 除以 $\sqrt{3}$ 或 $\sqrt{12}$,然后用其结果作为不确定度的估计值。

例如,传感器技术说明书一般都会给出下列技术指标:非线性、迟滞、重复性和各种环境变化引起的误差。这种误差分布估计为均匀分布较为合理。对于这类仪器,一般给出的是引用误差 a,若用 $u_B(x_i)$ 表示 x_i 的 B 类不确定度,则

$$u_B(x_i) = a/\sqrt{3} \qquad\qquad (7.36)$$

又如,数字电路测量不确定度主要来自 A/D 转换器的误差。A/D 转换器一般给出分辨率为 δ_x,即给出最小误差 $-\delta_x/2$ 及最大误差 $+\delta_x/2$,此时,B 类不确定度为

$$u_B(x_i) = \delta_x/\sqrt{12} \qquad\qquad (7.37)$$

7.5.3 间接测量结果的误差估计

间接测量结果是由若干个直接测量结果计算得出的,因而其结果应该是合成结果。所谓"合成"有两方面的含义,一是由直接测量的估计值求出间接测量量的估计值,二是将直接测量结果的误差合成为间接测量量的误差。

1. 间接测量量的估计值

如果间接测量量为

$$y = f(x_1, x_2, \cdots, x_n) \qquad\qquad (7.38)$$

即 y 是 n 个直接测量量 $x_i(i=1,2,\cdots,n)$ 的单值函数,直接测量量的最佳估计值是其算术平均值 $\bar{x}_i$,则间接测量量的最佳估计值为

$$\bar{y} = f(\bar{x}_1, \bar{x}_2, \cdots, \bar{x}_n) \qquad\qquad (7.39)$$

2. 误差合成一般公式

误差合成的基本思路是:首先应该从已知的函数式 $y=f(x_1, x_2, \cdots, x_n)$ 确定误差,其次还要从专业知识着手,找出已知函数中没有得到反映,而在实际测量中又起作用的各独立误差因素,因此,总误差为

$$\Delta y = \sum_{i=1}^{n} \Delta y_{x_i} + \sum_{k=1}^{n} \Delta y_{n+k} \qquad\qquad (7.40)$$

式中　$\Delta y_{x_{n+k}}$ ——与函数无关的误差因素分量,它的确定主要靠对测量系统的了解;

　　　Δy_{x_i} ——已知函数的变量 x_i 引起的误差分量,下面将介绍如何确定它。

设被测量有式(7.38)的函数关系,令 $\Delta x_1, \Delta x_2, \cdots, \Delta x_n$ 分别为 $x_1, x_2, \cdots, x_n$ 的测量绝对误差。由于误差值相对于被测量值总是较小的,可把 Δx_i 看作是 x_i 的微小变化量,由泰勒级数展开定理,并略去高阶小量,可知 y 的绝对误差可以近似为

$$\Delta y = \frac{\partial f}{\partial x_1}\Delta x_1 + \frac{\partial f}{\partial x_2}\Delta x_2 + \cdots + \frac{\partial f}{\partial x_n}\Delta x_n = \sum_{i=1}^{n} \frac{\partial f}{\partial x_i}\Delta x_i \qquad\qquad (7.41)$$

其中偏导数 $\dfrac{\partial f}{\partial x_i}$ 称作误差的传播系数,常用 c_i 表示,即

$$c_i = \frac{\partial f}{\partial x_i} \qquad\qquad (7.42)$$

同理,y 的相对误差 γ_y 可以表示为

$$r_y = \frac{\Delta y}{y} = \frac{1}{y}\sum_{i=1}^{n} \frac{\partial f}{\partial x_i}\Delta x_i = \sum_{i=1}^{n} \frac{\partial \ln f}{\partial x_i}\Delta x_i \qquad\qquad (7.43)$$

式(7.41)与式(7.43)为一般形式的表达式。当函数 f 为和、差、积、商、指数等具体形式的表达式时,可方便地由它们得出绝对误差与相对误差。正如前面已指出,测量误差常用测量标准差来表示。对于第 i 个直接测量量 x_i 的最佳估计值 $\bar{x}_i$,其标准偏差为 $S_{\bar{x}_i}$,假设被测量 y 与各直接测量量的关系满足式(7.38),y 的最佳估计值 $\bar{y}$ 由式(7.39)给出,则 $\bar{y}$ 的标准偏差 $S_{\bar{y}}$ 为

$$S_{\bar{y}} = \sqrt{\sum_{i=1}^{n} \left(\frac{\partial f}{\partial x_i} \right)^2 S_{\bar{x}_i}^2} = \sqrt{\sum_{i=1}^{n} c_i^2 S_{\bar{x}_i}^2} \tag{7.44}$$

这种方法是基于对大量的试验结果的分析而提出的,属于一种经验公式。特别应该指出的是,从式(7.44)可以看出,计算误差 $S_{\bar{y}}$ 依赖于各项独立测量量的误差的平方而变化,这意味着如果其中有一个测量值的误差远大于其他测量值,则合成误差主要受此大误差所支配,而其他误差可以忽略。这一特点有两个用途:①实验之前确定起主要作用的最大误差项,可帮助正确设计实验,选择仪表,即指明提高测量精度的方向;②对一些误差较小项的测量精度不必追求太高,甚至可适当选择低精度仪表,减少实验投资。

注意,如果测量结果是由许多独立的误差因素引起的,则它们之间并没有确定的函数关系,式(7.41)~式(7.44)也适应,只不过其中的误差传递系数等于 1。

3. 合成标准不确定度的评定

如前所述,测量误差应该是测量过程中所有因素及环节引起误差的综合结果,确定总误差时的原则是"不能漏项,也不能重复计算"。因此,合成标准不确定度指的是测量结果的若干个 A 类和 B 类标准不确定度分量联合影响测量结果的一个最终的完整的标准不确定度。它代表整体,而 A 类和 B 类只代表局部。假设有 $n+m$ 项的不确定度要综合成合成标准不确定度,其中 n 项为 A 类不确定度,m 项为 B 类不确定度,则合成不确定度为

$$u_c(y) = \sqrt{\sum_{i=1}^{n} \left[c_i u_A(x_i) \right]^2 + \sum_{j=1}^{m} \left[c_j u_B(x_j) \right]^2} \tag{7.45}$$

式中,c_i 与 c_j 分别为变量 x_i 的 A 类标准不确定度的误差传递系数以及变量类标准不确定度的误差传递系数。

式(7.45)中的 n 个 $u_A(x_i)$ 以及 m 个 $u_B(x_j)$ 不仅包含了已知函数的变量 x_i 及 x_j 的 A 类和 B 类标准不确定度,也应包含与已知函数无关的独立误差因素的 A 类和 B 类标准不确定度分量。

为了便于记忆,不必区分不确定度的类别和来源,式(7.45)可以写

$$u_c(y) = \sqrt{\sum_{i=1}^{n} \left[c_i u(x_i) \right]^2} \tag{7.46}$$

也可以用相对标准不确定度合成,计算公式为

$$u_{rc}(y) = \sqrt{\sum_{i=1}^{N} \left[c_{ri} u_r(x_i) \right]^2} \tag{7.47}$$

式(7.44)与式(7.45)中,$u(x_i)$ 与 $u_r(x_i)$ 是函数变量 x_i 的绝对标准不确定度及相对标准不确定度。

例如,影响传感器精度的技术指标有非线性、迟滞、重复性和环境影响,当各影响量引起的不确定度分量 u_L、u_H、u_r、u_0 已知时,传感器的合成标准不确定度为

$$u_{SEN} = \sqrt{u_L^2 + u_H^2 + u_r^2 + u_0^2} \tag{7.48}$$

当间接测量量具有 $y = cx_1^{p_1} \cdot cx_2^{p_2} \cdot \cdots \cdot cx_m^{p_m}$ 形式时,合成方差用相对不确定度计算较为方便,即 $u_{rc}(y) = \sqrt{\sum_{i=1}^{m} [p_i u_r(x_i)]^2}$,式中脚标"r"表示相对不确定度。

可以看出,函数 y 的合成标准不确定度等于各局部的标准不确定度分量平方和的正的算术平方根。这种合成方法称为几何合成法,它的出发点是考虑了误差分量之间相互抵消的可能性,在误差分量项数较多时比较切合实际。但当误差分量项数较小(一般 $n \leqslant 3$)时,分量之间出现相互抵消的概率较小,此时应从最不利情况考虑,采用绝对值合成比较妥当,即

$$u_c(y) = \sum_{i=1}^{N} |c_i u(x_i)| \tag{7.49}$$

$$u_{rc}(y) = \sum_{i=1}^{N} |c_{ri} u_r(x_i)| \tag{7.50}$$

同理,若间接测量量具有 $y = cx_1^{p_1} \cdot x_2^{p_2} \cdot \cdots \cdot x_m^{p_m}$ 的形式时,式(7.50)中的 c_{ri} 用 p_i 代入。

【例4】 某晶体管毫伏表的技术指标如下:

(1)基本误差(引用误差)$r_m \leqslant \pm 2.5\%$;

(2)以 20 ℃ 为参考的温度误差,$r_t \leqslant \pm 0.1\%/℃$;

(3)在 50 Hz~100 kHz 范围内,频率附加误差 $r_f \leqslant \pm 2.5\%$;

(4)电源电压220 V 变化范围 $\pm 10\%$ 时附加误差 $r_n \leqslant \pm 2\%$;

(5)每更换一只晶体管附加误差 $r_m \leqslant \pm 1\%$。

现在已知该表已更换过一只晶体管,用其 10 V 量限测量 30 kHz 的正弦电压,读数(有效值)为 7.56 V,供电电源电压为 210 V,室温为 30 ℃,试求其合成标准不确定度。

解:由于仪器技术指标只给出了各分项误差的极限误差,对其分布未做说明,这种场合按均匀分布处理比较合理,即将误差除以 $\sqrt{3}$。于是可得标准不确定度分量如下:

(1)基本误差引起的分量:$u_{B1} = 2.5\% \times 10/\sqrt{3} = 0.144$ V;

(2)温度附加误差引起的分量:$u_{B2} = 0.1\% \times (30-20) \times 7.65/\sqrt{3} = 0.044$ V;

(3)频率附加误差引起的分量:$u_{B3} = 2.5\% \times 7.65/\sqrt{3} = 0.11$ V;

(4)电源电压附加误差引起的分量:$u_{B4} = 2.0\% \times 7.65/\sqrt{3} = 0.088$ V;

(5)更换晶体管附加误差引起的分量:$u_{B5} = 1.0\% \times 7.65/\sqrt{3} = 0.044$ V。

上述五项标准不确定度分量均属于与测量结果无直接函数关系但又影响测量结果的独立误差因素,故误差传递因子均为1。于是,合成标准不确定度为

$$u_c(u_{Bi}) = \sqrt{\sum_{i=1}^{5} (u_{Bi})^2}$$

$$= \sqrt{0.144^2 + 0.044^2 + 0.11^2 + 0.088^2 + 0.044^2} \approx 0.21$$

7.6　误差分配与测量方案的选择

7.6.1　误差分配

　　误差分配是误差合成的逆问题,即在总误差给定的前提下,确定出各分项误差,它在测量方案确定、测量系统设计中具有重要的意义。从原则上讲,误差分配的解有无穷多个,所以在实际测量中,只能在某些假设前提下,确定出其中近似的可操作的一个解。

　　误差分配的步骤是,首先根据不同的假设对误差进行预分配,其次按照实际可能(现有技术水平、工艺设备、实验环境、操作难易程度、经济效益等)对预分配方案进行调整,最后按照误差合成理论对分配方案进行校核。

　　误差预分配的常用方法有自变量误差相等法、误差分量相等法、优势误差加权分配法等。前两种方法比较容易理解,称为等误差原则。第三种方法主要是针对函数 y 的各自变量的误差分量中,若有一项或多项误差占有优势,或者受测试技术发展的限制,某些物理量的测试准确度还比较低,则在误差分配时应着重考虑这些优势误差项的影响,即加权分配。目的是把总误差的较大份额分配给优势误差项,而较小份额分配给其他误差项。

7.6.2　测量方案的选择

　　针对一个具体的测量问题,在测量方案和测量仪器的选择上,应以不确定度传播规律作为指导,在给定测量合成不确定度的基础上,根据不确定度传播规律,对各直接测量量的测量方案和仪器选用综合平衡,从中选择最佳方案,进而将适当的测量不确定度分配给直接测量量。在设计测量方案时,当 $u(x_i)$ 很小时,可以考虑将其忽略,这样一方面可在基本不影响测量精度的前提下减小误差计算的工作量;另一方面忽略较小的 $u(x_i)$ 项,即可将较大的不确定度分配给难测量的直接测量量,从而降低它们的测量难度。一般情况,当一个直接测量量 x_i 的 $u(x_i) < 1/3u_c(y)$ 时,即可忽略。

　　测量方案的选择就是在一定条件下,选择测量准确度最高、测量误差最小或不确定度最小的方案。

　　【例5】　现有量程为 $u_m = 300$ V,准确度等级为 0.5 级的交流电压表一只,量程 $I_m = 10$ A,准确度等级为 0.5 级的交流电流表一只,准确度等级为 0.2 级的单臂电桥一台,欲测额定电压220 V,额定功率 1 kW 的某电阻 R 的消耗功率,试确定最佳测量方案。

　　解:根据给定的测量条件,可选择以下三种测量方法。

　　(1)由 $P = IU$,测 R 上的电流和电压,计算 P。

　　(2)由 $P = I^2R$,测 R 上的电流和 R 阻值,计算 P。

　　(3)由 $P = U^2/R$,测 R 上电压和 R 阻值,计算 P。

　　直接测量量的误差估计

$$\gamma_U = \pm 300/220 \times 0.5\% = \pm 0.68\%$$

$$\gamma_I = \pm 10/(1\ 000/220) \times 0.5\% = \pm 1.1\%$$

$$\gamma_R = \pm 0.2\%$$

思考与练习

1. 简述误差的来源。

2. 简述误差的种类有哪些,以及各自的特点。

3. 简述误差的表达方式有哪些以及各自的特点。

4. 简述误差消除的方法和各自特点。

5. 置信系数的意义是什么? 它与什么有关?

6. 测量误差与测量不确定度有何区别?

7. 现有一测量系统,对某量只测了一次,能否确定其标准偏差大小? 若该量只允许测量一次,要确定测量结果的标准偏差,应怎么办?

8. 对某长度测量的数据如下:

n/次	1	2	3	4	5	6	7
L/cm	25.3	25.2	24.9	25.0	25.1	24.7	24.8

(1)求测量结果长度及标准偏差(概率95%);

(2)第5次测量的长度及标准偏差(概率95%)。

9. 经测量某物体质量数据如下,试比较用各种方法计算所得标准偏差大小。

n/次	1	2	3	4	5	6	7	8	9	10
W/kg	67.95	67.30	67.60	67.87	67.88	67.60	68.00	67.90	67.92	67.60

10. 为测量功率,实际测量的是电压 U 和电阻 R,功率按公式 $P=U^2/R$ 计算而得。若所测电压和电阻数据如下,求功率 P 及其标准偏差(概率99%)。

n/次	1	2	3	4	5
U/V	98	101	100	99	102
R/Ω	10	9.9	10.2	9.8	10.1

11. 两个变量 x、y 的测量数据如下表所列,试求 x、y 关系曲线的方程式。

x_i	27	13	7	3.5	2.2	1.4	0.9
y_i	3.5	7.3	14.1	30.2	50.2	81.6	125.2

12. 请将下列测量结果中的绝对误差改写为相对误差。

①1.018 254 4 V±7.8 μV;

②(25.048 94±0.000 03)g;

③(5.482±0.026)g/cm²。

13. 为什么选用电表时,不但要考虑它的准确度,而且要考虑它的量程? 为什么使用电表时应尽可能在电表量程上限的三分之二以上使用？用量程为 150 V 的 0.5 级电压表和量程为 30 V 的 1.5 级电压表分别测量 25 V、30 V 电压,请问哪一个测量准确度高？

14. 如何表达测量结果？对某量进行 8 次测量,测得值分别为:

802.40、802.50、802.38、802.48、802.42、802.46、802.45、802.43,求测量结果。

15. 用米尺逐段丈量一段 10 mm 的距离,设丈量 1 m 距离的标准差为 0.2 mm。如何表示此项间接测量的函数式？求测此 10 m 距离的标准差。

16. 直圆柱体的直径及高的相对标准差均为 0.5%,求其体积的相对标准差为多少？

第8章
虚拟仪器及LabVIEW技术

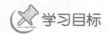 学习目标

1. 了解虚拟仪器的种类、结构、功能、特点；
2. 了解虚拟仪器软件 LabVIEW 的应用程序的构成、功能、操作过程。

虚拟仪器在原有的高性能模块化硬件基础上，通过增加配套软件来完成测试，不但简化了硬件结构、减小了装置的体积、降低了制造成本和能量消耗，还大大提高了测量速度和精度。通过仪器的局部插件和软件的灵活变换，丰富了设备测量的种类和分析的方法，极大地提高了测量的水平。计算机辅助技术和仪器仪表技术的密切结合使测试技术得到了质的飞跃，是当前仪器发展的一个重要方向。

同样，我们在工作、生活中，也要学会解放自己的思想，不固守成规，敢于尝试用新的方法去解决问题。勤思考、多总结，反复尝试，不怕失败，百折不挠。只有这样，才能更好地解决问题，与此同时也提高了自己的思想和工作能力。

8.1 虚拟仪器概述

虚拟仪器（VI：virtual instrument）是基于计算机软件仿真的一种没有实体的仪器。VI 利用高性能的模块化硬件，结合高效灵活的软件来完成各种测试、测量和自动化的应用。计算机辅助技术和仪器仪表技术的密切结合是当前仪器发展的一个重要方向。这种结合主要有两种方式，一种是将计算机装入仪器，其典型的例子就是所谓智能化的仪器。随着计算机功能的日益强大以及其体积的日趋缩小，这类仪器功能也越来越强大，特别是目前已经出现含嵌入式系统的仪器，其小型化和智能化方面令人印象深刻。另一种方式是将仪器装入计算机。以通用的计算机硬件及操作系统为依托，用各种数据接口卡做桥梁，实现各种仪器功能。虚拟仪器主要是指这种通过计算机软件形式完成测试仪器功能的方式。

虚拟仪器的起源可以追溯到 20 世纪 70 年代，那时计算机测控系统在国防、航天等领域已经有了相当的发展。在 PC 出现以后，测试测量仪器的计算机化成为可能，甚至在 Microsoft 公司的 Windows 诞生之前，NI 公司已经在 Macintosh 计算机上推出了 LabVIEW2.0 以前的版本。

对虚拟仪器和 LabVIEW 长期、系统、有效的研究开发使得该公司成为业界公认的权威。普通的 PC 有一些不可避免的弱点,用它构建的虚拟仪器或计算机测试系统其性能不可能太高。目前,作为计算机化仪器的一个重要发展方向就是制定了 VXI 总线标准,这是一种插卡式的仪器,采用 VXI 总线技术与计算机相连。VXIbus(VME eXtension for Instruments)规范是一个开放的体系结构标准,是 VME 总线在 VI 领域的扩展,它具有稳定的电源,强有力的冷却能力和严格的 RFI/EMI 屏蔽。其主要目标是使 VXIbus 器件之间、VXIbus 器件与其他标准的器件(如计算机)之间能够以明确的方式开放地通信,这样可使系统体积更小,而且吞吐带宽比较高,为开发者提供高性能的测试设备。采用这种通用接口来实现相似的仪器功能,使系统集成软件成本进一步降低。使用这种技术的每一种仪器是一个独立的插卡,为了保证仪器的性能,每个卡上都可以采用较多的硬件,但这些卡式仪器本身都没有面板,其面板仍然用虚拟的方式在计算机屏幕上出现。这些卡插入标准的 VXI 机箱,再与计算机相连,就组成了一个测试系统。由于 VXI 仪器价格相对仍然有点昂贵,所以又推出了一种较为便宜的 PXI 标准仪器。VXI 于 1987 年问世,PXI 于 1997 年问世。

在虚拟仪器的发展过程中产生了两种方式,第一种是 GPIB→VXI→PXI 总线方式(适合大型高精度集成系统)。GPIB 也称 HPIB 或 IEEE488 总线,最初是由 HP 公司开发的仪器总线,该技术于 1978 年问世,GPIB 总线以其良好的通用性、兼容性、灵活性和高速的数据传输能力使其广泛运用于各个领域的现代电子测控仪器、仪表中,与 GPIB 总线相关的软硬件设备,已经相当成熟和完备。在 LabVIEW 等图形化开发软件中可以极其方便、快速地开发 GPIB 仪器的应用程序。第二种是基于 PC 插卡→并口式→串口 USB 方式(适合于普及型的廉价系统,有广阔的应用发展前景),PC 插卡式于 20 世纪 80 年代初问世,并行口方式于 1995 年问世,串口 USB 方式于 1999 年问世。综上所述,虚拟仪器的发展取决于三个重要因素。①计算机为载体;②软件是核心;③高质量的 A/D 采集卡及调理装置是关键。

虚拟仪器和传统仪器的比较如下。

虚拟仪器技术就是由用户定义的基于 PC 载体的软件测试技术方案,而传统仪器则功能固定且由厂商定义。传统仪器和基于软件的虚拟仪器虽然在功能上具有许多相同的结构组件,但是在体系结构原理上完全不同,相比起来,虚拟仪器有五大优势:

①性价比高。虚拟仪器技术是在 PC 技术的基础上发展起来的,所以完全"继承"了以现成即用的 PC 技术为主导的商业技术的优点,包括功能超卓的处理器和文件 I/O 和互联网络,使数据高速导入磁盘的同时就能实时地进行复杂的分析与数据存储与共享。

②扩展性强。虚拟仪器采用 PC 进行测试分析,不再圈囿于当前的技术中,主要得益于软件的灵活性,只需更新计算机或测量接口电路板,就能把它们集成到现有的测量设备,可以用较低的成本和较快的速度提前产品上市的时间。

③开发时间少。在驱动和应用两个层面上,高效的软件构架能与计算机、仪器仪表和通信方面的最新技术结合在一起。虚拟仪器这一软件构架的初衷就是为了方便用户的操作,同时还提供了灵活性和强大的功能,用户可轻松地配置、创建、发布、维护和修改高性能、低成本的

测量和控制解决方案。

④集成度高。虚拟仪器技术从本质上说是一个集成的软硬件概念。虚拟仪器软件平台可为所有的 I/O 设备提供标准的接口,例如数据采集、视觉、运动和分布式 I/O 等等,帮助用户轻松地将多个测量设备集成到单个系统,减少了任务的复杂性。

⑤灵活性强。虚拟仪器概念的提出是针对传统仪器而言的,它们之间的最大区别是:虚拟仪器提供了完成测量或控制任务所需的所有软件和硬件设备,而功能由用户定义。传统仪器则功能固定且由厂商定义,把所有软件和测量电路封装在一起,利用仪器前面板为用户提供一组有限的功能。而虚拟仪器则非常灵活,使用高效且功能强大的软件来自定义采集、分析、存储、共享和显示功能。

表 8.1 为虚拟仪器与传统仪器的比较。

表 8.1 虚拟仪器与传统仪器的比较

虚拟仪器	传统仪器
开发和维护费用低	开发和维护费用高
技术更新周期短(0.5~1 年)	技术更新周期长(5~10 年)
软件是关键	硬件是关键
价格低	价格昂贵
开放灵活与计算机同步,可重复用和重配置	固定
可用网络联络周边各仪器	只可连有限的设备
自动、智能化、远距离传输	功能单一,操作不便

由于虚拟仪器的诸多优势,虚拟仪器技术应用领域非常广泛,包括航天航空、军工、核工业、铁路交通、电子测量、通信测试、机械工程、振动分析、声学分析、教学及科研等等。

8.2 虚拟仪器的分类

虚拟仪器的发展随着计算机的发展和采用总线方式的不同,大致可分为七种类型。

1. PC 总线——插卡型虚拟仪器

这种方式借助于插入计算机内的板卡(数据采集卡、图像采集卡等)与专用的软件,如 LabVIEW、LabWindows/CVI,或通用编程工具 Visual C++和 Visual Basic 等相结合,它可以充分利用 PC 或工控机内的总线、机箱、电源及软件的便利。但是该类虚拟仪器受普通 PC 机箱结构和总线类型限制,并且有电源功率不足,还有机箱内部的噪声电平较高,插槽数目较少,插槽尺寸小,机箱内无屏蔽等缺点。该类虚拟仪器曾有 ISA、PCI 和 PCMCIA 总线等,但目前 ISA 总线的虚拟仪器已经基本淘汰,PCMCIA 结构连接强度太弱的限制影响了它的工程应用,而 PCI 总线的虚拟仪器广为应用。

2. 并行口式虚拟仪器

该类型的虚拟仪器是一系列可连接到计算机并行口的测试装置,它们把仪器硬件集成在一个采集盒内。仪器软件装在计算机上,通常可以完成各种测量测试仪器的功能,可以组成数字存储示波器、频谱分析仪、逻辑分析仪、任意波形发生器、频率计、数字万用表、功率计、程控稳压电源、数据记录仪、数据采集器。它们的最大好处是可以与笔记本计算机相连,方便户外作业,又可与台式 PC 相连,实现台式和便携式两用,非常灵活。由于其价格低廉、用途广泛,适合于研发部门和各种教学实验室应用。

3. GPIB 总线方式的虚拟仪器

该类虚拟仪器是虚拟仪器早期的发展阶段,也是虚拟仪器与传统仪器结合的典型例子。它的出现使电子测量从独立的单台手工操作向大规模自动测试系统发展。典型的 GPIB 测试系统由一台 PC、一块 GPIB 接口卡和若干台 GPIB 总线仪器通过 GPIB 电缆连接而成。一块 GPIB 接口可连接 14 台仪器,电缆长度可达 40 m。利用 GPIB 技术实现计算机对仪器的操作和控制,替代传统的人工操作方式,可以很方便地把多台仪器组合起来,形成自动测量系统。GPIB 测量系统的结构和命令简单,主要应用于控制高性能专用台式仪器,适合于精确度要求高,但不要求计算机高速传输的应用场合。

4. VXI 总线方式虚拟仪器

VXI 总线由于它的标准开放、结构紧凑、数据吞吐能力强、定时和同步精确、模块可重复利用、众多仪器厂家支持的优点,很快得到广泛的应用。经过多年的发展,VXI 系统的组建和使用越来越方便,尤其是组建大、中规模自动测量系统以及对速度、精度要求高的场合,有其他仪器无法比拟的优势。然而,组建 VXI 总线要求有机箱、零槽管理器及嵌入式控制器,造价比较高。目前这种类型也有逐渐退出市场的趋势。

5. PXI 总线方式虚拟仪器

PXI(PCI eXtension for Instruments)总线方式是指在 PCI 总线内核技术基础上增加了成熟的技术规范和要求形成的。包括多板同步触发总线的技术,增加了用于相邻模块的高速通信的局域总线。PXI 具有高度可扩展性,PXI 具有多个扩展槽,通过使用 PCI-PCI 桥接器,可扩展到 256 个扩展槽,对于多机箱系统,现在则可利用 MXI 接口进行连接,将 PCI 总线扩展到 200 m 远。而台式机 PCI 系统只有 3~4 个扩展槽,台式 PC 的性能价格比和 PCI 总线面向仪器领域的扩展优势结合起来,将形成未来的虚拟仪器平台。

6. 外挂型串行总线虚拟仪器

这类虚拟仪器是利用 RS-232 总线、USB 和 1394 总线等目前 PC 提供的一些标准总线,可以解决基于 PCI 总线的虚拟仪器在插卡时都需要打开机箱,以及 PCI 插槽有限的问题。同时,测试信号直接进入计算机,各种现场的被测信号对计算机的安全造成很大的威胁。而且,计算机内部的强电磁干扰对被测信号也会造成很大的影响,故外挂式虚拟仪器系统成为廉价型虚拟仪器测试系统的主流。这类虚拟仪器可把采集信号的硬件集成在一个采集盒里或一个探头上,软件装在 PC 上。它们的优点是既可以与笔记本计算机相连,方便户外作业;又可与台式机相连,实现台式和便携式两用。特别是由于传输速度快、可以热插拔、联机使用方便的特点,很有发展前途,将成为未来虚拟仪器有巨大发展前景和广泛市场的主流平台。

7. 网络化虚拟仪器

由于 Internet 已经深入各行各业乃至千家万户,通过 Web 浏览器可以对测试过程进行观

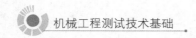

测,可以通过 Internet 操作仪器设备。能够方便地将虚拟仪器组成计算机网络。利用网络技术将分散在不同地理位置不同功能的测试设备联系在一起,使昂贵的硬件设备、软件在网络上得以共享,减少设备重复投资。现在,有关测量与控制网络(MCN:Measurement and Control Networks)方面的标准已经取得了一定进展。

8.3　虚拟仪器软件 LabVIEW

目前在这一领域内,使用较为广泛的计算机语言是美国 NI 公司的 LabVIEW(实验室虚拟仪器工程平台:Laboratory Virtual instrument Engineering)。LabVIEW 是美国 National Instruments(简称 NI)公司一个划时代的图形化编程系统(Graphical Language),应用于数据采集与控制、数据分析,以及数据表达等方面,它提供了一种全新的程序编写方法,对称之为"虚拟仪器"的软件对象进行图形化的组合操作,它内置信号采集、测量分析与数据显示功能,摒弃了传统开发工具的复杂性,在提供强大功能的同时还保证了系统灵活性。LabVIEW 可以利用上千种设备进行数据采集,包括:GPIB、VXI、PXI、串口、PLC 以及插入式数据采集板。可以通过网络、SQL等方式与其他的数据源相连。据独立的市场调查分析,LabVIEW 是科学家和工程师们进行测试系统及检测仪器应用开发的首选工具。

LabVIEW 是一种图形化的编程语言,它广泛地被工业界、学术界和研究实验室所接受,视为一个标准的数据采集和仪器控制软件。LabVIEW 集成了与满足 GPIB、VXI、RS-232 和 RS-485 协议的硬件及数据采集卡通信的全部功能。它还内置了便于应用 TCP/IP、ActiveX 等软件标准的库函数。这是一个功能强大且灵活的软件。利用它可以方便地建立自己的虚拟仪器,其图形化的界面使得编程及使用过程都生动有趣。

LabVIEW 使用图形化的程序语言,又称为"G"语言。使用这种语言编程时,基本上不写程序代码,取而代之的是流程图。它尽可能利用了技术人员、科学家、工程师所熟悉的术语、图标和概念,因此,LabVIEW 是一个面向最终用户的工具。它可以增强构建自己的科学和工程系统的能力,提供了实现仪器编程和数据采集系统的便捷途径。使用它进行原理研究、设计、测试并实现仪器系统时,可以大大提高工作效率。利用 LabVIEW,可产生独立运行的可执行文件,它是一个真正的 32、64 位编译器。像许多重要的软件一样,LabVIEW 也提供了支持 Windows、UNIX、Linux、Macintosh 多种操作系统的版本。

LabVIEW 应用程序构成的虚拟仪器,它包括前面板(front panel)、流程图(block diagram)以及图标/联结器(icon/connector)三部分。

图 8.1 是前面板,即 VI 图形用户界面,也就是 VI 的虚拟仪器面板,这一界面上有用户输入和显示输出两类对象,具体表现有开关、旋钮、图形以及其他控制(control)和显示对象(indicator)。前面板上有两个方框,一个是控制面板(Control Palette)(图 8.2)。

该面板用来给前面板设置各种所需的输出显示对象和输入控制对象。每个图标代表一类子模板。如果该面板没有显示出来,可以用 Windows 菜单的 Show Controls Palette 功能打开它,也可以在前面板的空白处,点击鼠标右键,以弹出控制面板。

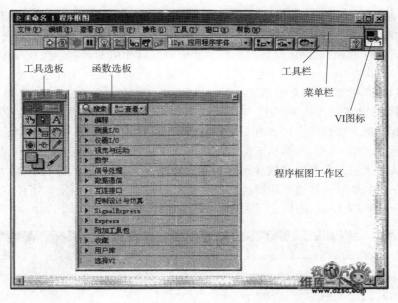

工具选板 函数选板

工具栏

菜单栏

VI图标

程序框图工作区

图8.1 前面板

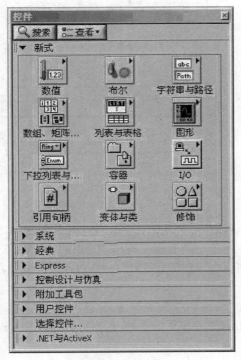

图8.2 控制面板

图8.3 工具面板

　　另一个是工具面板(图 8.3)。该面板提供了各种用于创建、修改和调试 VI 程序的工具。如果该面板没有出现,则可以在 Windows 菜单下选择 Show Tools Palette 命令以显示该面板。当从面板内选择了任一种工具后,鼠标箭头就会变成该工具相应的形状。当从 Windows 菜单下选择了 Show Help Window 功能后,把工具面板内选定的任一种工具光标放在流程图程序的子程序(Sub VI)或图标上,就会显示相应的帮助信息。

　　流程图提供 VI 的图形化源程序。在流程图中对 VI 编程,以控制和操纵定义在前面板上的输入和输出功能。流程图中包括前面板上的控件的连线端子,还有一些前面板上没有,但编程必须有的东西,例如函数、结构和连线等。图 8.4 是一个数据测试流程图。可以看到流程图中包括了前面板上的开关和随机数显示器的连线端子,还有一个随机数发生器的函数及程序的循环结构。随机数发生器通过连线将产生的随机信号送到显示控件,为了使它持续工作下去,设置了一个 While Loop 循环,由开关控制这一循环的结束。

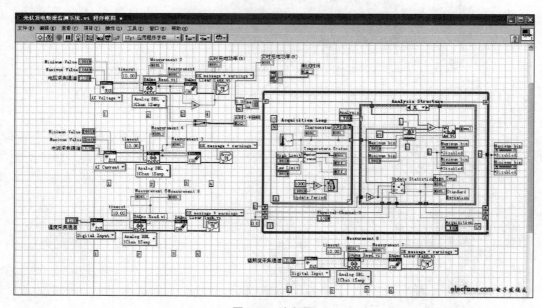

图 8.4　流程图

　　在打开了流程图程序窗口后,出现功能面板。功能面板是创建流程图程序的工具。该面板上的每一个顶层图标都表示一个子面板。若功能面板没有出现,则可以用 Windows 菜单下的 Show Functions Palette 功能打开它,也可以在流程图程序窗口的空白处点击鼠标右键以弹出功能面板(图 8.5)。

　　VI 具有层次化和结构化的特征。一个 VI 可以作为子程序,这里称为子 VI(subVI),可以被其他 VI 调用。而图标与连接器在这里相当于图形化的参数,用户可以通过它们设置一些相关初始化参数或运行参数。

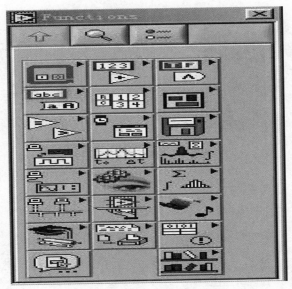

图 8.5 功能面板

8.4 用 LabVIEW 进行测试仪器编程实例

下面的实例是建立一个测量温度和容积的 VI,其中须调用一个仿真测量温度和容积的传感器子 VI。由于任何一个 VI 程序都包括前面板、流程图以及图标/联结器三部分,所以,编 VI 程序的第一步就是在前面板中进行可视化设备对象编程,步骤如下。

①选择 File≫New,打开一个新的前面板窗口。

②从 Controls≫Numeric 中选择 Tank 放到前面板中。

③在标签文本框中输入"容积",然后在前面板中的其他任何位置单击一下。

④把容器显示对象的显示范围设置为 0.0 到 1000.0。

a. 使用文本编辑工具(Text Edit Tool),双击容器坐标的 10.0 标度,使它高亮显示;

b. 在坐标中输入 1000,再在前面板中的其他任何地方单击一下,这时 0.0 到 1000.0 之间的增量将被自动显示。

⑤在容器旁添加数据显示。将鼠标移到容器上,点右键,在出现的快捷菜单中选 Visible Iterms≫Digital Display 即可。

⑥从 Controls≫Numeric 中选择一个温度计,将它放到前面板中。设置其标签为"温度",显示范围为 0 到 100,同时配数字显示,可得到如下的前面板图(图 8.6)。

⑦选择 Windows≫Show Diagram 打开流程图窗口。从功能模板中选择对象,程序流程图如图 8.7 所示。

该流程图中新增的对象有两个乘法器、两个数值常数、一个随机数发生器、一个进程监视器,温度和容积对象是由前面板的设置自动带出来的。

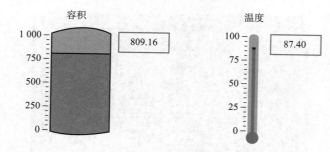

图 8.6   容积和温度显示

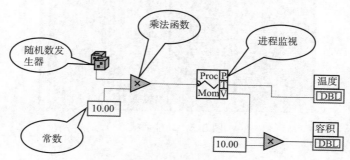

图 8.7   程序流程图

a. 乘法器和随机数发生器由 Functions≫Numeric 中拖出,尽管数值常数也可以这样得到;

b. 进程监视器(Process Monitor)不是一个函数,而是以子 VI 的方式提供的,它存放在 LabVIEW\Activity 目录中,调用它的方法是在 Functions≫Select a VI 下打开 Process Monitor,然后在流程图上点击一下,就可以出现它的图标。

⑧用连线工具将各对象按规定连接。解决①中遗留的创建数值常数对象的问题的另一种方法是在连线时一起完成。具体方法是:用连线工具在某个功能函数或 VI 的连线端子上单击鼠标右键,再从弹出的菜单中选择 Create Constant,就可以创建一个具有正确的数据格式的数值常数对象。

⑨选择 File≫Save,把该 VI 保存在 LabVIEW\Activity 目录中,命名为 Temp&Vol. vi。然后在前面板中,单击 Run(运行)按钮,运行该 VI。注意电压和温度的数值都显示在前面板中。

⑩选择 File≫Close,关闭该 VI。

8.5   程序调试技术

所有的完美程序都需要经过不断地测试与调试,LabVIEW 作为图形化的编程环境,除了可以像文本编程语言那样使用单步、变量窗口等方式外,还提供了更为高效的一系列调试工具,帮助用户在最短的时间内找到程序的 BUG。

1. 找出语法错误

如果一个 VI 程序存在语法错误,则在面板工具条上的运行按钮会变成一个折断的箭头,表示程序不能被执行。这时该按钮被称为错误列表。单击它,则 LabVIEW 弹出错误清单窗口,单击其中任何一个所列出的错误,选用 Find 功能,则出错的对象或端口就会变成高亮。

2. 设置执行程序高亮

在 LabVIEW 的工具条上有一个画着灯泡的按钮,这个按钮称为"高亮执行"按钮。单击这个按钮使它变成高亮形式,再单击运行按钮,VI 程序就以较慢的速度运行,没有被执行的代码灰色显示,执行后的代码高亮显示,并显示数据流线上的数据值。这样,就可以根据数据的流动状态跟踪程序的执行。

3. 断点与单步执行

为了查找程序中的逻辑错误,有时希望流程图程序一个节点一个节点地执行。使用断点工具可以在程序的某一地点中止程序执行,用探针或者单步方式查看数据。使用断点工具时,单击用户希望设置或者清除断点的位置。断点的显示对于节点或者图框表示为红框,对于连线表示为红点。当 VI 程序运行到断点被设置处,程序被暂停在将要执行的节点,以闪烁表示。按下单步执行按钮,闪烁的节点被执行,下一个将要执行的节点变为闪烁,指示它将被执行。用户也可以单击暂停按钮,这样程序将连续执行直到下一个断点。

4. 探针

可用探针工具来查看当流程图程序流经某一根连接线时的数据值。从 Tools 工具模板选择探针工具,再用鼠标左键点击希望放置探针的连接线。这时显示器上会出现一个探针显示窗口。该窗口总是被显示在前面板窗口或流程图窗口的上面。在流程图中使用选择工具或连线工具,在连线上单击鼠标右键,在连线的快捷菜单中选择"探针"命令,同样可以为该连线加上一个探针。

8.6　LabVIEW 测量与控制模块

LabVIEW Real-Time 模块是用于 LabVIEW 开发系统的附加组件,是专业级的软、硬件工具,主要用于开发集成式实时控制解决方案。该软件为特定的实时目标编译和优化 LabVIEW 图形化代码,在用于 Windows 的 LabVIEW 实时(Real-Time)模块中,可以为所有的 NI 实时硬件目标开发和配置应用程序,包括 PXI、Compact FieldPoint、FieldPoint、PCI 插入式板卡以及经认证的桌面计算机。用于这些目标的嵌入式 RTOS 是可以为嵌入式代码提供最大可靠性的单个内核。LabVIEW RT 模块将 LabVIEW 带入了实时测量与控制应用中。这一模块帮助使用者在一台主机上开发 LabVIEW 应用程序,然后将它们下载到一个运行实时操作系统的硬件设备上工作。这是 LabVIEW 的一个新特色,是虚拟仪器和真实设备连接的桥梁。

利用 LabVIEW 的 RT 实时模块与专门的 RT 系列硬件,工程师们可以自定义开发各种嵌入式实时系统。首先,在 LabVIEW 图形化编程环境下迅速开发出应用程序,然后利用 LabVIEW RT 模块将应用程序下载到指定的 RT 系列硬件上运行,即可进行实时测量和控制。包括工业测量与控制、控制设计、实验/研究等,也可用于过程控制、机械振动测量、生产制造、工业检测、环境控制等,对与那些破坏后重建耗资巨大的测试应用中尤为有用,如破坏性测试原型设计、系统需要长时间运行、需用到昂贵资源且工作环境恶劣。

思考与练习

1. 什么是虚拟仪器？它与智能仪表的异、同点分别是什么？

2. 虚拟仪器在发展过程中产生了哪两种方式？叙述一下各自的特点和适用领域。

3. 虚拟仪器的发展取决于哪些重要因素？和传统仪器相比，虚拟仪器有哪些优势？

4. 随着计算机的发展和采用总线方式的不同，大致可分为哪几种类型？

5. LabVIEW 是什么？它具有哪些调试工具？

6. LabVIEW Real-Time 模块和 LabVIEW RT 模块的作用分别是什么？

第9章

智能检测技术

学习目标

1. 了解智能检测技术的特点、结构、功能、发展趋势；
2. 掌握智能传感器及其网络通信技术特点、种类、体系结构；
3. 掌握无线传感网络基本结构、通信方式；
4. 掌握无线智能网络传感器构成、工作机理、存储、低功耗、电源模块的机理、工作模式；
5. 掌握无线网络传感器采用的传输媒体的种类、工作特点；
6. 了解 ZigBee、RFID、蓝牙、Wi-Fi、超宽带等无线网络技术的系统结构、工作模式；
7. 掌握智能网络传感器种类、体系结构、工作特点；
8. 了解多传感器信息融合技术的方法、种类、功能、体系结构、技术特点；
9. 了解多传感信息融合算法的特点、功能。

智能传感器通过在普通传感器内部嵌入微处理芯片，具有将模拟信号转换成数字信号、加工处理原始感知数据等功能，并能通过标准接口与外界（网络）进行数据交换。把传统的传感器个体通过集成化改造、连接到网络，并配以相应的功能软件，使之成为具有集现场检测、智能处理、遥控、无人工厂在线检测的先进技术的重要组成部分。同样，技术、方法随着时代的进步，会不会被淘汰，关键在于如何认清当前的状况，找到自己的位置，适当调整，补充，与周围充分融合，紧跟时代发展的步伐，才能发挥自己的所长，为国家、为社会贡献自己的一份力量，才能真正实现自己的价值。

第一代传感器被称为哑传感器（Dumb Sensor），其功能特征是着重于测量物理参数、无智能、扁平结构。第二代传感器为计算机化传感器（Computerized Sensor）、聪明传感器（Smart Sensor）和智能传感器（Intelligent Sensor），其功能特征更着重于应用、就地处理、分级结构。第三代传感器是网络传感器，其功能特征是更重于目标、动态结构、网络智能。目前，独立智能传感器、传感器网络和多传感器信息融合代表着智能化传感器发展的三个重要类别。

9.1 独立智能传感器

1. 基本功能

随着微电子技术及材料科学的发展,传感器在发展与应用过程中越来越多地与微处理器相结合,不仅具有视觉、触觉、听觉、味觉,还有储存、思维和逻辑判断能力等人工智能。概括而言,其主要功能有:自补偿和计算、自诊断功能、复合敏感功能、强大的通信接口功能、现场学习功能、提供模拟和数字输出、数值处理功能、自校准功能、信息存储和记忆功能、掉电保护功能。

2. 典型结构

智能传感器是通过在普通传感器内部嵌入微处理芯片,具有将模拟信号转换成数字信号、加工处理原始感知数据等功能,并能通过标准接口与外界进行数据交换的一种传感器。智能传感器的原理结构如图9.1所示。敏感元件从被测对象得到模拟信号,经信号调理和A/D转换后送到微处理器进行数据处理,之后通过接口传送到外界。相反,外界也可将测试命令信号送到微处理器中,通过微处理器向敏感元件发送测试指令,进行数据采集。

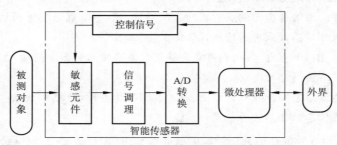

图 9.1 智能传感器的原理结构

智能传感器包括两大部分:基本传感器和信息处理单元。智能传感器的结构有集成式、混合式、模块式三种形式。集成式智能传感是将一个或多个敏感器件与微处理器、信号处理电路集成在同一硅片上,其集成度高且体积小;将传感器和微处理器、信号处理电路制作在不同的芯片上,则构成混合式的智能/聪明传感器(Hybrid Intelligent/Smart Sensor);初级的智能传感器也可以有许多互相独立的模块组成。

随着计算机技术、网络技术和通信技术的迅速发展,智能传感器在新需求的推动下,逐步与网络相结合,出现了网络化的智能传感器-智能网络传感器。

9.2 智能传感器网络

智能传感器网络是使智能传感器的处理单元实现网络通信协议,从而构成一个分布式智能传感器网络系统。在该网络中,是以嵌入式微处理器为核心,集成了传感单元、信号处理单元和网络接口单元,使传感器具备自检、自校、自诊断及网络通信功能,从而实现信息的采集、处理和传输真正统一协调的新型智能传感器。传感器成为一个可存取的节点,在该网络上可以对智能网络传感器数据、信息远程访问和对传感器功能在线编程。

智能网络传感器遵从某种网络通信协议,在测试现场将测得数据发送到网络上,使其能够在一定范围内实时发布和共享。智能网络传感器原理结构如图9.2所示。

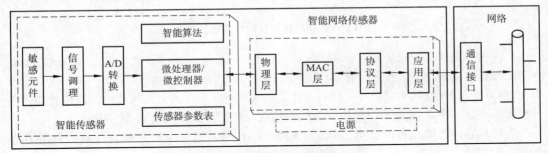

图9.2 智能网络传感器原理结构

智能网络传感器输出的数字信号,由网络处理装置根据通信协议加以封装并附上地址,然后通过网络接口发送上网。反过来,网络处理装置又能接收网络上其他节点的数据和命令,并将其传送给智能传感器,从而实现对它的操作和控制。由此看来,网络化智能传感器是测试网络中一个独立的节点,能够独立地完成测试任务,是实现网络化测试的基础。

智能网络传感器的核心是嵌入式微处理器。嵌入式微处理器具有微体积、微功耗、可靠性高、可抗干扰能力强等特点。带有高速 CMOS Flash/EEPROM,片内可以集成多个通道的 A/D 转换模块。可以实现模拟量与数字量之间的转换,完成信号数据的采集、处理(如数字滤波、非线性补偿、零点漂移与温度补偿、自诊断与自保护等)和数据输出调度(包括数据通信和控制量本地输出)。因此,传感器的线性度和测量精度大大提高。同时,由于传感器已进行了大量的信息预处理,不但减少了测控系统中主控站的负担,而且减少了系统的信息传输量,可以使系统的可靠性和实时性大大提高。

智能网络传感器使传感器由单一功能、单点检测向多功能和多点检测发展,从被动检测向主动进行检测信息处理方向发展,从现场测量向远程实时在线测控发展。网络化使得传感器可以就近接入网络,传感器与测控设备间再无须点对点连接,大大简化了连接线路,节约成本,易于系统维护,也使系统更易于扩展与升级。

智能网络传感器研究的关键技术之一是网络接口技术。智能网络传感器必须符合某种网络协议,使现场测控数据能直接进入网络。根据应用需求和系统现场运行的实际情况,可以采用有线智能网络传感器或无线智能网络传感器。无线智能网络传感器的数据传输可利用电磁波、红外线等无线传播介质。

智能网络传感器实现通常有非集成化、集成化和混合实现3种方式。非集成化智能网络传感器将经典传感器(采用非集成化工艺制作的传感器,仅具有获取信号的功能)、信号调理电路、带数字总线接口的微处理器及网络接口组合为一整体而构成的一个智能网络传感器系统,其框图如图9.3所示。图9.3中的信号调理电路用来调理传感器输出的信号,即将传感器输出信号进行放大并转换为数字信号后送入微处理器,再由微处理器通过数字接口接入现场数字总线或以太网上。

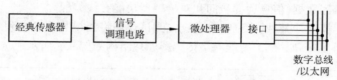

图 9.3　非集成化智能网络传感器框图

集成化智能网络传感器(Integrated Intelligent Networked Sensor)系统是采用微机械加工技术和大规模集成电路工艺技术,利用硅作为基本材料制作敏感元件、信号调理电路、微处理器单元、网络接口电路(网络接口可分离),并把它们集成在一块芯片上而构成的。这种智能网络传感器具有如下特点:微型化、结构一体化、高精度、多功能化、阵列式、全数字化。

若按具有的智能化程度分类,集成化智能网络传感器有中级形式和高级形式两种存在形式。

中级形式是以微处理器单元为核心,组成环节包括敏感单元、信号调理电路、网络接口电路,一个完整的传感器系统全部封装在一个外壳里的形式。它具有完善的智能化网络功能,这些智能化网络功能主要是由强大的软件(包括相关的通信协议)实现的。

高级形式使集成度进一步提高,敏感单元实现多维阵列化时,同时配备了更强大的信息处理软件、具有更高级的智能化功能形式,而且还具有更高级的传感器阵列信息融合功能,或具有成像与图像处理等功能。从而可有效提高网络通信部分的效率及实时性。

由于在一块芯片上实现智能网络传感器,并不总是必需的,所以更实际的途径是混合实现。根据需要与成本,将系统各个集成化环节,如敏感单元、信号调理电路、微处理器单元、数字总线接口、网络接口以不同的组合方式集成在 2 块或 3 块芯片上,并装在一个外壳里。

典型的传感器网络结构如图 9.4 所示,主控计算机通过传感器总线控制器与传感器总线上的多个节点通信,并实现上层监控和决策功能,每个节点包含一个或多个传感器、执行器以及总线接口模块,节点间的通信方式可以是对等的(peer to peer)或主从的(master slave)。

图 9.4　传感器网络结构示意图

如果将网络的概念广义化,可以将智能传感器网络的发展分为三个阶段。

1. 第一代传感器网络

第一代传感器网络是由传统传感器组成的点到点输出的测量系统,采用线制 4~20 mA 电流、1~5 V 电压标准。这种方式在目前工业测控领域中广泛运用。它的最大缺点是布线复杂,抗干扰性差,以后将会被逐渐淘汰。

2. 第二代传感器网络

第二代传感器网络是基于智能传感器的测控网络,信号传输方式和第一代基本相同,但随着现场采集信息量的不断扩大,传感器智能化不断提高,人们逐渐认识到通信技术是智能传感器网络发展的关键因素。其中 RS-232,RS-422,RS-485 等数据通信标准的应用大大促进了智能传感器的应用。

3. 第三代传感器网络

即基于现场总线(Field Bus)和基于以太网的 Internet/Intranet 网络。根据 IEC/ISA 的定义,现场总线是连接智能现场设备和自动化系统的数字式、双向传输、多分支的通信网络。它是用于过程自动化最底层的现场设备以及现场仪表的互联网络,是现场通信网络和控制系统的集成,如国内比较流行的 CAN 总线。

随着计算机、通信、网络等信息技术的发展,信息交换已经渗透到工业生产的各个领域。因此,需要建立包含从工业现场设备层到控制层、管理层等各个层次的综合自动化网络平台。工业控制网络作为一种特殊的网络,直接面向生产过程,因此它通常应满足强实时性、高可靠性、恶劣的工业现场环境适应性、总线供电等特殊要求和特点。除此之外,开放性、分散化和低成本也是工业控制网络重要的特征。

9.2.1 有线传感器网络

目前,有线智能网络传感器主要有基于现场总线的网络化智能传感器和基于以太网的网络化智能传感器两大类。两种传感器技术比较起来,各有特点和适用范围,在应用上还存在着一定的互补性。

基于现场总线的网络化智能传感技术和基于以太网的网络智能传感技术的最大区别在于信号的传输方式和网络通信策略,也体现在后者独特的 TCP/IP(传输控制协议/互联网协议)功能上。

1. 基于现场总线的智能网络传感器技术

现场总线是连接智能现场设备和自动化系统的数字式、双向传输、多分枝结构的通信网,其关键标志是支持全数字通信。它可以把所有的现场设备(仪表、传感器与执行器)与控制器通过一根线缆相连,形成现场设备级、车间级的数字化通信网络,可完成现场状态监测、控制、远传等功能即信息处理的现场化,这也是现场总线不同于其他计算机通信技术的标志。

(1)现场总线类型

在现场总线发展过程中,较为突出的现场总线系统有 HART、CAN、LonWork、PufiBus 和 FF。

最早的现场总线系统 HART(Highway Addressable Remote Transducer)是美国 Rosemount 公司于 1986 年提出并研制的,它在常规模拟仪表的 4~20 mA DC 信号的基础上叠加了频移键控方式(FSK)数字信号,因而既可用于 4~20 mA DC 的模拟仪表,也可以用于数字式仪表。

CAN(Controller Area Network)是由德国 Bosch 公司提出的现场总线系统,用于汽车内部测量与执行部件之间的数据通信,专为汽车的检测和控制而设计,随后再逐步发展应用到其他的工业部门。目前它已成为国际标准化组织(International Standard Organization)的 ISO U898 标准。

LonWorks 是美国 Echelon 公司推出的一种功能全面的测控网络,主要用于工厂及车间的环境、安全、动力分配、给水控制、库房和材料管理等。目前,LonWorks 在国内应用最多的是电力行业,如变电站自动化系统等。

ProfiBus(Process Field Bus)是面向工业自动化应用的现场总线系统,由德国于 1991 年正式公布,其最大的特点是在防爆危险以内使用安全可靠。ProfiBus 具有几种改进型,BusFMS 用于一般自动化;BusPA 用于过程控制自动化;ProfiBus-DP 用于加工自动化,适用于分散的外围设备。

FF(Fieldbus Foundation)是现场总线基金会推出的现场总线系统。该基金会是国际公认的、唯一的非商业化国际标准化组织,FF 的最后标准已于 2000 年年初正式公布。

(2)现场总线控制系统

现场总线控制系统通常由现场总线仪表、控制器、现场总线网络、监控和组态计算机等组成。现场总线网卡、通信协议软件是现场总线控制系统的基础和神经中枢。

现场总线控制系统特点如下:全数字化、全分布、双向传输、自诊断、节省布线及控制室空间、多功能仪表、开放性、互操作性、智能化与自治性。基于现场总线技术的智能网络传感器目前是多种现场总线标准的并存。

2. 基于以太网的智能网络传感技术

现场总线技术也存在许多不足,具体表现如下。

①现有的现场总线标准过多,未能统一到单一标准。

②不同总线之间不能兼容,无法实现信息的无缝集成。

③由于现场总线是专用实时通信网络,因而成本较高。

④现场总线的速度较低,支持的应用有限,不便于和 Internet 信息集成。

随着计算机网络技术的快速发展,将以太网直接引入测控现场成为一种新的趋势。以太网技术由于其开放性好、通信速度高和价格低廉等优势已得到了广泛应用。

与现场总线相比,以太网具有以下优点。

应用广泛、成本低廉、通信速率高、软硬件资源丰富、可持续发展潜力大、易于与 Internet 连接、能实现办公自动化网络与工业控制网络的信息无缝集成。

人们开始研究基于以太网络即基于 TCP/IP 协议的网络化智能传感器通过网络介质可以直接接入因特网或内联网(lntranet),还可以做到"即插即用"。在传感器中嵌入 TCP/IP 协议,使传感器具有因特网/内联网功能,相当于因特网上的一个节点。各种现场信号均可在网上实时发布和共享,任何网络授权用户均可通过浏览器进行实时浏览,并可在网络上的任意位置根据实际情况对传感器进行在线控制、编程和组态等。任何一个智能传感器可以就近接入网络,而信息可以在整个网络覆盖的范围内传输。

由于采用统一的网络协议,不同厂家的产品可以互换,互相兼容。但是,以太网直接应用于工业现场在技术上还受到一些限制,其主要缺点在于通信实时性差,网络安全性与可靠性低。与现场总线相比,还不能实现总线供电和远距离通信。通信不确定性使其无法满足某些现场级要求。

目前的趋势是将现场总线与以太网融合。对于其他类总线,目前的主要做法是在各类总线的基础上,通过接口技术将智能传感器接入以太网,从而使现场总线技术具有采用标准以太网连线、使用标准以太网连接设备、采用 IEEE802.3 物理层和数据链路层网络协议标准及 TCP/IP 协议组等特点。总之,基于以太网的智能网络传感器仍有许多问题有待进一步研究。

3. CAN 总线系统传感技术

控制器局域网(Controller Area Network,CAN)主要用于各种设备检测及控制的一种现场总线。CAN 总线具有如下特点。

①结构简单,只有 2 根线与外部相连;

②信方式灵活,可以多种方式工作,各个节点均可收发数据;

③可以点对点、点对多点及全局广播方式发送和接收数据;

④网络上的节点信息可分成不同的优先级,可以满足不同的实时要求;

⑤CAN 总线通信格式采用短帧格式,每帧字节数最多为 8 个,可以满足通常工业领域中控制命令、工作状态及测试数据的一般要求;

⑥采用非破坏性总线仲裁技术;

⑦直接通信距离最大可达 10 km(速率 5 kbit/s 以下),最高通信速率达 1 Mbit/s(此时距离最长为 40 m);节点数可达 110 个;

⑧CAN 总线通信接口中集成了 CAN 协议的物理层和数据链路层功能,可完成对通信数据的成帧处理,包括位填充、数据块编码、循环冗余检验及优先级判别等多项工作;

⑨CAN 总线采用 CRC 检验并可提供相应的错误处理功能,保证了数据通信的可靠性。

CAN 总线系统的组成结构如图 9.5 所示。从控制系统的角度上看,最小控制系统是一个单回路简单闭环控制系统,它由一个控制器、一个传感器或变送器和一个执行器组成。以 CAN 总线为基础的网络控制系统由多个控制回路组成,它们共享一个控制网络-CAN 总线。从现场总线控制系统的概念看,传感器节点、执行器节点都可以集成控制器,即所谓的智能节点,形成真正的分布式网络控制系统。CAN 总线这个局域网控制系统也可以作为整个大型控制系统的一个子系统,此时 CAN 通过网关和整个系统建立联系。

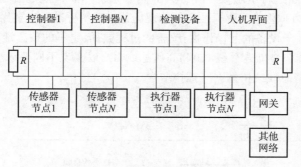

图 9.5 CAN 总线系统的组成结构

CAN 总线节点可以是传感器(变送器)、执行器或控制器。CAN 总线节点结构如图 9.6 所示。关键部分是 CAN 总线控制器和 CAN 总线收发器。由它们实现 CAN 总线的物理层和数据链路层协议。CAN 总线收发器的功能是实现电平转换、差分收发、串并转换;CAN 总线控制器实现数据的读写、中断、校验、重发及错误处理。从实现功能的角度看,如果微机中嵌入控制算法,则这个节点就是控制器;如果微机带有传感器接口,则这个节点就是传感器节点;如果节点是驱动执行器的,则这个节点就是执行器节点。

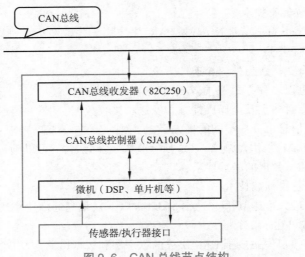

图 9.6　CAN 总线节点结构

4. FF 总线系统

FF 总线系统是现场总线基金会(Fieldbus Foundation)推出的总线系统。FF 现场总线是一种全数字、串行、双向通信协议。

FF 总线系统的通信协议标准参照国际标准化组织 ISO 的开放系统互连 OSI 模型,保留了第 1 层的物理层、第 2 层的数据链路层和第 7 层的应用层,并将应用层分成了现场总线存取和应用服务两部分。此外,在第 7 层之上还增加了含有功能块的用户层。使用功能块的用户可以直接对系统及其设备进行组态,这样使得 FF 总线系统标准不但是信号和通信标准,也是一个系统标准。这也是 FF 总线系统标准和其他现场总线系统标准的主要区别所在。

FF 的突出特点在于设备的互操作性,改善的过程数据,更早的预测维护及可靠的安全性。

FF 现场总线系统包含低速总线 H1 和高速总线 H2,以实现不同要求下的数据信息网络通信,这两种总线均支持总线或树型网络拓扑结构。

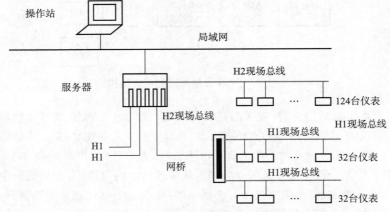

图 9.7　FF 现场总线控制系统结构

从图 9.7 中可以看到,基于 FF 现场总线系统将现场总线仪表单元分成两类。通信数据较多,通信速率要求较高的现场总线仪表直接连接在 H2 总线系统上,每个 H2 总线系统所能够驱动的现场总线仪表单元数量为 124 台;而其他数据通信较少或实时性要求不高的现场总线仪表则连接在 H1 总线系统上,每个 H1 线系统所能够驱动的现场总线仪表单元最多只能到 32 台,因此多个 H1 总线系统还可通过网桥连接到 H2 总线系统上,以此提高系统的通信速率,满足系统的实时性和控制需要。

9.2.2 无线传感器网络

无线传感器网络(WSN)是传感器在现场不经过布线实现网络协议,使现场测控数据就近登录网络,在网络所能及的范围内进行实时发布和共享。无线传感器网络是由大量的传感器节点通过无线通信方式形成的一个多跳(多跳就是多次转发。在无线通信中,信息经过从信源到信宿之间的多个天线节点的转发,即信息的传输是通过链路上的多个节点转发完成的。每个节点都可以与一个或者多个对等节点进行直接通信。)的自组织网络系统,能够实现数据的采集量化、处理融合和传输。其目的是协作感知、采集和处理网络覆盖区域里被监测对象的信息,并发送给观察者。

无线传感器网络基本结构如图 9.8 所示,主要由信号采集单元、数据处理单元及网络接口单元组成。其中,这三个单元可以采用不同芯片构成合成式的,也可以是单片式结构。

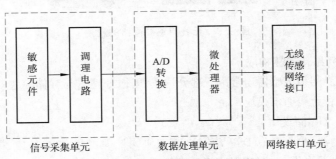

图 9.8 无线传感器网络基本结构

无线传感器网络是一种无中心节点的全分布系统。通过随机投放的方式,众多传感器节点被秘密布署于监控区域的各个角落。这些传感器节点构成了传感器、数据处理单元和通信模块体系。它们通过无线信道相连,自行构成网络系统。传感器节点借助于其内部形式多样的传感器,测量所在周边环境中的热、红外、声呐、雷达和地震波信号,探测包括温度、湿度、噪声、发光强度、压力、土壤成分和移动物体的大小、速度和方向等众多的物理现象。

传感器节点间具有良好的协作能力,可通过局部数据的交换来完成全局任务。由于传感器网络的节能要求,多跳、对等的通信方式较传统的单跳、主从通信方式更适合于无线传感器网络,同时还可有效避免在长距离无线信号传播过程中所遇到的信号衰落和干扰等各种问题。通过网关,传感器网络还可以连接到现有的网络基础设施(如 Internt、移动通信网络等)上,从而将采集到的信息传递给远程的终端用户使用。

无线传感器网络涉及传感器网络技术、网络通信技术、无线传输技术、嵌入式技术、分布式信息处理技术、微电子制造技术、软件编程技术等,是多学科高度交叉、新兴、前沿的一个热点研究领域。无线传感器网络是军民两用的战略性信息系统。在民事应用上,可用于环境科学、灾害预测、医疗卫生、制造业、城市信息化改造等各个领域。在军事应用上,无线传感器网络的随机快速布设、自组织、环境适应性强以及高容错能力,使其在己方兵力与装备部署监控、战场侦察、核/生物/化学攻击预警、电子对抗、海洋环境监测以及关键基础设施防护等领域具有广阔的应用前景,如图9.9所示。

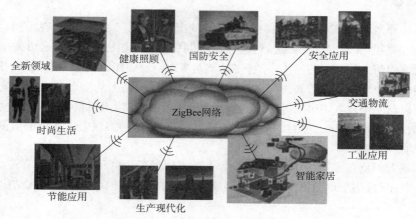

图9.9 无线传感器网络的应用

1. 无线智能网络传感器构成

目前,无线智能网络传感器通常由5部分构成,即微处理器与存储模块、电源模块、传感器模块、执行器模块和无线通信模块。

(1)微处理器与存储模块

标准的微控制器(可能具有 DSP 功能)、其他协同处理器和一些 ASIC 模块可以在满足一定能耗限制的前提下提供足够的处理能力。微处理器模块分为采样调理、数据处理、数据存储、通信接口和电源几部分,功能如下。

①模拟信号调理、滤波、放大、A/D 转换;

②数字信号暂存于缓存中,并对传感器采集的数据进行软件预处理;

③提供相应的接口与 RF 模块进行数据交换,付费链路管理与控制、执行基带通信协议和相关的处理过程,包括链连接建立、频率选择、链路类型支持和媒体接入控制等。

处理器的选择在无线智能网络传感器设计中是至关重要的。

在存储方面,根据整个传感器网络的结构,各节点存储的快速性、易失性需求有很大差异。节点存储器设计主要依据无线传感器网络的应用需求而定。由于闪存在造价和存储能力上的突出表现,是节点数据存储的首选。但由于在同一物理位置的可重复读写次数太少,闪存的应用受到了一定限制。另外,还可以采用磁性随机存储器(MRAM)进行存储。在无线网络传感器中应用非易失性存储器至少面临两个方面的挑战:一是节约能量;二是适应较短的、仅包括几个单字节的数据处理存储能力。由于网格控制和传感器数据中很大一部分具有较低的信息熵,因此还需要采用压缩技术减少所需存储和传输的数据量。

在低功耗方面,传感器节点使用的处理器应功耗低,且支持掉电模式。处理器功耗主要由工作电压、运行时钟、内部逻辑复杂度以及制作工艺决定。工作电压越高、运行时钟越快,其功耗也越大。掉电模式直接关系到节点的生命周期的长短。根据现在的电池技术的发展水平,要使节点在正常工作状态下保持长时间工作是很困难的。这就要求处理器必须支持超低功耗的睡眠状态。

在一个器件中,功耗通常用电流消耗来表示。器件消耗的电流与器件特性之间的关系为

$$I_{cc} = C \int V \mathrm{d}V \approx \Delta V C f \tag{9.1}$$

式中,I_{cc} 为器件消耗的电流;ΔV 为电压变化的幅值;C 为器件电容和输出容性负载的大小;f 为器件运行频率。

从式(9.1)可以得到降低系统功耗的理论依据。将器件供电电压由 5 V 降低至 3 V,可以至少降低 40% 的功耗。降低器件的工作频率,也能成比例地降低功耗。因此,处理器模块的设计应遵循以下规则。

①选用尽量简单的 MCU 内核;

②外围器件的合理使用;

③选择低电压供电的系统;

④选择合适的时钟方案。时钟的选择对于系统功耗相当敏感。一是系统总线频率应尽量低。二是时钟方案,即是否使用锁相环、使用外部晶振还是内部晶振。

尽可能地降低晶振频率能有效地降低整机电流;但是,降低晶振频率往往会受到系统运行速度的制约,需要综合考虑各部分的工作速度和整机信息运算速度,选择一个合适的最小晶振频率。

（2）电源模块

能量问题是传感器网络节点面临的一个主要约束。理论上,能源供应问题可以从两个不同方面来解决:第一种方法是在每个节点上安装能量源,如采用高能量的电池作为能量源。由于燃料电池能提供高密度的清洁能源,因此可以考虑将燃料电池应用在网络节点上,但以目前的硬件条件还无法在传感器网络节点中应用。第二种方法是从环境中采集能量。除了被广泛地应用于各种移动环境中的太阳能电池外,电磁能、声波、地震波、风能发电等其他能量方式也可用于电能转换。表9.1 所列为目前主要电池的性能参数。

表9.1　目前主要电池的性能参数

电池类型	铅酸	镍镉	镍氢	锂离子	聚合物	锂锰	银锌
质量能量比/(W·h·kg^{-1})	35	41	50~80	120~160	140~180	130	—
体积能量比/(W·h·L^{-1})	80	120	100~200	200~280	>320	550	1 150
循环寿命/次	300	500	800	1 000	1 000	1	1
工作温度/℃	−20~60	20~60	20~60	0~60	−20~60	20~60	

电池类型	铅酸	镍镉	镍氢	锂离子	聚合物	锂锰	银锌
记忆效应	无	有	小	很小	无	无	无
内阻/mΩ	30~80	7~19	18~35	80~100	80~100	—	—
毒性	有	有	轻毒	轻毒	无	无	有
可否充电	可	可	可	可	可	否	否
价格	低	低	中	高	最高	高	中

（3）无线通信模块

无线网络传感器节点之间、节点与基站之间通过无线信道收发数据。由于无线信道本身的特点，它所能提供的网络带宽相对于有线信道低很多，目前，无线网络传感器采用的传输媒体主要有电磁波、红外线、可见光等，对电磁波和红外线介绍见表9.2。

①电磁波。因为电磁波的覆盖范围较广，应用较广泛。使用扩频方式通信时，特别是直接序列扩频调制方法因发射功率自然的背景噪声，具有很强的抗干扰、抗噪声、抗衰落能力。一方面使通信非常安全，基本避免了通信信号的偷听和窃取，具有很高的可用性；另一方面，无线局域使用的频段主要是工业科学医疗频段（ISM），如433 MHz、915 MHz、2.4 GHz 等，且不会对人体造成伤害。所以，电磁波成为无线传感器网络可用的无线传输媒体。

表9.2　无线传输方式的比较

参数	Bluetooth	802.11b	RF	ZigBee	UWB	IrDA
系统开销/K	60~250 较大	1M 大	2~4 小	4~32 小	小	小
电池寿命	较短	短	较长	最长	很长	长
网络节点	7	32	255	255~65 000	—	2
传输范围/m	1~10	1~100	10~200	4~100	5~10	定向 1~3
传输速率/(Mb·s⁻¹)	最大 1	最大 11	20~115 kb/s	20~250 kb/s	最大 1 Gb/s	最大 16
频道带宽/MHz	79	80	50	80	7.5 GHz	—
典型功率/mW	1	50	60	60	0.2	—
传输协议	窄带发射频谱	直接顺次发射频谱	跳频发射频谱	直接序列扩频频谱	窄脉冲发射频谱	4PPM

②红外线。采用小于 1 mm 波长的红外线作为传输媒体。由于红外信号背景噪声高，受日光、环境照明等影响大，它不适合传感器网络。

基于电磁波的主流无线通信技术有蓝牙（Bluetooth IEEE 802.15.1）、射频（RF）、Wi-Fi（IEEE 801.1lb）、ZigBee（IEEE802.15.4）、超宽带（UWB）、红外线（IrDA）。业界广泛建议传感器网络采用 915 MHz ISM 频段。几种无线传输方式的比较见表9.2。

因为数据传输能量占能耗的主要部分，所以短距离无线通信组件很重要。在无线通信组件的设计和选择过程中必须考虑以下 3 个层次的问题：物理层、MAC 层和网络层。

提高无线通信组件的能耗和带宽效率是无线传感器网络研究中最主要的研究任务。无线通信组件的体系结构是网络结构体系和协议的重要组成部分,由于无线通信占了整个无线传感器网络能耗主要部分,尤其是信道的监听花费很大,因此,对无线收发系统的能耗管理非常重要,最主要的问题是平衡传输能耗和接收能耗。可通过采取以下措施减少通信模块的能量损耗。

①减少通信流量。通过减少通信模块发送和接收的比特数,能降低通信模块的能耗,减少通信流量的方法有以下几种:本地计算和数据融合、减少冲突、增加错误检测和校正机制、减少控制包的开销和包头长度。

②增加休眠时间。如何让网络通信更有效率,减少不必要的转发和接收,不需要通信时,尽快进入睡眠状态是传感器网络协议设计需要重点考虑的问题。

③采用短距离多跳无线通信方式。随着通信距离的增加,能耗将急剧增加。因此,在满足通信速率的前提下,应该尽量减少单跳通信距离。一般而言传感节点的通信半径在 100 m 以内比较合适。在无线传感器网络中,目前应用最多的是 Zigbee 和普通 RF 射频芯片,常见无线收发芯片的主要指标见表 9.3。

表 9.3 可用于无线网络传感器的常见无线收发芯片主要指标

指标	TR1000	nRF401 /Nordie	nRF905 /Nordie	RF2401 /PFMD	MC13192 /Zigbee	CC1010 /TI-Chipcee	CC2420 /TI-Chipcee	9Xstrearn /RFMD
频率/MHz	915	433/434	433/868/915	2.4 GHz	2.4 GHz	402~904	2.4 GHz	902~928
调制方式	OOK/FSK	FSK	GFSK	GFSK	O-QPSK (DSSS)	GFSK	O-QPSK (DSSS)	FHSS
电源电压/V	2.7~3.5	2.7~5.25	1.9~3.6	1.9~3.6	2.0~3.4	2.7~3.6	2.1~3.6	7~18
发射电流/mA	12	9/5 dBm	30/10 dBm	10/−5 dBm	30	11.9	17.4	200
接收电流/mA	1.8	10	12.5	15	37	19.9	19.7	70
睡眠电流	5 μA	8 μA	2.5 μA	1 μA	25 mA	0.2 μA	1 mA	26 μA
接收灵敏度 /dBm	−106	−100	−105	−90	−92	−118	−94	−110
最大输出 功率/dBm	−1.5	+10	+10	−20~0	0	−20~10	输出功率 编程可控	16~20
数据传输速率 /(kb·s^{-1})	115	20	100	1 000	250	153.6	250	20
启动时间/ms	200	5	5	<200	25	160	<192	<200
外围元件数目	17	10	20	2	20	4~6	12	<30

2. 无线网络技术

无线网络技术包括 ZigBee、RFID、蓝牙、Wi-Fi、超宽带等,它们分别构成无线传感网、无线网络、无线视频应用、无线数据应用等四块。各种无线网络技术的特点见表 9.4。

表 9.4 各种无线网络技术的特点

	ZigBee	RFID	蓝牙	Wi-Fi	超宽带
目标市场	监控传感网络	物体标识和管理	代替电缆	网络应用	小范围高速传输
占用系统资源	低	专用	中	高	中
费用/元	>20.5	27.5+	34.5	41~69	N/A
典型电流/mA	>18	>5	>30	100~350	N/A
最大宽带	250 Kb/s	N/A	2.1 Mb/s	54 Mb/s	100 Mb/s
节点/控制点	64 000	网格	7	32	网格
标准传输距离/m	1~100	5~100	10	100	10
应用焦点	数据传输量小的设备,如电池供电控制器	电子卡、目标跟踪、监测	适用于 PDA、手机、扬声器、耳机等设备	高速无线以太网接入	实现多媒体转换

无线传感器网络与雷达、红外设备、ISR 卫星等通用传感器相比,在军事应用上具有以下特点。

(1)快速、灵活、抵近目标探测

无线传感器网络节点体积小,功率低,不易被发现,具有较强的隐蔽性,可以在敌方目标附近布设,尤其在传统传感器不易使用的城市作战环境中使用,作用更加突出;而且,由于距离目标较近,可以克服环境噪声对系统性能的影响,有助于改善探测性能。图 9.10 为无线传感器网络体系结构图。

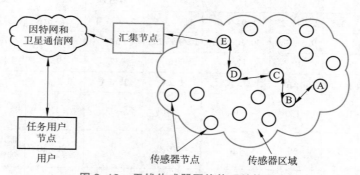

图 9.10 无线传感器网络体系结构图

(2)节点数量大、多模式

无线传感器网络节点成本低廉,布设大量的节点构成网络来协作完成对目标的跟踪和精确定位;而且,由于节点数量巨大,单个节点即使受到破坏而造成失效后,也不会影响到网络的整体性能,网络容错能力很强。此外,根据任务需求,这些大数量的网络节点可采用雷达、红外、振动、磁等不同类别的传感模式对目标的各种物理现象进行测量,这些测量信息相互融合、相互印证,确保网络具有较高的探测性能。

网络化智能传感器,目前比较常用的无线通信技术有蓝牙技术(luetooth,IEEE 802.15.1)、射

频技术(RF)、超宽带无线技术(Ultra Wide Band)、ZigBee 技术(IEEE 802.15.4)等。

3. 蓝牙传感器系统

蓝牙技术是一种无线数据与语音通信开放性全球规范,建立通用的无线空中接口及其控制软件的公开标准,使不同厂家生产的设备在没有电线或电缆相互连接的情况下,能在近距离(0.1~100 m)范围内使用,最大符号速率为 1 Mb/s,将各种移动与固定通信设备、计算机及其终端设备等连接起来,具有互用、互操作的性能,在小范围内实现了无缝的资源共享。集成了蓝牙技术的设备体积小、功耗低、价格便宜,适合于工业设备的成本控制和运行开销,从而满足大量产品应用的需求,可广泛应用于工业现场、自动化控制等领域。

与传统的以电缆和红外方式传输测量数据相比,在测控领域应用蓝牙技术的主要优点如下。

①抗干扰能力强;

②无须铺设电缆线,降低了环境改造成本,方便了数据采集人员的工作;

③没有方向上的限制,可以从各个角度进行测控数据的传输;

④可以实现多个测控仪器设备间的联网,便于进行集中测量与控制。

蓝牙技术还具有许多其他优点,如工作频段全球通用,使用方便、安全,抗干扰能力强,兼容性好、尺寸小,功耗低、多路多方向连接。

蓝牙无线传感设备是一点对多点的连接。通过无线电波进行无线连接的方式可使多个智能的现场设备相互对话和互通信息,从而彻底消除传统工业现场中难以理清的缆线,不同类型的接线板(它是信息传递技术中的致命弱点)也随之消失。

蓝牙无线传感器系统主要包括两大模块:传感器模块和蓝牙无线模块。前者主要用于进行现场信号的数据采集,将现场信号的模拟量转化为数字量,并完成数字量的变换与存储。后者运行蓝牙无线通信协议,使得传感器设备满足蓝牙无线通信协议规范,并将现场数据通过无线的方式传送到其他蓝牙设备中。两模块之间的任务调度、相互通信,以及同上位机通信的流程由控制程序控制完成。控制程序包含一种调度机制,并通过消息传递的方式完成模块间的数据传递以及同其他蓝牙设备的通信,从而完成整个蓝牙无线系统的功能。

蓝牙无线传感器硬件结构如图 9.11 所示。其中,基带单元(BB)和射频单元(RF)构成了蓝牙无线传感器的无线发射部件,负责执行信道分配、链路创建、控制数据分组等功能,并将数据转换成无线信号通过天线发射出去。

传感器模块包括 A/D 转换、存储寄存器、通信 I/O 等部件,并通过标准内部集成电路总线接口(I2C)与系统相连。现场数据的采集和无线通信由存储于闪存(Flash)的控制程序进行控制。当系统上电启动时,控制程序被调到随机存储器 RAM 中,在微控制器 MCU 的控制下运行。微控制器相当于计算机的中央处理器,连接系统的各个组成部分,完成系统的控制、运算、通信等功能,并负责执行系统的调度。

蓝牙无线传感器的内部软件结构如图 9.12 所示,最底层是应用程序接口(API),由相关的函数库、硬件接口程序组成,构成了整个系统软件框架的基础。应用程序接口(API)的上层是任务调度(TS)模块和蓝牙协议栈(BPS)。前者用于系统各任务的创建、执行和通信,后者执行蓝牙无线通信的底层协议。任务调度(TS)模块是用户应用程序(UI)的基础,而蓝牙协议栈(BPS)则保证了蓝牙无线传感器符合蓝牙无线通信规范的要求。

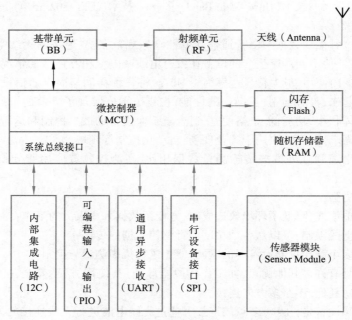

图 9.11 蓝牙无线传感器硬件结构图

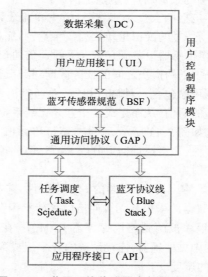

图 9.12 蓝牙无线传感器内部软件结构图

此外,蓝牙无线传感器还包括了一些外部通信接口组件,如串行设备接口(SPI)、可编程 I/O 接口(PIO)、通用异步收发接口(UART)、内部集成电路总线接口(I2C)等。这些通信组件接口连接到微控制器(MCU)的系统总线接口,分别用于完成程序下载、状态指示、用户操作、程序调试以及模块间通信等功能。蓝牙无线传感器可同任何其他符合蓝牙通信规范的蓝牙设备组成微网网络,在微网中蓝牙设备数量不超过 8 个,只有 1 个蓝牙设备是主设备,但是,可以有 7 个从设备,连同上位机一起组成控制系统,进行现场信号的数据采集和设备监控。其网络结构如图 9.13 所示。

4. ZigBee 传感器系统

ZigBee 技术是一种短距离、低复杂度、低速率、低功耗、低成本的双向无线网络通信技术。它的物理层、MAC 层和数据链路层采用了 IEEE802.15.4(无线个人区域网)协议标准,相对 IEEE 1451.2 标准和蓝牙技术结合的方案。其网络层、应用会聚层和应用层规范(API)由 ZigBee 联盟制定,整个协议架构如图 9.14 所示。

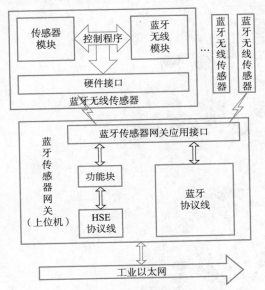

图 9.13 蓝牙无线传感器构成微网络结构图

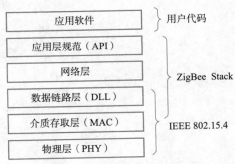

图 9.14 ZigBee 协议架构

将 IEEE1451.5 标准和 ZigBee 协议相结合可以构成 ZigBee 无线传感器,该传感器系统由 STIM、TH 和 NCAP 三部分组成,基本组成如图 9.15 所示。

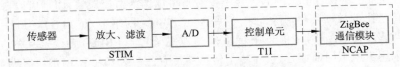

图 9.15 ZigBee 传感器系统基本组成

在组网性能上,ZigBee 设备可构造卫星型网络或者点对点网络。具有较大的网络容量。在无线通信技术上,采用免冲突多载波信道接入(CSMA CA)方式,有效地避免了无线电载波之间的冲突;此外,为保证传输数据的可靠性,建立了完整的应答通信协议。

ZigBee 无线数据传输网络如图 9.16 所示,其主要技术特点包括低功耗、低成本、低速率、近距离、短时延、高安全和高容量。ZigBee 可采用星状、片状和网状网络结构。利用 ZigBee 技术组成的 ZigBee 无线传感器系统结构简单、体积小、性价比高、放置灵活、扩展简便、成本低、功耗低、安全可靠。

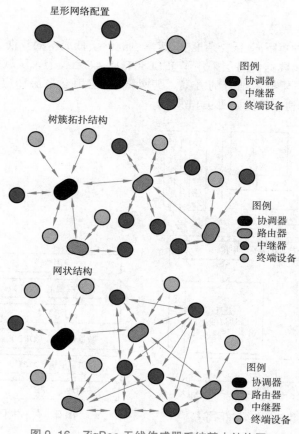

图 9.16 ZigBee 无线传感器系统基本结构图

　　ZigBee 数传模块类似于移动网络基站。在整个网络范围内,每一个 ZigBee 网络数传模块之间可以相互通信,每个 ZigBee 网络节点不仅本身可以作为监控对象,而且可以自动中转其他的网络节点传过来的数据资料。除此之外,每一个 ZiBbee 网络节点(FFD)还可在自己信号覆盖的范围内与多个不承担网络信息中转服务的孤立子节点(RFD)无线连接。在其通信时,ZigBee 模块采用自组织网通信方式,每一个传感器持有一个 ZigBee 网络模块终端,只要它们彼此之间在网络模块的通信范围内彼此自动寻找,很快就可以形成一个互联互通的 ZigBee 网络。当由于某种情况传感器移动时,彼此之间的联络还会发生变化。因而,模块还可以通过重新寻找通信对象,确定彼此之间的联络,对原有网络进行刷新,ZigBee 自组织网通信方式节点硬件结构如图 9.17 所示。

　　在自组织网中采用动态路由的方式,网络中数据传输的路径并不是预先设定的,而是传输数据前通过对网络当时可利用的所有路径进行搜索,分析它们的位置关系以及远近。然后选择其中一条路径进行数据传输。

基于 ZigBee 无线传感器可以实现 ZigBee 无线传感器网络,其基本结构如图 9.18 所示。此方案的实现,相当于在 IEEE1451.2 的结构模型上用无线接口取代了有线的 TII 接口,通过在 STIM 和 NCAP 中嵌入 ZigBee 模块,采用 ZigBee 协议实现了 STIM 和 NCAP 之间的无线数据传输。

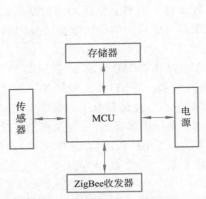

图 9.17　ZigBee 自组织网通信方式节点硬件结构

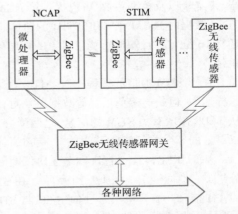

图 9.18　ZigBee 无线传感器网络基本结构

ZigBee 的技术优势如下:低功耗、低成本、低速率、近距离、短时延、高容量、高安全。

ZigBee 提供了三级安全模式,包括无安全设定、使用接入控制清单(ACL)防止非法获取数据以及采用高级加密标准(AES128)的对称密码,以灵活确定其安全属性。

9.2.3　智能网络传感器系统体系结构

1. 基于 IEEE1451.2 标准的智能网络传感器体系结构

IEEE1451.2 是一种网络标准接口。IEEE1451.2 标准中仅定义了接口逻辑和 TEDS 格式,其他部分由传感器制造商自主实现,以保持各自在性能、质量、特性与价格等方面的竞争力。同时,该标准提供了一个连接智能变送器接口模型 STIM(Smart Transducer Interface Module)和 NCAP 的 IO 线的标准接口-变送器独立接口 TII(Transducer Independence Interface),主要定义二者之间点点连线、同步时钟的短距离接口,使传感器制造商可以把一个传感器应用到多种网络和应用中。符合 IEEE1451 标准的有线智能网络传感器的典型体系结构如图 9.19 所示。

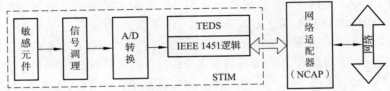

图 9.19　基于 IEEE1451 的智能网络传感器体系结构

其中,STIM 模块是连接变送器与 NCAP 模块的标准数字接口,主要提供了对变送器的访问、控制和数据的处理。模块主要包括变送器(传感器或执行器),信号调理电路和 A/D、D/A 转换器,电子数据表单(TEDS),接口电路(TH),嵌入式微控制器和存储器。NCAP 用来连接 STIM 模块和网络,运行网格协议栈和应用固件。

当电源加上 STIM 时,变送器自身带有的内部信息,如制造商、数据代码、序列号、使用的极限、未定量以及校准系数,可以提供给 NCAP 及系统的其他部分。当 NCAP 读入一个 ST1M 中 TEDS 数据时,NCAP 便知道 STIM 的通信速度、通道数及每个通道上变送器的数据格式(12 位还是 16 位),并且知道所测量对象的物理单位,知道怎样将所得到的原始数据转换为国际标准单位。

在同 STIM 通信的过程中 NCAP 一直是主机,通信速率由 NCAP 设定,这会影响 STIM 中的采样速率,但是这避免了释放数据以及对存储器的巨大需求。当 ST1M 连接到 NCAP 时,NCAP 从 TEDS 读取有关 STIM 的信息,之后读取 STIM 采样的数据。变送器电子数据单 TEDS 分为可以寻址的 8 个单元部分,其中 2 个是必须具备的,其他的是可供选择的,主要为将来扩展所用。

基于 IEEE1451.2 标准和蓝牙协议的无线智能网络传感器由 STIM、蓝牙模块和 NCAP 三部分组成,其体系结构如图 9.20 所示。在 STIM 和蓝牙模块之间是 IEEE1451.2 协议定义的 IO 线 T1I 接口。蓝牙模块通过 TII 接口与 STIM 相连,通过 NCAP 与互联网相连。承担了传感器信息和远程控制命令的发送和接收任务。NCAP 通过分配的 IP 地址与网络(内联网或因特网)相连。

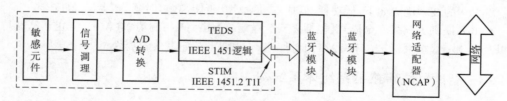

图 9.20 无线智能网络传感器体系结构

与基于 IEEE145.1.2 标准有线智能网络传感器相比,上述无线智能网络传感器除增加了两个蓝牙模块外,其余部分相同。

2. 基于 TCP/IP 协议的智能网络传感器体系结构

基于 TCP/IP 的智能网络传感器是把计算机网络的国家标准–TCP/IP 协议引入到智能传感器中,即在传感器中嵌入简化的 TCP/IP 协议,使传感器不通过 PC 或其他专用设备就能直接接入因特网/内联网。基于 TCP/IP 的智能网络传感器体系结构如图 9.21 所示。

基于 TCP/IP 的智能网络传感器把 TCP/IP 作为一种嵌入式应用,即把 TCP/IP 协议嵌入到智能传感器的 ROM 中,使得信号的收发都以 TCP/IP 方式进行,这样在传感器现场级就具备了 TCP/IP 功能,测控系统在数据采集、信息发布及系统集成等方面都以企业的内联网为依托,使得测控网和信息网统一起来。各种现场信号均可在企业的内联网上 实时发布和共享,任何网络授权用户均可通过 IE 和 Netscape 浏览器实时浏览这些现场信息,为决策提供实时数据参考。如果企业内联网与因特网相连,各种现场信息均可在整个因特网上实时浏览,并可实现在

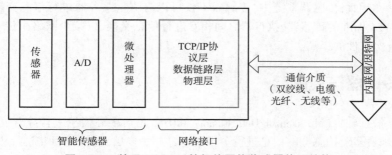

图 9.21 基于 TCP/IP 的智能网络传感器体系结构

整个因特网/内联网上任何位置对现场传感器的在线控制、编程和组态等,这为远程操作开辟了又一崭新道路。

　　基于 TCP/IP 的智能网络传感器实现了传感器的信息化,即实现因特网/内联网功能,具有划时代的进步意义,将对工业测控、智能建筑、远程医疗、环境和水文监测及农业科技应用等领域带来革命性的影响;它的另一重要意义是使测控系统本身发生了质的飞跃——在现场即可方便搭建基于内联网/互联网的测控系统。

　　在基于 1EEE1451.2 标准和基于 TCP/IP 协议的智能网络传感器基础上,可构建网络化测控系统。测控系统实现了网络化后,便能对大型复杂系统进行远程测控,对各种数据及相应的软件进行共享,这是信息时代的必然产物。利用智能网络传感器构建的网络化 测控系统基本结构如图 9.22 所示。

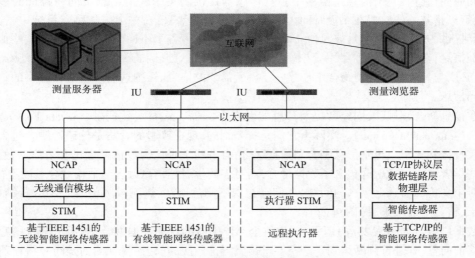

图 9.22 网络化 测控系统基本结构

　　在图 9.22 的系统结构中,测量服务器的功能主要对各种测量基本功能单元进行任务分配,对基本功能单元采集的数据进行计算、处理与综合,数据存储、打印等;测量浏览器为 Web 浏览器或其他软件接口,可以浏览现场测量节点测量、分析、处理的信息和测量服务器收集、产

生的信息;在智能网络传感器系统中,传感器不仅可以与测量服务器进行信息交换,而且还能与符合 IEEEW51 标准的传感器、执行器之间相互进行信息交换,以减少网络中传输的信息量,也有利于系统实时性的提高。

9.3　多传感器信息融合

多传感器信息融合(Multisensor Data Fusion,MSDF)是对多源信息进行综合处理的一项新技术,是指对来自多个传感器的信息进行多级别、多方面、多层次的处理和综合,从而获得更丰富、更精确、更可靠的有用信息,而这种信息是任何单一传感器无法获得的。该技术具有以下特点。

①信息冗余性。多传感器对同一场景中目标信息的置信度可能各不相同,融合将提高整体对目标认识的置信度,且在部分传感器不正常或损坏时,提高系统的鲁棒性(可信赖度)。

②信息的互补性。融合从多传感器获得的互补性信息可使系统获取单一传感器无法获得的事物特征(扩大空间覆盖)。

③扩大时间覆盖。多传感器和单一传感器在一段时间内获得的多重信息可以具有较长的时间覆盖。

④高性能价格比。随着传感器数目的增加,系统成本的增加小于系统得到的信息量的增加。

为了更好地阐述信息融合这一概念,可以把传感器获得的信息分成三类:冗余信息、互补信息和协同信息。冗余信息是由多个独立传感器提供的关于环境信息中同一特征的多个信息,也可以是某一传感器在一段时间内多次测量得到的信号;在一个多传感器系统中,若每个传感器提供的环境特征都是彼此独立的,即感知的是环境各个不同侧面的信息,则这些信息称为互补信息;在一个多传感器系统中,若一个传感器信息的获得必须依赖另一个传感器的信息,或必须与另一个传感器配合工作才能获得所需要的信息时,则这两个传感器提供的信息称为协同信息。

在信息融合领域,人们经常提及传感器融合(Sensor Fusion)、数据融合(Data Fusion)和信息融合(Information Fusion)。实际上它们是有差别的,现在普遍的看法是传感器融合包含的内容比较具体和狭窄。至于信息融合和数据融合,有一些学者认为数据融合包含了信息融合,还有一些学者认为信息融合包含了数据融合,而更多的学者把信息融合与数据融合等同看待。

对于多传感器融合层次的问题,人们存在着不同的看法,影响较大的是三层融合结构,即数据层、特征层和决策层(图 9.23)。

数据层融合如图 9.23(a)所示,首先将全部传感器的观测数据融合,然后从融合的数据中提取特征向量,并进行判断识别。这便要求传感器是同质的(传感器观测的是同一物理现象),如果多个传感器是异质的(观测的不是同一个物理量),那么数据只能在特征层或决策层进行融合。数据层融合不存在数据丢失的问题,得到的结果也是最准确的,但对系统通信带宽的要求很高。

特征层融合如图 9.23(b)所示。每种传感器提供从观测数据中提取的有代表性的特征,这些特征融合成单一的特征向量,然后运用模式识别的方法进行处理。这种方法对通信带宽

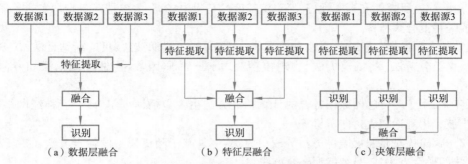

图 9.23　多传感器信息融合的三种层次结构

的要求较低,但由于数据的丢失,其准确性有所下降。

决策层融合是指在每个传感器对目标做出识别后,将多个传感器的识别结果进行融合,如图 9.23(c)所示。由于对传感器的数据进行了浓缩,这种方法产生的结果相对而言最不准确,但它对通信带宽的要求最低。

各层次融合的优缺点可用表 9.5 说明。一个系统采用哪个层次上的数据融合方法,要由该系统的具体要求决定,不存在能够适用于所有情况或应用的普遍结构。对于多传感器融合系统特定的工程应用,应综合考虑传感器的性能、系统的计算能力、通信带宽、期望的准确率以及资金能力等因素,以确定最优层次。另外,在一个系统中,也可能同时在不同的融合层次上进行融合,一个实际的融合系统是上述两种融合的组合。融合的级别越高,处理的速度也越快;信息的压缩量越大,损失也越大。

表 9.5　融合层次比较

名　　称	数据层融合	特征层融合	决策层融合
通信量	最大	中等	最小
信息损失	最小	中等	最大
容错性	最差	中等	最好
抗干扰性	最差	中等	最好
对传感器的依赖性	最大	中等	最小
融合方法	最难	中等	最易
预处理	最小	中等	最大
分类性能	最好	中等	最差

在数据融合处理过程中,根据对原始数据处理方法的不同,数据融合系统的体系结构主要有两种:集中式体系结构和分布式体系结构。集中式将各传感器获得的原始数据直接送至中央处理器进行融合处理,可以实现实时融合,优点是其数据处理的精度高、解灵活;缺点是对处理器要求高、可靠性较低、数据用量大,故难于实现。分布式中每个传感器对获得的初始数据先进行局部处理,包括对原始数据的预处理、分类及提取特征信息,并通过各自的决策准则分别作出决策,然后将结果送入融合中心进行融合以获得最终的决策。分布式对通信带宽要求

低、计算速度快、可靠性和延续性好,但跟踪精度没有集中式高,大多情况是把两者进行不同组合,形成一种混合式结构。

成熟的多传感器信息融合方法主要有典推理法、卡尔曼滤波法、贝叶斯估计法、D-S证据推理法、聚类分析法、参数模板法、物理模型法、熵法、品质因数法、估计理论法和专家系统法等。

近年来,用于多传感器数据融合的计算智能方法主要包括模糊集合理论、神经网络、粗集理论、小波分析理论和支持向量机等。

J. Z. Sasiadek 把信息融合的方法分成三大类:一是基于随机模型的融合方法;二是基于最小二乘法的融合方法;三是智能型融合方法。

基于随机模型的融合方法主要有贝叶斯推理、证据理论、鲁棒估计、递归算子;

基于最小二乘法的融合方法主要有卡尔曼滤波、最优理论;

智能型的融合方法主要有模糊逻辑方法、神经网络方法、遗传算法、人工智能方法、粗集理论、支持向量机、小波分析理论等。

常用的多传感信息融合算法如下。

①加权平均法。这是一种最简单、最直观的数据融合方法,即将多个传感器提供的冗余信息进行加权平均后作为融合值。该方法能实时处理动态的原始传感器读数,它的缺点是需要对系统进行详细的分析,以获得正确的传感器权值,调整和设定权系数的工作量很大,并且带有一定的主观性。

②聚类分析法。根据事先给定的相似标准,对观测值分类,用于真假目标分类、目标属性判别等。

③贝叶斯估计法。贝叶斯估计法是融合静态环境中多传感器底层数据的一种常用方法,融合时必须确保测量数据代表同一实体(即需要进行一致性检测),其信息不确定性描述为概率分布,需要给出各传感器对目标类别的先验概率,有一定的局限性。

④多贝叶斯估计方法。将环境表示为不确定几何的集合,对系统的每个传感器做贝叶斯估计,将各单独物体的关联分布组成一个联合后验概率分布函数,通过列队的一致性观察来描述环境。

⑤卡尔曼滤波。这种算法用于动态环境中冗余传感器信息的实时融合。当噪声为高斯分布的白噪声时,卡尔曼滤波提供信息融合的统计意义下的最优递推估计。对非线性系统模型的信息融合,可采用扩展卡尔曼滤波及迭代卡尔曼滤波。

⑥统计决策理论。将信息不确定性表示为可加噪声。先对多传感器进行鲁棒性假设测试,以验证其一致性;再利用一组鲁棒性最小、最大决策规则对通过测试的数据进行融合。

⑦D-S证据推理。D-S证据推理是贝叶斯方法的推广,用信任区间描述传感器信息,满足比贝叶斯概率理论更弱的条件,是一种在不确定条件下进行推理的强有力的方法,用于决策层融合。

以上各种算法对信息类型、观测环境都有不同的要求,且各自存在优缺点,在具体应用时需要根据系统的实际情况综合运用。

思考与练习

1. 什么是物联网？说明物联网的体系结构。

2. 无线传感器网络的概念与传统传感器有哪些不同？主要特点是什么？

3. 集成传感器与结构性传感器有哪些不同？为什么？

4. 无线传感器网络的低能耗、低成本、微型化等特点，在具体应用时给物理层的设计主要带来了哪些挑战？

5. 无线传感器网络的 MAC 协议还面临哪些技术挑战？

6. 独立智能传感器主要功能有哪些？

7. 智能传感器的典型结构是什么？有哪些结构形式？

8. 智能网络传感器的核心是什么？它具有什么特点？

9. 智能传感器网络的发展分为哪三个阶段？各自的特点是什么？

10. 有线智能网络传感器主要有哪些种类？各自的特点是什么？

11. 目前，有线智能网络传感器主要有哪些类型？各自的特点是什么？

12. 无线传感器网络的特点是什么？有哪些方面的用途？

13. 无线智能网络传感器由哪些部分构成？分别起什么作用？其网络节点面临的一个主要约束是什么？无线网络技术有哪些？各自的特点是什么？

14. 智能网络传感器系统体系结构有哪些？各自的特点是什么？

15. 多传感器信息融合的特点是什么？各自的作用和特点是什么？成熟的多传感器信息融合方法主要有哪些？

16. 用于多传感器数据融合的计算智能方法主要有哪些？

17. 信息融合的方法可分为几大类？各自有哪些算法？

第 10 章
嵌入式系统与开发

⚙ 学习目标

1. 了解计算机主处理器的硬件结构的种类、特点；
2. 掌握冯·诺伊曼结构和哈佛结构的结构特点、处理器特征、"存储程序"的概念；
3. 了解单片机的发展趋势、硬件构架、功能件结构、特征、运行模式；
4. 了解单片机引脚功能；
5. 掌握单片机 CPU 主要构件及其结构、功能特点；
6. 了解 ARM 系列处理器结构、功能特点；
7. 了解 ARM 程序设计特点；
8. 了解开发嵌入式 Linux 程序，需要解决的问题及嵌入式软件的开发流程的基本步骤。

嵌入式系统以应用为中心，以计算机技术为基础，软、硬件可裁剪，适用于对功能、可靠性、成本、体积、功耗等有严格要求的专用计算机系统。它的软硬件是根据具体的工作特点进行配置的，在对应工作中做到高效率，低成本。从事不同的工作，首先要确定事物的特性，根据它们的特点，有针对性地对待，有的放矢，才能事半功倍，获得理想的效果。

10.1 主控计算单元 MCU 的发展

10.1.1 从单片机到嵌入式系统

随着科技的进步，测试设备也越来越智能化。很多测试系统都是在现场进行信号采集和分析处理的，有些测试系统就是设备的一部分，因此，测试系统的处理能力需求也一直在变化。需求引导技术不断地提升，早期的测试电路都是一块大而复杂的模拟电路，开发、维护、升级花费了工程师们巨大的精力，繁多的元器件也增加了计算成本。1971 年 Intel 发布的 4040-全世界第一微处理器，是第一个可以商用的片上计算机，随后，Intel 发布了以 8051 为基础的一系列 8 位单片机，由于其灵活性和易用性，获得了极大的成功，被成功应用在各类家用电器、工业控制领域。我国在 20 世纪 80 年代初就开始使用单片机，发展也极为迅速。

单片机又称单片微控制器，它不是为完成某一单一逻辑功能而设计的芯片，而是把一个计算机系统集成到一个芯片上。概括地讲：一块芯片就成了一台计算机，被称为单片机，即单片式计算机。一台能够工作的计算机由 CPU（进行运算、控制）、RAM（数据存储）、ROM（程序存储）、输入/输出设备（串行口、并行输出口等）构成。在个人计算机上这些部分被分成若干块芯片，安装在称为主板的印刷线路板上。计算机的产生加快了人类改造世界的步伐，但是它毕竟体积大，之后微计算机（单片机）诞生了。在单片机中，计算机的各种组成部分全部在一块集成电路芯片上，称为单片（单芯片）机，而且有一些单片机中除了上述部分外，还集成了其他部分，如 A/D、D/A 等。没有单片机时，只能使用复杂的模拟电路实现一些控制过程，然而这样做出来的产品不仅体积大，而且成本高，并且由于长期使用，元器件不断老化，控制的精度自然也会达不到标准。在单片机产生后，我们就将控制这些东西变为智能化了，只需要在单片机外围接一点简单的接口电路，核心部分只是由人为的写入程序来完成。这样产品的体积变小了，成本也降低了，长期使用也不会担心精度不够。单片机体积小、质量轻、价格便宜、为学习、应用和开发提供了便利条件。

目前单片机渗透到人们生活的各个领域，几乎很难找到没有单片机踪迹的领域。在军事上，导弹的导航装置、智能炸弹，大型飞机、船舶上各种仪表的控制，计算机的网络通信与数据传输，工业自动化系统过程的实时控制和数据处理，还有广泛使用的各种智能 IC 卡、汽车的安全保障与自动控制系统，民用消费领域的录像机、摄像机、全自动洗衣机的控制，以及程控玩具、电子宠物等等，这些都离不开单片机。在自动控制领域更是离不开单片机，如机器人、智能仪表、医疗器械、数控车床，40 多年以来单片机发展获得了空前的成功。

MCS-51 是指由美国 INTEL 公司生产的一系列单片机的总称，这一系列单片机包括了8031、8051、8751、8032、8052、8752 等，其中 8051 是最早最典型的产品，该系列其他单片机都是在 8051 的基础上进行功能的增、减、改变而来的，所以人们习惯用 8051 称呼 MCS-51 系列单片机，而 8031 是前些年在我国最流行的单片机。INTEL 公司将 MCS-51 的核心技术授权给了其他公司，所以有很多公司在做以 8051 为核心的单片机，当然，功能或多或少有些改变，以满足不同的需求，其中 89C51 就是这几年在我国非常流行的单片机，它是由美国 ATMEL 公司开发生产的。

然而，单片机世界一直是"八国联军"各统一方的局面，从 8051 和 68XX、TI DSP、MSP430到欧洲的 XA、AVR，再到日本瑞萨和 NEC 等，其体系结构和开发工具多是各自为政，操作系统也五花八门，诸如有 vrtx、vxworks、psos、nucleus、OSE、cmx 等，开发工具少则要几千美元，多则数万美元。这样的局面一直到 ARM 的出现才宣告结束，伴随开源嵌入式软件 Linux 的出现，这种情况才发生了根本性的改变。如今，虽然以上单片机还活跃在人们生活中，但是更多的厂家在加快推出基于 ARM 核的单片机，包括了老牌的 Ateml、NXP、ST、飞思卡尔、TI、三星等，还有许许多多基于 ARM 的 SoC 芯片和基于 ARM 的 FPGA。包括 Intel 在内的各厂家目前都和 ARM保持紧密的合作。

ARM（Advanced RISC Machines）是微处理器行业的一家知名企业，是知识产权（IP）供应商，本身不生产芯片，靠转让设计许可由合作伙伴生产各具特色的芯片。ARM 公司设计了大量高性能、廉价、耗能低的 RISC 处理器、相关技术及软件。目前，有超过 30 家半导体公司与ARM 签订了硬件技术使用许可协议，其中包括 Intel、IBM、SAMSUNG、OKI、LG、NEC、SONY、PHILIPS 等大公司。至于软件系统的合伙人，则包括微软、SYMBIAN 和 MRI 等一系列知名

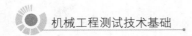

公司。

ARM 32 位体系结构被公认为业界领先的 32 位嵌入式 RISC 处理器结构,所有 ARM 处理器共享这一体系结构。这可确保开发者转向更高性能的 ARM 处理器时,由于所有产品均采用一个通用的软件体系,而相同的软件理论上又可在所有产品中运行,从而使开发者在软件开发可获得最大回报。当前 ARM 体系的扩充包括:①Thumb:16 位指令集,用以改善代码的密码;②DSP:用于 DSP 应用的算术运算指令集;③Jazeller:允许直接执行 Java 字节码的扩充。ARM 处理器当前有 6 个产品系列:ARM7、ARM9、ARM9E、ARM10、ARM11 和 SecurCore。在 ARM 架构基础上扩展的产品来自合作伙伴,例如 Intel Xscale 微体系结构和 StrongARM 产品。ARM7、ARM9、ARM9E、ARM10 是 4 个通用处理器系列。每个系列提供一套特定的性能满足设计者对功耗、性能、体积的需求。SecurCore 是第 5 个产品系列,是专门为安全设备而设计的。

基于 ARM 处理器的解决方案主要包括:在无线、消费电子和图像应用方面的开放平台,在存储、自动化、工业和网络应用的嵌入式实时系统;以及在智能卡和 SIM 卡的安全应用。ARM 家族占了所有 32 位元嵌入式处理器 75% 的比例,使它成为占全世界最多数的 32 位元架构之一。ARM 处理器可以在很多消费性电子产品上看到,从可携式装置(PDA、移动电话、多媒体播放器、掌上型电玩和计算机)到电脑周边设备(硬盘、桌面路由器)甚至在导弹的弹载计算机等军用设施中都有他的存在。在此还有一些基于 ARM 设计的衍生产品,重要产品还包括 Marvell 的 XScale 架构和德州仪器的 OMAP 系列。

MIPS 是另外一种商用 RISC 架构的计算芯片。1981 年,美国斯坦福大学的 John Hennessy 发布了第一款 MIPS 芯片。1984 年,Hennessy 离开校园创办了 MIPS 计算系统公司。随着 32 位单片机的产量迅速增长,特别是在需要更高处理能力和更大存储容量的先进汽车、消费和工业应用方面,如今的 MIPS 芯片无所不在。它们涉及各个领域,下至游戏机、网络路由器、激光打印机和机顶盒,上至高端工作站。行业从 8 位和 16 位向 32 位单片机过渡,设计师不仅需要更多的功能,而且需要广泛的外设,包括 USB 和音频编解码器等高性能 IP。对 MCU 模拟功能不断增长的需求,为结合了模拟和数字产品的 IP 供应商带来了巨大的商机。2007 年,MIPS 科技公司也正式宣布进军正蓬勃发展、对性能要求很高的 32 位单片机(MCU)市场。随着安防应用更加复杂的加密和解密、改进汽车安全性和引擎管理的更高性能,以及所有 MCU 应用的更多集成和连接等方面的需求不断增长,该市场还将继续增长。

10.1.2　两种 CPU 的硬件结构

计算机主处理器的硬件结构主要有两种,冯诺依曼结构和哈佛结构,他们的主要区别是地址空间和数据空间分开与否,冯诺依曼结构数据空间和地址空间不分开,芯片内部的地址总线和数据总线共用同一条总线,而哈佛结构数据空间和地址空间是分开的。

1. 冯·诺伊曼结构

冯·诺伊曼结构也称普林斯顿结构,是一种将程序指令存储器和数据存储器合并在一起的存储器结构。程序指令存储地址和数据存储地址指向同一个存储器的不同物理位置,因此程序指令和数据的宽度相同,如英特尔公司的 8086 中央处理器的程序指令和数据都是 16 位宽。目前使用冯·诺伊曼结构的中央处理器和微控制器有很多。除了上面提到的英特尔公司的 8086,英特尔公司的其他中央处理器、ARM 公司的 ARM7、MIPS 公司的 MIPS 处理器也采用了冯·诺伊曼结构。

1945年,冯·诺伊曼首先提出了"存储程序"的概念和二进制原理,后来,人们把利用这种概念和原理设计的电子计算机系统统称为"冯·诺伊曼型结构"计算机。冯·诺伊曼结构的处理器使用同一个存储器,经由同一个总线传输,如图10.1所示。

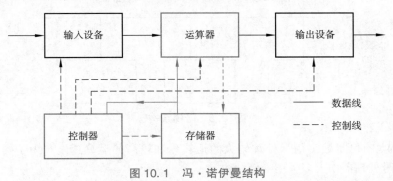

图10.1　冯·诺伊曼结构

冯·诺伊曼结构处理器具有以下几个特点。

①必须有一个存储器;

②必须有一个控制器;

③必须有一个运算器,用于完成算术运算和逻辑运算;

④必须有输入和输出设备,用于进行人机通信。

冯·诺伊曼的主要贡献就是提出并实现了"存储程序"的概念。由于指令和数据都是二进制码,指令和操作数的地址又密切相关,因此,当初选择这种结构是自然的。但是,这种指令和数据共享同一总线的结构,使得信息流的传输成为限制计算机性能的瓶颈,影响了数据处理速度的提高。

在典型情况下,完成一条指令需要3个步骤,即取指令、指令译码和指令执行。从指令流的定时关系也可看出冯·诺伊曼结构与哈佛结构处理方式的差别。举一个最简单的对存储器进行读写操作的指令,如图10.2所示,指令1至指令3均为存、取数指令,对冯·诺伊曼结构处理器,由于取指令和存取数据要从同一个存储空间存取,经由同一总线传输,因而它们无法重叠执行,只有一个完成后再进行下一个。

图10.2　冯·诺伊曼结构处理器指令流的定时关系示意图

2. 哈佛结构(图10.3)

与冯·诺伊曼结构相比,哈佛结构处理器有以下两个明显的特点。

①使用两个独立的存储器模块,分别存储指令和数据,每个存储模块都不允许指令和数据

并存；

②使用独立的两条总线,分别作为 CPU 与每个存储器之间的专用通信路径,而这两条总线之间毫无关联。

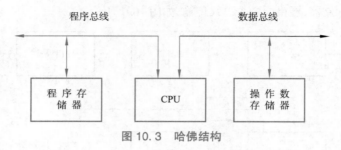

图 10.3 哈佛结构

哈佛结构具有满足数字信号处理较大的运算量和较高的运算速度。为了提高数据吞吐量,在数字信号处理器中大多采用哈佛结构。

改进的哈佛结构(图 10.4)其结构特点为:使用两个独立的存储器模块,分别存储指令和数据,每个存储模块都不允许指令和数据并存,以便实现并行处理;具有一条独立的地址总线和一条独立的数据总线,利用公用地址总线访问两个存储模块(程序存储模块和数据存储模块),公用数据总线则被用来完成程序存储模块或数据存储模块与 CPU 之间的数据传输。

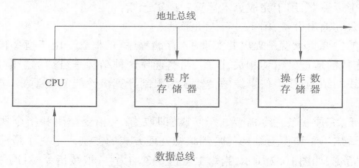

图 10.4 改进型哈佛结构

完成一条指令所需要的 3 个步骤,在采用哈佛结构处理时可以并行完成,如图 10.5 所示。由于取指令和存取数据分别经由不同的存储空间和不同的总线,使得各条指令可以重叠执行,这样,也就克服了数据流传输的瓶颈,提高了运算速度。两条总线由程序存储器和数据存储器分时共用,因而可以完成并行处理任务。

图 10.5 哈佛结构处理器指令流的定时关系示意图

可见,哈佛结构强调了总的系统速度以及通讯和处理器配置方面的灵活性,更有利于并行处理,所以在 DSP 等高速数字信号处理芯片中得到了广泛应用。

10.2 单片机基础知识

世界上各大芯片制造公司都推出了自己的单片机,从 8 位、16 位到 32 位,数不胜数,应有尽有,有与主流 C51 系列兼容的,也有不兼容的,但它们各具特色,互成互补,为单片机的应用提供广阔的天地。

纵观单片机的发展过程,可以预示单片机的发展趋势,大致如下。

1. 低功耗 CMOS 化

MCS-51 系列的 8031 推出时的功耗高达 630 mW,而现在的单片机普遍都在 100 mW 左右,随着对单片机功耗要求越来越低,现在的各个单片机制造商基本都采用了 CMOS(互补金属氧化物半导体工艺)。如 80C51 采用了 HMOS(即高密度金属氧化物半导体工艺)和 CHMOS(互补高密度金属氧化物半导体工艺)。CMOS 虽然功耗较低,但由于其物理特征决定其工作速度不够高,而 CHMOS 则具备了高速和低功耗的特点,这些特征,更适合于在要求低功耗电池供电的应用场合。所以这种工艺将是今后一段时期单片机发展的主要途径。

2. 微型单片化

目前常规的单片机普遍都是将中央处理器(CPU)、随机存取数据存储(RAM)、只读程序存储器(ROM)、并行和串行通信接口,中断系统、定时电路、时钟电路集成在一块单一的芯片上,增强型的单片机集成了如 A/D 转换器、PMW(脉宽调制电路)、WDT(看门狗)、有些单片机将 LCD(液晶)驱动电路都集成在单一的芯片上,这样单片机包含的单元电路就更多,功能就越强大。甚至单片机厂商还可以根据用户的要求量身定做,制造出具有自己特色的单片机芯片。

此外,现在的产品普遍要求体积小、重量轻,这就要求单片机除了功能强和功耗低外,还需体积小。目前许多单片机都具有多种封装形式,其中 SMD(表面封装)越来越受欢迎,使得由单片机构成的系统正朝微型化方向发展。

3. 主流与多品种共存

虽然单片机的品种繁多,各具特色,但仍以 80C51 为核心的单片机占据主流,兼容其结构和指令系统的有 PHILIPS 公司的产品,ATMEL 公司的产品和 WINBOND(华邦)、HOLTEK 品牌的 Winbond 系列单片机。以 C8051 为核心的单片机占据了半壁江山。而 Microchip 公司的 PIC 精简指令集(RISC)也有着强劲的发展势头,中国台湾的 HOLTEK 公司近年的单片机产量与日俱增,与其低价质优的优势,占据一定的市场份额。此外还有 MOTOROLA 公司的产品,日本几大公司的专用单片机也占据了一定的市场份额。在一定时期内,这种情形将得以延续,不存在某个单片机一统天下的垄断局面。

10.2.1 硬件架构

MCS-51 单片机内部总体结构的基本特性如下。

①8 位 CPU、片内振荡器;

②4k 字节 ROM、128 字节 RAM;

③21 个特殊功能寄存器;

④32 根 I/O 线;

⑤可寻址的 64k 字节外部数据、程序存贮空间;

⑥2 个 16 位定时器、计数器;

⑦中断结构:具有 2 个优先级、5 个中断源;

⑧一个全双口串行口。

其硬件结构框图如图 10.6 所示。

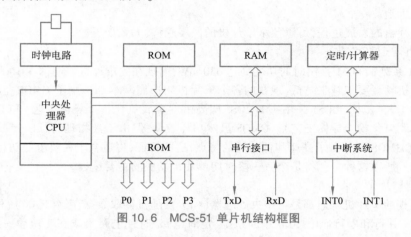

图 10.6　MCS-51 单片机结构框图

图 10.6 是 51 单片机内部逻辑结构图。51 单片机是总线结构的,中间的一条双横线是 51 单片机的内部总线,其他的部件都是通过内部的总线与 CPU 相连接的。

中央处理器(CPU):MCS-51 的 CPU 能处理 8 位二进制数或代码。CPU 是单片机的主要核心部件,在 CPU 里面包含了运算器、控制器以及若干寄存器等部件。

内部数据存储器(RAM):MCS-51 单片机芯片共有 256 个 RAM 单元,其中后 128 单元被专用寄存器占用,能作为寄存器供用户使用的只是前 128 单元,用于存放可读写的数据。因此通常所说的内部数据存储器是指前 128 单元,简称内部 RAM。地址范围为 00H ~ FFH(256B)。是一个多用多功能数据存储器,有数据存储、通用工作寄存器、堆栈、位地址等空间。

内部程序存储器(ROM):MCS-51 内部有 4KB/8KB 字节的 ROM,用于存放程序、原始数据或表格,因此称为程序存储器,简称内部 ROM。地址范围为 0000H ~ FFFFH(64 kB)。

定时器/计数器:51 系列共有 2 个 16 位的定时器/计数器(52 系列共有 3 个 16 位的定时器/计数器),以实现定时或计数功能,并以其定时或计数结果对计算机进行控制。定时时靠内部分频时钟频率计数实现,做计数器时,对 P3.4(T0)或 P3.5(T1)端口的低电平脉冲计数。

并行 I/O 口:MCS-51 共有 4 个 8 位的 I/O 口(P0、P1、P2、P3)以实现数据的输入输出。

串行口:MCS-51 有一个可编程的全双工的串行口,以实现单片机和其他设备之间的串行数据传送。该串行口功能较强,既可作为全双工异步通信收发器使用,也可作为移位器使用。RXD(P3.0)脚为接收端口,TXD(P3.1)脚为发送端口。

中断控制系统:MCS-51 单片机的中断功能较强,以满足不同控制应用的需要。51 系列有

5 个中断源（52 系列有 6 个中断源），即外中断 2 个，定时中断 2 个，串行中断 1 个，全部中断分为高级和低级共两个优先级别，优先级别的设置也将在后面进行详细的讲解。

定时与控制部件：MCS-51 单片机内部有一个高增益的反相放大器，基输入端为 XTAL1，输出端为 XTAL2。MCS-51 芯片的内部有时钟电路，但石英晶体和微调电容需外接。时钟电路为单片机产生时钟脉冲序列。

单片机的各部分靠"内部总线"彼此相连，此总线有如大城市的"干道"，而 CPU、ROM、RAM、I/O 口、中断系统等就分布在此"总线"的两旁，并和它连通。从而，一切指令、数据都可经内部总线传送，有如大城市内各种物品的传送都经过干道进行。

10.2.2 单片机外部引脚功能介绍

当我们拿到一块单片机芯片时，会看到很多的管脚，那么他们都是做什么用的呢？由于各种单片机大同小异，下面介绍的引脚为单片机的典型引脚（图 10.7）。

引脚功能：

P0.0~P0.7 P0 口 8 位双向口线（在引脚的 39~32 号端子）；

P1.0~P1.7 P1 口 8 位双向口线（在引脚的 1~8 号端子）；

P2.0~P2.7 P2 口 8 位双向口线（在引脚的 21~28 号端子）；

P3.0~P3.7 P2 口 8 位双向口线（在引脚的 10~17 号端子。

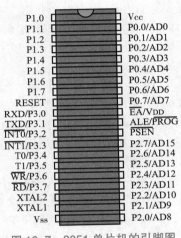

图 10.7 8051 单片机的引脚图

这 4 个 I/O 口具有不完全相同的功能，P0 口有三个功能：

①外部扩展存储器时，当作数据总线（如图 1 中的 D0~D7 为数据总线接口）；

②外部扩展存储器时，当作地址总线（如图 1 中的 A0~A7 为地址总线接口）；

③不扩展时，可做一般的 I/O 使用，但内部无上拉电阻，作为输入或输出时应在外部接上拉电阻。

P1 口只做 I/O 口使用：其内部有上拉电阻。

P2 口有两个功能：扩展外部存储器时，当作地址总线使用；做一般 I/O 口使用，其内部有上拉电阻。

P3 口有两个功能：除了作为 I/O 使用外（其内部有上拉电阻），还有一些特殊功能，由特殊寄存器设置。

有内部 EPROM 的单片机芯片（例如 8751），为写入程序需提供专门的编程脉冲和编程电源，这些信号也是由信号引脚的形式提供的，即

编程脉冲：30 脚（ALE/PROG）；

编程电压（25 V）：31 脚（EA/Vpp）。

有些印刷电路板上会有一个电池，这个电池就是单片机的备用电源，当外接电源下降到下

限值时,备用电源就会经第二功能的方式由第 9 脚(即 RST/VPD)引入,以保护内部 RAM 中的信息不丢失。

上拉电阻在引脚作为输入时,将其电位拉高,若输入为低电平则可提供电流源;所以 P0 口作为输入时,处在高阻抗状态,只有外接一个上拉电阻后才能有效。

ALE/PROG 地址锁存控制信号:在系统扩展时,ALE 用于控制把 P0 口的输出低 8 位地址送锁存器锁存起来,以实现低位地址和数据的隔离。(在后面关于扩展的课程中我们就会看到 8051 扩展 EEPROM 电路,在图中 ALE 与 74LS373 锁存器的 G 相连接,当 CPU 对外部进行存取时,用以锁住地址的低位地址,即 P0 口输出。ALE 有可能是高电平也有可能是低电平,当 ALE 是高电平时,允许地址锁存信号,当访问外部存储器时,ALE 信号负跳变(即由正变负)将 P0 口上低 8 位地址信号送入锁存器。当 ALE 是低电平时,P0 口上的内容和锁存器输出一致。关于锁存器的内容,稍后也会介绍。在没有访问外部存储器期间,ALE 以 1/6 振荡周期频率输出(即 6 分频),当访问外部存储器则以 1/12 振荡周期输出(12 分频)。从这里我们可以看到,当系统没有进行扩展时,ALE 会以 1/6 振荡周期的固定频率输出,因此可以作为外部时钟,或者外部定时脉冲使用。

PORG 为编程脉冲的输入端:在 8051 单片机内部有一个 4 kB 或 8 kB 的程序存储器(ROM),ROM 的作用就是用来存放用户需要执行的程序的,通过 PROG 输入端口编程脉冲输入才能把编写好的程序存入 ROM 中。

PSEN 外部程序存储器读信号:在读外部 ROM 时 PSEN 低电平有效,以实现外部 ROM 单元的读操作。

①内部 ROM 读取时,PSEN 不动作;

②外部 ROM 读取时,在每个机器周期会动作两次;

③外部 RAM 读取时,两个 PSEN 脉冲被跳过不会输出;

④外接 ROM 时,与 ROM 的 OE 脚相接。

EA/VPP 访问和读取程序存储器控制信号如下。

①接高电平时:CPU 读取内部程序存储器(ROM),但当读取内部程序存储器超过 0FFFH(8051)1FFFH(8052)时自动读取外部扩展 ROM。

②接低电平时:CPU 读取外部程序存储器(ROM)。在前面的学习中我们已知道,8031 单片机内部是没有 ROM 的,那么在应用 8031 单片机时,这个脚是一直接低电平的。

③8751 烧写内部 EPROM 时,利用此脚输入 21 V 的烧写电压。

RST 复位信号:当输入的信号连续 2 个机器周期以上的高电平时即为有效,用以完成单片机的复位初始化操作,当复位后程序计数器 PC=0000H,即复位后将从程序存储器的 0000H 单元读取第一条指令码。

XTAL1 和 XTAL2 外接晶振引脚。当使用芯片内部时钟时,此二引脚用于外接石英晶体和微调电容;当使用外部时钟时,用于接收外部时钟脉冲信号。

VCC:电源+5 V 输入。

VSS:GND 接地。

10.2.3 MCU—8051 主要组成部分

单片机的主要计算功能都是靠其内部 8 位 CPU 完成的,CPU 内部包含了运算器,控制器及若干寄存器。

图 10.8 中虚线框内的就是 CPU 的内部结构,8 位 MCS-51 单片机的 CPU 内部由数术逻辑单元 ALU(Arithmetic Logic Unit)、累加器 A(8 位)、寄存器 B(8 位)、程序状态字 PSW(8 位)、程序计数器 PC(有时也称为指令指针,即 IP,16 位)、地址寄存器 AR(16 位)、数据寄存器 DR(8 位)、指令寄存器 IR(8 位)、指令译码器 ID、控制器等部件组成。

1. 运算器

运算器以完成二进制的算术/逻辑运算部件 ALU 为核心,再加上暂存器 TMP、累加器 ACC、寄存器 B、程序状态标志寄存器 PSW 及布尔处理器。

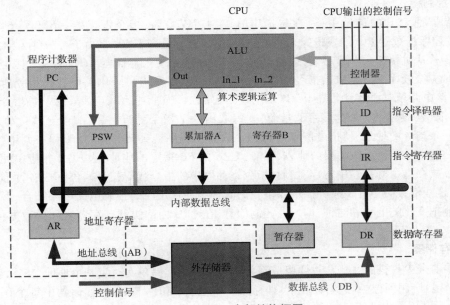

图 10.8 CPU 内部结构框图

运算器主要完成以下功能。

①算术和逻辑运算,可对半字节(一个字节是 8 位,半个字节就是 4 位)和单字节数据进行操作;

②加、减、乘、除、加 1、减 1、比较等算术运算;

③与、或、异或、求补、循环等逻辑运算;

④位处理功能(即布尔处理器)。

累加器 ACC 是一个八位寄存器,它是 CPU 中工作最频繁的寄存器。在进行算术、逻辑运算时,累加器 ACC 往往在运算前暂存一个操作数(如被加数),而运算后又保存其结果(如代数和)。寄存器 B 主要用于乘法和除法操作。标志寄存器 PSW 也是一个八位寄存器,用来存放运算结果的一些特征,如有无进位、借位等。对用户而言,最关心的是以下四点。

①进位标志 CY(PSW.7)。它表示了运算是否有进位(或借位)。如果操作结果在最高位有进位(加法)或者借位(减法),则该位为1,否则为0。

②辅助进位标志 AC。又称半进位标志,它反映了两个八位数运算低四位是否有半进位,即低四位相加(或减)有否进位(或借位),如有则 AC 为1状态,否则为0。

③溢出标志位 OV。MCS-51 反映带符号数的运算结果是否有溢出,有溢出时,此位为1,否则为0。

④奇偶标志 P。反映累加器 ACC 内容的奇偶性,如果 ACC 中的运算结果有偶数个1(如11001100B,其中有4个1),则 P 为0,否则,P=1。

PSW 的其他位将在以后介绍。由于 PSW 存放程序执行中的状态,故又称程序状态字。运算器中还有一个按位(bit)进行逻辑运算的逻辑处理机(又称布尔处理机)。

2. 控制器

控制器是 CPU 的神经中枢,它包括定时控制逻辑电路、指令寄存器、译码器、地址指针 DPTR 及程序计数器 PC、堆栈指针 SP 等很多内容。程序计数器 PC 是由16位寄存器构成的计数器。要单片机执行一个程序,必须把该程序按顺序预先装入存储器 ROM 的某个区域。单片机动作时应按顺序一条条取出指令来加以执行。因此,必须有一个电路能找出指令所在的单元地址,该电路就是程序计数器 PC。当单片机开始执行程序时,给 PC 装入第一条指令所在地址,它每取出一条指令(如为多字节指令,则每取出一个指令字节),PC 的内容就自动加1,以指向下一条指令的地址,使指令能顺序执行。只有当程序遇到转移指令、子程序调用指令,或遇到中断时,PC 才转到所需要的地方。8051 CPU 的 PC 指定的地址,从 ROM 相应单元中取出指令字节放在指令寄存器中寄存,然后,指令寄存器中的指令代码被译码器译成各种形式的控制信号,这些信号与单片机时钟振荡器产生的时钟脉冲在定时与控制电路中相结合,形成按一定时间节拍变化的电平和时钟,即所谓控制信息,在 CPU 内部协调寄存器之间的数据传输、运算等操作。

3. 存储器

存储器是单片机的又一个重要组成部分。其中每个存储单元对应一个地址,256个单元共有256个地址,用两位16进制数表示,即存储器的地址(00H~FFH)。存储器中每个存储单元可存放一个八位二进制信息,通常用两位16进制数表示,这就是存储器的内容。存储器的存储单元地址和存储单元的内容是不同的两个概念,不能混淆。根据存储对象的不同,主要分为程序存储器和数据存储器。

(1)程序存储器

程序是控制计算机动作的一系列命令,单片机只认识由"0"和"1"代码构成的机器指令。如前述用助记符编写的命令 MOV A,#20H,换成机器认识的代码74H、20H:(写成二进制即01110100B 和 00100000B)。在单片机处理问题之前必须事先将编好的程序、表格、常数汇编成机器代码后存入单片机的存储器中,该存储器称为程序存储器。程序存储器可以放在片内或片外,亦可片内片外同时设置。由于 PC 程序计数器为16位,使得程序存储器可用16位二进制地址,因此,内外存储器的地址最大可从0000H 到 FFFFH。8051 内部有 4k 字节的 ROM,占用了由0000H~0FFFH 的最低 4k 个字节,此时片外扩充的程序存储器地址编号应由1000H 开始,如果将 8051 当作 8031 使用,不想利用片内 4kROM,全用片外存储器,则地址编号仍可由 0000H 开始。不过,这时应使 8051 的第{31}脚(即 EA 脚)保持低电平。当 EA 为高电平时,用户在 0000H 至 0FFFH 范围内使用内部 ROM,大于 0FFFH 后,单片机 CPU 自动访问外部程序存储器。

（2）数据存储器

单片机的数据存储器由读写存储器 RAM 组成。其最大容量可扩展到 64k,用于存储实时输入的数据。8051 内部有 256 个单元的内部数据存储器,其中 00H ~ 7FH 为内部随机存储器 RAM,80H ~ FFH 为专用寄存器区。实际使用时应首先充分利用内部存储器,从使用角度讲,搞清内部数据存储器的结构和地址分配是十分重要的。8051 内部数据存储器地址由 00H 至 FFH 共有 256 个字节的地址空间,该空间被分为两部分,其中内部数据 RAM 的地址为 00H ~ 7FH (即 0~127)。而用作特殊功能寄存器的地址为 80H ~ FFH。在此 256 个字节中,还开辟有一个所谓"位地址"区,该区域内不但可按字节寻址,还可按"位(bit)"寻址。对于那些需要进行位操作的数据,可以存放到这个区域。从 00H 到 1FH 安排了四组工作寄存器,每组占用 8 个 RAM 字节,记为 R0~R7。究竟选用哪一组寄存器,由前述标志寄存器中的 RS1 和 RS0 选用。在这两位上放入不同的二进制数,即可选用不同的寄存器组。

（3）特殊功能寄存器

特殊功能寄存器(SFR)的地址范围为 80H ~ FFH。在 MCS-51 中,除程序计数器 PC 和四个工作寄存器区外,其余 21 个特殊功能寄存器都在 SFR 块中。其中 5 个是双字节寄存器,它们共占用了 26 个字节。特殊功能寄存器反映了 8051 的状态,实际上是 8051 的状态字及控制字寄存器,用于 CPU PSW 便是典型一例。这些特殊功能寄存器大体上分为两类,一类与芯片的引脚有关,另一类用作片内功能的控制。与芯片引脚有关的特殊功能寄存器是 P0~P3,它们实际上是 4 个八位锁存器(每个 I/O 口一个),每个锁存器附加有相应的输出驱动器和输入缓冲器,构成了一个并行口。MCS-51 共有 P0~P3 四个并行口,可提供 32 根 I/O 线,每根线都是双向的,并且大都有第二功能。

4. 指令与寻址

单片机要正常运作,事先需编制程序,再把程序放入存储器中,然后由 CPU 执行该程序。程序是由指令组成的,指令的基本组成是操作码和操作数。单片机的品种很多,设计时怎样表示操作码和操作数,都有各自的规定,另外指令代码各不相同。各个系列的单片机虽然有不同的指令系统,但也有其共同性。掌握一种单片机的指令系统,对其他系列单片机可以起到触类旁通的作用。MCS-51 单片机应用广泛,派生品种多,具有代表性,所以,以 MCS-51 系列的指令系统为例说明"指令"的组成和应用。

（1）MOV A,#20H

这条指令表示把 20H 这个数送入累加器 A 中(一个特殊功能寄存器)。

（2）ADD A,70H

这条指令表示把累加器 A 中的内容(在上例中送入的#20H)和存储器中地址为 70H 单元中的内容(也是一个数字),通过算术逻辑单元(英文缩写为 ALU)相加,并将结果保留在 A 中。

MOV、ADD 等称为操作码,而 A、#20H、70H 等均称为操作数。在汇编语言程序中,操作码通常由英文单词缩写而成,这样有助于记忆,所以又称助记符。如 MOV 就是英文单词 MOVE

的缩写,含有搬移的意思;而 ADD 即为英文单词,其意为相加。因此,对于略懂英语的用户,掌握单片机指令的含意是较为方便的。操作数有多种表示法,如以上的#20H 称为立即数,即 20H 就是真正的操作数。而 70H 是存储器中某个单元的地址,在该单元中,放着操作数(如 3AH),ADD A,70H 不是将 70H 和 A 中的内容相加,而是从存储器 70H 单元中将 3AH 取出和 A 中的内容相加。

由上可知,要找到实际操作数,有时需要几次间接过程,这个过程称为间接寻址,MCS-51 共有 7 种寻址方式,如下。

①立即寻址:操作数就写在指令中,和操作码一起放在程序存储器中。把"#"号放在立即数前面,以表示该寻址方式为立即寻址,如#20H。

②寄存器寻址:操作数放在寄存器中,在指令中直接以寄存器的名字表示操作数的地址。例如 MOV A,R0 就属于寄存器寻址,即将 R0 寄存器的内容送到累加器 A 中。

③直接寻址:操作数放在单片机的内部 RAM 某单元中,在指令中直接写出该单元的地址。如前例的"ADD A,70H"中的 70H。

④寄存器间接寻址:操作数放在 RAM 某个单元中,该单元的地址又放在寄存器 R0 或 R1 中。如果 RAM 的地址大于 256,则该地址存放在 16 位寄存器 DPTR(数据指针)中,此时在寄存器名前加@符号来表示这种间接寻址。如 MOVA,@ R0。其他还有变址寻址、相对寻址、位寻址等。

5. 单片机的 C 语言编程

汇编编程虽然效率高,但是随着应用系统的复杂度越来越高,采用纯汇编程序已无法承担编写复杂的控制与计算所花费的时间和成本,可执行代码几百 kB。这对于 32 位的 PC 平台相对容易,而对于 8 位的单片机便是大规模的开发,这种大型的嵌入式开发不可能完全用汇编语言来完成。C 语言便于模块化的编程风格、优良的可读性、良好的可移植性和调试方便性更是这种大型程序开发的项目维护管理所需要的。另外,很多程序都是可以复用的,这样,C 语言编程方式就具有无可比拟的优势。经过多年的发展,已经具有很多优秀的集成开发工具,KeilC 便是其中之一,这些集成开发工具为程序开发调试提供了良好的人机接口。Keil C51 是美国 Keil Software 公司出品的 51 系列兼容单片机 C 语言软件开发系统,与汇编相比,C 语言在功能上、结构性、可读性、可维护性上有明显的优势,因而易学易用。由于 C 语言广泛应用在各种大型的嵌入式程序中,通常占95%以上的代码量。采用 C 语言进行单片机开发,要紧密结合硬件结构,特别是系统的存储器控件配置编写程序。比如在调用数组时,Keil C 首先把数组 Load 进内存。如果要在 C 中使用长数组时,可以使用 code 关键字,这样便实现了汇编 DB 的功能,Keil C 不会把标志 code 的数组 Load 入内存,它会直接读取 Rom。

10.3 ARM 基础知识

和单片机不同的是,提到 ARM,首先想到的是软件,包括操作系统、多线程、资源调用、寄存器等内容,原因在于,ARM 的硬件多半已经模块化了,并没有一个实体的单独的 ARM 芯片,ARM 公司实际上采用授权的方式,将 ARM 架构的 IP 核授权给那些需要该种技术的各个芯片公司,由他们进行真正的芯片封装。ARM 是一种与 x86、PowerPC 截然不同的 CPU 架构,在

ARM 开发中,工作量最大的其实也是基于 LINUX 的软件开发,从这方面说 ARM 应该算是软件了。

ARM 全称是 Advanced RISCMachine,是一个 32 位元精简指令集(RISC)处理器架构,由于节能的特点,ARM 处理器非常适用于移动计算领域,符合其主要设计目标为低耗电的特性,其广泛地使用在许多嵌入式系统设计中。ARM 处理器的三大特点:①小体积、低功耗、低成本、高性能;②16/32 位双指令集;③全球众多的合作伙伴。

ARM 的设计是 Acorn 电脑公司(Acorn Computers Ltd)于 1983 年开始的发展计划。1985 年时开发出 ARM1 Sample 版,而首颗"真正"的产能型 ARM2 于次年量产。ARM2 具有 32 位元的资料汇流排、26 位元的定址空间,并提供 64 Mbyte 的定址范围与 16 个 32-bit 的暂存器。ARM 的经营模式在于出售其知识产权核(IP core),授权厂家依照设计制作出建构于此核的微控制器和中央处理器。最成功的实践案例属 ARM7TDMI,几乎卖出了数亿套内建微控制器的装置。

10.3.1 ARM 处理器命名规则

每个 ARM 处理器都有一个特定的指令集架构(ISA),而一个 ISA 版本又可以由多种处理器实现。ISA 随着嵌入式市场的需求而发展,至今已经有多个版本。ARM 公司规划该发展过程,使得在较早的架构版本上编写的代码也可以在后继版本上执行(即代码的兼容性)。

ARM 使用命名规则来描述一个处理器,在"ARM"后的字母和数字表明了一个处理器的功能特性。随着近年 ARM 架构的产品爆炸性地涌入市场,以及对于维护架构一致性的高层次的要求,ARM 重新组织了 ARM 架构的规范,定义了以 ARM7 架构的 Cortex 系列。

10.3.2 ARM 处理器系列

ARM 公司设计了许多处理器,它们可以根据使用的不同内核划分到各个系列中。系列划分是基于 ARM7、ARM9、ARM10、ARM11 和 Cortex 内核。后级数字 7、9、10 和 11 表示不同的内核设计。数字的升序说明性能和复杂度的提高。ARM8 开发出来以后很快就被取代。在每个系列中,存储器管理、cache 和 TCM 处理器扩展也有多种变化。ARM 继续在可用的产品系列和每个系列内部的不同变种方面做进一步开发。

1. ARM7 系列

ARM7 内核是冯·诺伊曼体系结构,数据和指令使用同一条总线。内核有一条 3 级流水线,执行 ARM V4 指令集。ARM7TDMI 是 ARM 公司于 1995 年推出的新系列中的第一个处理器内核,是目前非常流行的内核,已被用在许多 32 位嵌入式处理器上。它提供了非常好的性能——功耗比。ARM7TDMI 处理器内核已经许可给许多世界顶级半导体公司,它是第一个包括 Thumb 指令集、快速乘法指令和嵌入式 ICE 调试技术的内核。

ARM720T 是 ARM7 系列中最具灵活性的成员,因为它包含了一个存储器管理单元(MMU)。MMU 的存在意味着 ARM720T 能够处理 Linux 和 Microsoft 嵌入式操作系统(如WinCE)。这一处理器还包括了一个 8 kB 的统一 cache(指令/数据混合 cache)。向量表可以通过设置一个协处理器 15(CP15)寄存器来重定位到更高的地址。另一个成员是 ARM7EJ-S 处理器,它也是可综合的。ARM7EJ-S 与其他 ARM7 处理器有很大不同,因为它有一条 5 级流水线,并且执行 ARMv5TEJ 指令。这个版本是 ARM7 中唯一一个提供 java 加速和增强指令,而没

有任何存储器保护的处理器。

2. ARM9 系列

ARM9 系列于 1997 年问世。由于采用了 5 级指令流水线,ARM9 处理器能够运行在比 ARM7 更高的时钟频率上,提高了处理器的整体性能。存储器系统根据哈佛体系结构重新设计,区分了数据 D 和指令 I 总线。ARM9 系列的第一个处理器是 ARM920T,它包含独立的 D+I cache 和一个 MMU。这个处理器能够被用在要求有虚拟存储器(虚存)支持的操作系统上。ARM922T 是 ARM920T 的变种,只有一半大小的 D+I cache。

ARM940T 包括一个更小的 D+I cache 和一个 MPU。它是针对不要求运行平台操作系统的应用而设计的。ARM920T 和 ARM940T 都执行 v4T 架构指令。ARM9 系列的下一个处理器是基于 ARM9E-S 内核的。这个内核是 ARM9 内核带有 E 扩展的一个可综合版本。它有两个变种:ARM946E-S 和 ARM966E-S。两者都执行 v5TE 架构指令。它们也支持可选的嵌入式跟踪宏单元(ETM),它允许开发者实时跟踪处理器上指令和数据的执行。当调试对时间敏感(time-critical)的程序段时,这种方法非常重要。ARM946E-S 包括 TCM、cache 和一个 MPU。TCM 和 cache 的大小可配置。该处理器是针对要求有确定的实时响应的嵌入式控制应用而设计的。而 ARM966E 有可配置的 TCM,但没有 MPU 和 cache 扩展。

ARM9 产品线的最新内核是 ARM926EJ-S 可综合的处理器内核,发布于 2000 年。它是针对小型便携式 java 设备,诸如 3G 手机和个人数字助理(PDA)应用而设计的。ARM926EJ-S 是第一个包含 Jazelle 技术(可加速 java 字节码的执行)的 ARM 处理器内核。它还有一个 MMU、可配置的 TCM,以及具有零或非零等待存储器的 D+I cache。

3. ARM10 系列

ARM10 发布于 1999 年,主要是针对高性能的设计。它把 ARM9 的流水线扩展到 6 级,也支持可选的向量浮点单元(VFP),它对 ARM10 的流水线加入了第 7 段。VFP 明显提高了浮点运算的性能,并与 IEEE754.1985 浮点标准兼容。ARM1020E 是第一个使用 ARM10E 内核的处理器。同 ARM9E,它包括了增强的 E 指令。它有独立的 32 kB D+I cache、可选向量浮点单元(VFP)以及 MMU。ARM1020E 还有一个双 64 位总线接口以提高性能。ARM1026EJ-S 非常类似于 ARM926EJ-S,但同时具有 MPU 和 MMU。这一处理器具有 ARM10 的性能和 ARM926EJ-S 的灵活性。

4. ARM11 系列

ARM1136J-S 发布于 2003 年,是针对高性能和高能效应用而设计的。ARM1136J-S 是第一个执行 ARMv6 架构指令的处理器。它集成了一条具有独立的 load-store 和算术流水线的 8 级流水线。ARMv6 指令包含了针对媒体处理的单指令流多数据流(SIMD)扩展,特殊的设计以提高视频处理性能。ARM1136JF-S 就是为了进行快速浮点运算,而在 ARM1136J-S 增加了向量浮点单元。

5. ARM Cortex 系列

ARMCortex 发布于 2005 年,为各种不同性能需求的应用提供了一整套完整的优化解决方案,该系列的技术划分完全针对不同的市场应用和性能需求。目前 ARM Cortex 定义了三个系列:

Cortex-A 系列:针对复杂 OS 和应用程序(如多媒体)的应用处理器。支持 ARM、Thumb 和

Thumb-2 指令集,强调高性能与合理的功耗,存储器管理支持虚拟地址。

Cortex-R 系列:针对实时系统的嵌入式处理器。支持 ARM、Thumb 和 Thumb-2 指令集,强调实时性,存储器管理只支持物理地址。

Cortex-M 系列:针对价格敏感应用领域的嵌入式处理器,只支持 Thumb-2 指令集,强调操作的确定性,以及性能、功耗和价格的平衡。

这些系列曾在 ARMv7 发展过程中被正式介绍过,A 系列和 R 系列就已经隐式地出现在早期的版本中了,以及虚拟存储系统架构(VMSA)和保护存储系统架构(PMSA)。到目前为止,Cortex 系列正式发布的版本为 Cortex-A8、Cortex-R4 和 Cortex_M3,他们全部实现了 Thumb-2 指令集(或子集),可满足不同的性能、市场价格需求。

10.3.3　ARM 程序设计特点

ARM 的程序设计讲求精简又快速的设计方式,整体电路化却又不采用微码,就像早期使用在 Acorn 微电脑的 8 位元 6502 处理器。

ARM 架构包含了下述 RISC 特性:

· 读取/储存架构;

· 不支援地址不对齐记忆体存取(ARMv6 内核现已支持);

· 正交指令集(任意存取指令可以任意的寻址方式存取数据 Orthogonal instruction set);

· 大量的 16 × 32-bit 暂存器档案(register file);

· 固定的 32 bits 操作码(opcode)长度,降低编码数量所产生的耗费,减轻解码和管线化的负担;

· 大多均为一个 CPU 周期执行;

为了补强这种简单的设计方式,相较于同时期的处理器如 Intel 80286 和 Motorola 68020,还多加了一些特殊设计:

· 大部分指令可以条件式地执行,降低在分支时产生的负重,弥补分支预测器(branch predictor)的不足;

· 算数指令只会在要求时更改条件码(condition code);

· 32-bit 筒型位移器(barrel shifter)可用来执行大部分的算数指令和定址计算而不会损失效能;

· 强大的索引定址模式(addressing mode);

· 精简但快速的双优先级中断子系统,具有可切换的寄存器组;

在 ARM 指令中,在每个指令前头使用一个 4-bit 条件编码,表示每支指令的执行是否为有条件式的。这大大地减低了在记忆体存取指令时用到的编码位元,即可避免对小型叙述如 if 做分支指令。

另一项指令集的特色是,能将位移(shift)和回转(rotate)等功能并成"数据处理"型的指令(算数、逻辑、和暂存器之间的搬移),如一个 C 语言的程序:

a+=(j<<2);

在 ARM 之下,可简化成只需一个 word 和一个 cycle 即可完成的指令:

ADD Ra,Ra,Rj,LSL #2

这种程序方式可让一般的 ARM 程式变得更加紧密,而不需经常使用存储器存取,总线也可以更有效地使用。即使在 ARM 以一般认定为慢速的速度执行,与更复杂的 CPU 设计相比它仍能执行得不错。

ARM 处理器还有一些在其他 RISC 的架构所不常见到的特色,例如 PC-相对定址(的确在 ARM 上 PC 为 16 个暂存器中的一个)以及往前递加或往后递加的定址模式。

另外一些注意事项是 ARM 处理器会随着时间,不断地增加它的指令集。某些早期的 ARM 处理器(比 ARM7TDMI 更早),譬如可能并未具备指令可以读取两 Bytes 的数量,因此,严格讲,对这些处理器产生程式码时,就不可能处理如 C 语言中使用"volatile short"的资料形态。

ARM7 和大多数较早的设计具备三阶段的流水线化(Pipeline):提取指令、解码、执行。较高效能的设计,如 ARM9,则有五阶段的管线化。提高效能的额外方式,包含较快的加法器和更广的分支预测逻辑线路。

这个架构使用"协处理器"提供一种非侵入式的方法来延伸指令集,可透过软体下 MCR、MRC、MRRC 和 MCRR 等指令来对协处理器定址。协处理器空间逻辑上通常分成 16 个协处理器,编号分别从 0 至 15,而第 15 号协处理器(CP15)是保留用作某些常用的控制功能,如使用快取和记忆管理单元运算。

在 ARM 架构的机器中,周边装置连接处理器的方式,通常透过将装置的实体寄存器对应到 ARM 的记忆体空间、协处理器空间,或是连接到另外依序接上处理器的装置(如汇流排)。协处理器的存取延迟较低,所以有些周边装置(如 XScale 中断控制器)会被设计成可通过不同方式进行存取的模式。

10.4 MIPS 基础知识

在众多类型的 RISCCPU 体系中,MIPS(Microprocessor without Interlocked Pipeline Stages)是相当成功的一种。自从 1983 年 John Hennessy 在斯坦福大学成功地完成了第一个采用 RISC 理念的 MIPS 微处理器以来,基于 MIPS 构架的 CPU 在网络、通信、多媒体娱乐等领域得到了广泛应用。和英特尔采用的复杂指令系统计算结构(CISC)相比,RISC 具有设计更简单、设计周期更短等优点,并可以应用更多先进的技术,开发更快的下一代处理器。MIPS 是出现最早的商业 RISC 架构芯片之一,新的架构集成了所有原来 MIPS 指令集,并增加了许多更强大的功能。Cisco 的路由器,IBM 的网络彩色打印机,HP 的 4000、5000、8000、9000 系列激光打印机及扫描仪,Sony 的 Playstation 和 Playstation 2 游戏机等等,都是应用了实现不同 MIPS 指令集的微处理器的产品。

跟 ARM 一样,MIPS Technologies Inc 本身不生产微处理器,它只设计高性能工业级的 32 位和 64 位 CPU 的结构体系,并且向其他半导体公司提供使用其内核(IP)的授权,用于生产基于 MIPS 而又各具特色的微处理器。据 MIPS 公司网站介绍,现在已有超过 50 家公司申请了授权,其中不乏 IT 界著名的大企业,如:AMD、ATI、TI、NEC、Toshiba、Philips、PMC-Sierra、IDT、Quicklogic、Marvell 等。

MIPS 是世界上很流行的一种 RISC 处理器。MIPS 的意思是"无内部互锁流水级的微处理器",其机制是尽量利用软件办法避免流水线中的数据相关问题。它最早是在 80 年代初期由斯坦福(Stanford)大学 Hennessy 教授领 导的研究小组研制出来的。MIPS 公司的 R 系列就是在此基础上开发的 RISC 工业产品的微处理器。这些系列产品被很多计算机公司用来构成各种工作站和计算 机系统。

1986 年推出 R2000 处理器,1988 年推出 R3000 处理器,1991 年推出第一款 64 位商用微处理器 R4000。之后,又陆续推出 R8000(1994 年)、R10000(1996 年)和 R12000(1997 年)等型号。1999 年,MIPS 公司发布 MIPS 32 和 MIPS 64 架构标准。2000 年,MIPS 公司发布了针对 MIPS 32 4Kc 的新版本以及未来 64 位 MIPS 64 20Kc 处理器内核。

在 MIPS 芯片的发展过程中,SGI 公司在 1992 年收购了 MIPS 计算机公司,1998 年,MIPS 公司又脱离了 SGI,成为 MIPS 技术公司;MIPS32 4KcTM 处理器是采用 MIPS 技术特定为片上系统(SoC:System-On-a-Chip)而设计的高性能、低电压 32 位 MIPS RISC 内核。采用 MIPS32TM 体系结构,并且具有 R4000 存储器管理单元(MMU)以及扩展的优先级模式,使得这个处理器与目前嵌入式领域广泛应用的 R3000 和 R4000 系列(32 位)微处理器完全兼容。

新的 64 位 MIPS 处理器是 RM9000×2,这个"×2"标记,表示它包含了不是一个而是两个均具有集成二级高速缓存的 64 位处理器。RM9000×2 主要针对网络基础设施市场,具有集成的 DDR 内存控制器和超高速的 HyperTransport I/O 链接。处理器、内存和 I/O 均通过分组交叉连接起来,可实现高性能、全面高速缓存的统一芯片系统。除通过并行处理提高系统性能外,RM9000×2 还通过将超标量与超流水线技术相结合来提高单个处理器的性能。64 位处理器 MIPS 64 20Kc 的浮点能力强,可以组成不同的系统,从一个处理器的 Octane 工作站到 64 个处理器的 Origin 2000 服务器;这种 CPU 更适合图形工作站使用。MIPS 最新的 R12000 芯片已经在 SGI 的服务器中得到应用。

MIPS 处理器是 20 世纪 80 年代中期 RISCCPU 设计的一大热点。最流行的 MIPS 是基于 RISCCPU 的,可以从任何地方,如 Sony,Nintendo 的游戏机,Cisco 的路由器和 SGI 超级计算机,看见 MIPS 产品的踪影。目前随着 RISC 体系结构遭到 x86 芯片的竞争,MIPS 有可能是起初 RISCCPU 设计中唯一一个在 21 世纪仍然保持旺盛势头不减的。和英特尔相比,MIPS 的授权费用比较低,也就为除英特尔外的大多数芯片厂商所采用。

MIPS 的系统结构及设计理念比较先进,其指令系统经过通用处理器指令体系 MIPS I、MIPS II、MIPS III、MIPS IV 到 MIPS V,嵌入式指令体系 MIPS16、MIPS32 到 MIPS64 的发展已经十分成熟。在设计理念上 MIPS 强调软硬件协同提高性能,同时简化硬件设计。

中国龙芯 2 和前代产品采用的都是 64 位 MIPS 指令架构,它与大家平常所知道的 X86 指令架构互不兼容,MIPS 指令架构由 MIPS 公司所创,属于 RISC 体系。过去,MIPS 架构的产品多见于工作站领域,索尼 PS2 游戏机所用的"Emotion Engine"也采用 MIPS 指令,这些 MIPS 处理器的性能都非常强劲,而龙芯 2 也属于这个阵营,在软件方面与上述产品完全兼容。

MIPS 技术公司则是一家设计制造高性能、高档次及嵌入式 32 位和 64 位处理器的厂商。在通用方面,MIPS R 系列微处理器用于构建 SGI 的高性能工作站、服务器和超级计算机系统。在嵌入式方面,MIPS K 系列微处理器是目前仅次于 ARM 的用得最多的处理器之一(1999 年以前 MIPS 是世界上用得最多的处理器),其应用领域覆盖游戏机、路由器、激光打印机、掌上电脑等各个方面。

10.5　嵌入式操作系统与嵌入式编程

为了在工业和控制进行现场进行实时快速地处理任务,必须借助嵌入式操作系统才能完成。嵌入式操作系统 EOS(Embedded Operating System)是一种用途广泛的系统软件,过去它主要应用于工业控制和国防系统领域,负责嵌入系统的全部软、硬件资源的分配、调度工作,控制协调并发活动(两个或多个同时独立进行的活动)。嵌入式操作系统在系统实时高效性、硬件的相关依赖性、软件固态化以及应用的专用性等方面具有较为突出的特点。EOS 是相对于一般操作系统而言的,它除具备了一般操作系统最基本的功能,如任务调度、同步机制、中断处理、文件功能等外,还有以下特点。

①可定制组装。具有开放性,用户更具需要进行功能剪裁,去掉不需要的功能模块,系统更小巧,处理速度更快,占用资源更小。

②强实时性。EOS 系统的实时性都较强,可用于各种需要快速响应的控制设备中。

③稳定性强。嵌入式系统一旦开始运行就不需要用户过多的干预,系统具有很强的稳定性。嵌入式操作系统的用户接口一般不提供操作命令,它通过系统调用命令向用户程序提供服务。

④嵌入式系统的一大通用特点是与硬件芯片(如 SOC 等)的紧密结合。它不是一个纯软件系统,而比一般操作系统更加接近于硬件。

另外,EOS 还提供与各种外接设备的驱动接口,追求易学易用,同时提供强大的网络功能等。

国际上用于信息电器的嵌入式操作系统有 40 种左右。常见的比较优秀的嵌入式系统有 Linux、uClinux、VxWorks、Nucleus、Symbian 等, 还有 WinCE、PalmOS、eCos、uCOS-II、pSOS、ThreadX、Rtems、QNX、INTEGRITY、OSE、CExecutive 等。比如 Symbian 已经成了主流手机通用的 EOS。

下面介绍几种常用而优秀的 EOS。

首先介绍 Linux。嵌入式 Linux 的另一大特点是:代码的开放性。开放性成为目前使用量最多的一款 EOS。Linux 是源代码开放软件,不存在黑箱技术,任何人都可以修改它,或者按自己的意愿整合出新的产品。嵌入式 Linux 系统是可以定制的,系统内核目前已经可以做得很小。一个带有中文系统及图形化界面的核心程序也可以做到不足 1MB,而且同样稳定。Linux 作为一种可裁减的软件平台系统,是发展未来嵌入设备产品的绝佳资源,遍布全球的众多 Linux 爱好者又能给予 Linux 开发者强大的技术支持。嵌入式 Linux 事实上是把 BIOS 层的功能实现在 Linux 的 driver 层。

嵌入式 Linux 与标准 Linux 的一个重要区别是嵌入式 Linux 与硬件芯片的紧密结合。这是一个不可逾越的难点,也是嵌入式 Linux 技术的关键之处。由于嵌入式 Linux 需要跟硬件紧密配合,目前,在 Linux 领域,已经出现了专门为 Linux 操作系统定制的自由软件的 BIOS 代码,并在多款主板上实现此类的 BIOS 层功能。嵌入式 Linux 和商用专用 RTOS 一样,需要编写 BSP(Board Support Package),这相当于编写 PC 的 BIOS。这不仅仅是嵌入式 Linux 的难点,也是使用商用专用 RTOS 开发的难点。硬件芯片(SOC 芯片或者是嵌入式处理器)的多样性也决定了代码开放的嵌入式 Linux 的成功。嵌入式系统的发展,必然导致软硬件无缝结合的趋势,逐渐地模糊了硬件与软件的界限,在将来可能出现 SOC 片内的操作系统代码模块。

嵌入式 Linux 一般是按照嵌入式目标系统的要求而设计的,由一个体积很小的内核及一些可以根据需要进行随意裁减的系统模块组成。一般讲,整个系统所占用的空间不会超过几 M 大小。目前,国外不少大学、研究机构和知名公司都加入了嵌入式 Linux 的开发工作,较成熟的嵌入式 Linux 产品不断涌现。

uCLinux 是一种优秀的嵌入式操作系统,与 Linux 基本相同,不同的只是对内存管理和进程管理进行改写,以满足无 MMU 处理器的要求。uClinux 是 Linux 操作系统的一种,是由 Linux2.0 内核发展来的,是专为没有 MMU 的微处理器(如 ARM7TDMI、Coldfire 等)设计的嵌入式 Linux 操作系统。另外,由于大多数内核源代码都被重写,uClinux 的内核比原 Linux2.0 内核小很多,但保留了 Linux 操作系统的主要优点:稳定性,优异的网络能力以及优秀的文件系统支持。uClinux 同标准 Linux 的最大区别就在于内存管理。标准 Linux 是针对有 MMU 的处理器设计的。在这种处理器上,虚拟地址被送到 MMU,MMU 把虚拟地址映射为物理地址。通过赋予每个任务不同的虚拟—物理地址转换映射,支持不同任务之间的保护。对于 uCLinux,其设计针对没有 MMU 的处理器,不能使用处理器的虚拟内存管理技术。uClinux 不能使用处理器的虚拟内存管理技术(应该说这种不带有 MMU 的处理器在嵌入式设备中相当普遍)。

由美国新墨西哥理工学院开发的基于标准 Linux 的嵌入式操作系统 RTLinux,已成功地应用于航天飞机的空间数据采集、科学仪器测控、电影特技图像处理等领域。RTLinux 开发者并没有针对实时操作系统的特性重写 Linux 的内核,这样做工作量会非常大,而且要保证兼容性也非常困难。为此,RTLinux 提供了一个精巧的实时内核,并把标准的 Linux 核心作为实时核心的一个进程同用户的实时进程一起调度,这样做的好处是对 Linux 的改动量最小,充分利用了 Linux 平台下现有的丰富的软件资源。

VxWorks 也是一种非常出色的实时操作系统,由于该系统稳定性高,在美国宇航局的"极地登陆者"号、"深空二"号和火星气候轨道器等登陆火星探测器上,就采用了 VxWorks,负责火星探测器全部飞行控制,包括飞行纠正、载体自旋和降落时的高度控制等,而且还负责数据收集和与地球的通信工作。VxWorks 也被很多通信公司用于核心网设备中,因为这些设备都需要很高的可靠型和稳定性,同时必须能及时完成各种任务。VxWorks 运行系统的核心是一个高效率的微内核,该微内核支持各种实时功能,包括快速多任务处理、中断支持、抢占式和轮转式调度。微内核设计减轻了系统负载并可快速响应外部事件。目前在全世界装有 VxWorks 系统的智能设备数以百万计,其应用范围遍及互联网、电信和数据通信、数字影像、网络、医学、计算机外设、汽车、火控、导航与制导、航空、指挥、控制、通信和情报、声纳与雷达、空间与导弹系统、模拟和测试等众多领域。

微软公司的 WindowsCE 是从整体上为有限资源的平台设计的多线程、完整优先权、多任务的操作系统。它的模块化设计允许它对于从掌上电脑到专用的工业控制器的用户电子设备进行定制。操作系统的基本内核需要至少 200k 的 ROM。

目前,绝大部分嵌入式系统的硬件平台还掌握在外国公司的手中,国产的嵌入式操作系统在技术含量、兼容性、市场运作模式等方面还有很多工作要做,我们应该在跟踪国外嵌入式操作系统的最新技术的同时,坚持自主产权,力争找到自己的突破点,探索出一条自己的发展道路。

在嵌入式系统上进行编程即为嵌入式编程。嵌入式开发中如果没有嵌入式操作系统,即单片机开发。现在讲的嵌入式开发,通常都是指有嵌入式操作系统的,产品功能复杂了,单片机开发无法实现,需要用到嵌入式操作系统,这也能体现出嵌入式操作系统的优势。

嵌入式编程用得最多的也是 C 语言,和普通 Windows 下的 C 编程不同的是,如应用层开发,嵌入式开发出来的应用程序最终不是要运行在 PC 上,而是目标板上。所以嵌入式开发就一定会有交叉编译这个环节,简单一点理解就是,在 PC 下编程,然后交叉编译,让程序能运行在 PC 外的其他目标平台上,比如 ARM 开发板。构建宿主机和目标机软硬件环境,构建交叉编译、连接、调试环境,集成开发环境等,安装开发工具和文件、配置超级终端/minicom、配置 TFTP 网络服务、配置 NFS 网络服务、引导目标板启动 Linux 内核、交叉编译应用程序、交叉调试应用程序等等,都是进行交叉编译环境的搭建,然后才能进行嵌入式编程。

由于嵌入式程序开发跟目标板的硬件设备资源紧密相连,因此,开发人员首先必须要了解目标板,如果开发嵌入式 Linux 程序,需要解决以下几个问题。

①Linux 的移植。如果 Linux 不支持选用的平台,就需要把 Linux 内核中与硬件平台相关的部分改写,使之支持所选用的平台。由于各公司的 ARM 和 MIPS 芯片内部集成了不同的设备,存储空间地址和寄存器分配也不尽相同,所以必须要针对产品所用的芯片对 linux 进行定制移植。

②内核的裁剪。嵌入式产品的可用资源比较少,特别是便携式产品考虑到低功耗,有的板子上的资源非常少,尽量减低功耗,所以 linux 的内核相对嵌入式系统来说就显得有点大,需要进行剪裁到可利用的大小,将不用的资源删减掉。

③GUI。现代的操作系统如果没有一个友好的界面是没有说服力的。现在的台式机 Linux 系统使用了传统的 X Window 系统的模式—Client/Server 结构。和硬件有关的部分即是 Server 端,实现一个标准的显示接口;应用程序通过对 Server 的服务请求,实现程序的显示。在此之上,实现窗口的管理功能,GUI 属于应用层。但 X Window 对于嵌入式系统来说显得很庞大。现在国内有 MiniGUI,国外有 MicroWindows,都在致力于嵌入式 LinuxGUI 的开发。工程师也可以开发适应个别产品的用户界面。

④驱动程序的开发。由于嵌入式系统应用领域是多种多样的,所选用的硬件设备也不同,并且不可能都有 Linux 的驱动程序,因此,设备驱动程序的开发也是重要的工作。有时设计的设备比较多,驱动也很多,集中在一起形成板级支持包 BSP,并有专人进行开发和维护。

⑤应用软件的开发。产品的应用需要开发自己的应用程序,如串口通信、播放器、网页浏览、外设控制等。

⑥不同语言版本的支持。

嵌入式软件的开发流程大致可分为五步:ⓐ工程建立和配置;ⓑ编辑源文件;ⓒ工程编译和链接;ⓓ软件的调试;ⓔ执行文件的固化。在整个流程中,用户首先需要建立工程并对工程做初步的配置,包括配置处理器和配置调试设备。编辑工程文件,包括自己编写的汇编和 C 语言源程序,还有工程编译时需要编写的链接脚本文件,调试过程中需要编写存储区映像文件和命令脚本文件,以及上电复位时的程序运行入口的启动程序文件等四种文件。

四种文件的作用如下。

①链接脚本文件:在程序编译时起作用。该文件描述代码链接定位的有关信息,包括代码段,数据段,地址段等,链接器必须使用该文件对整个系统的代码做正确的定位。在 SDRAM 中调试程序、在 FLASH 中调试或固化后运行的链接脚本文件应加以区分,使用扩展名 * .1d。

②命令脚本文件:在 SDRAM 中调试程序时起作用。在集成环境与目标连接时、软件调试过程中以及目标板复位后,有时需要集成环境自动完成一些特定的操作,比如复位目标板、清除看门狗、屏蔽中断寄存器、存储区映射等。这些操作可以通过执行一组命令序列来完成,保存一组命令序列的文本文件称为命令脚本文件,使用的扩展名 * .cs。

③存储区映像文件:在 SDRAM 中调试程序时起作用。在软件调试过程中访问非法存储区在部分处理器和目标板上会产生异常,如果异常没有处理,则会导致软件调试过程无法继续,为了防止以上问题并调整仿真器访问速度以达到最合适的水平,提供这样一种用于描述各个存储区性质的文件称为存储区映像文件,扩展名为 * .map。在程序的调试过程中可以选择使用存储区映像文件 * .map 和命令脚本文件 * .cs 配合程序的调试。

④启动文件:主要是完成一些和硬件相关的初始化的工作,为应用程序做准备。一般,启动代码程序的第一步是设置中断和异常向量;第二步是完成系统启动所必需的寄存器配置;第三步设置看门狗及用户设计的部分外围电路;第四步是配置系统所使用的存储区分配地址空间;第五步是变量初始化;第六步是为处理器的每个工作模式设置栈指针;最后一步是进入高级语言入口函数(Main 函数)。

当所有软件开发完毕后,不同于平常开发的软件,嵌入式系统开发的软件常常在最后把所有的软件模块最终都生成一个单一的文件,我们把这个单一的文件称为 image。只要将这个image 文件下载到目标系统中,上电后 bootload 自动加载该文件运行系统。

思考与练习

1. 试说明早期的测试仪器与嵌入式测试系统的区别。
2. 试说明计算机主处理器的硬件结构的主要的种类及各自的特点。
3. 阐述一下单片机与普通计算机的相同点和不同点。
4. 叙述一下基于 ARM 处理器的主要解决方案。
5. 叙述一下单片机的发展趋势。
6. 叙述一下 CPU 内部有哪些典型的单元,以及各自的功能。
7. 叙述一下 RAM 处理器的特点,适用领域。
8. 叙述一下 EOS 的主要功能和特点。
9. 试根据前面所学,设计一款用于某一测量的嵌入式系统的 CPU,根据测量要求对其内部结构进行选择,并说明理由。

第11章

实训练习

11.1 电阻式传感器的振动实验

1. 实验目的

了解电阻应变式传感器的动态特性。

2. 实验所用单元

电阻应变式传感器、调零电桥、直流稳压电源、低频振荡、振动台、示波器。

3. 实验原理及电路

将电阻式传感器与振动台相连,在振动台的带动下,可以观察电阻式传感器动态特性,电路图如图 11.1 所示。

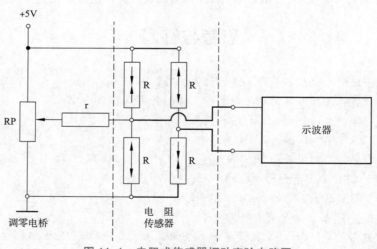

图 11.1　电阻式传感器振动实验电路图

4. 实验步骤

①固定振动台,将电阻应变式传感器置于振动台上,将振动连接杆与电阻应变式传感器的测杆适度旋紧。

②按照图 11.1 接线,将四个应变片接入电桥中,组成全桥形式,并将桥路输出与示波器探

头相连,低频振荡器输出接振动台小板上的振荡线圈。

③接通电源,调节低频振荡器的振幅与频率以及示波器的量程,观察输出波形。

11.2 压电加速度式传感器的特性实验

1. 实验目的

①了解压电加速度式传感器的基本结构;

②掌握压电加速度式传感器的工作原理及应用。

2. 实验所用单元

压电加速度式传感器、压电加速度转换电路板、低频振荡器、振动台、直流稳压电源、数字电压表、示波器。

3. 实验原理及电路

压电式传感器是一种典型的有源传感器,其中有力敏元件,在压力、应力、加速度等外力作用下,压电介质表面产生电荷,从而实现非电量的测量。本实验采用的传感器的输出信号与传感器移动的加速度成正比,实验电路框图如图11.2所示。

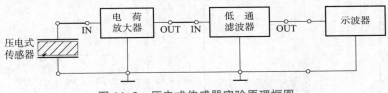

图 11.2 压电式传感器实验原理框图

4. 实验步骤

①将压电加速度式传感器置于台架上固定好。

②观察传感器结构,其中包括双压电陶瓷晶片、惯性质量块、压簧、引出电极等,其中惯性质量块在传感器振动时,对陶瓷晶片产生正比于加速度的交变力,压电陶瓷晶片在些交变力的作用下输出正比于加速度的信号。

③按图11.2接线,并将低频振荡器输出接至振动台小板上的振荡线圈。接通电源,观察输出波形。

④调节振幅,比较在不同振幅下输出波形峰值的不同情况。

5. 实验报告

分析为什么振幅越大,输出波形的峰值也越大?

11.3 超声波传感器的位移特性实验

1. 实验目的

①了解超声波在介质中的传播特性;

②了解超声波传感器测量距离的原理与结构;

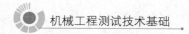

机械工程测试技术基础

③掌握超声波传感器及其转换电路的工作原理。

2. 实验所用单元

超声波发射探头、超声波接收传感器、超声波传感器转换电路板、反射挡板、振动台、直流稳压电源、数字电压表。

3. 实验原理及电路

超声波传感器由发射探头与接收传感器及相应的测量电路组成。超声波是指在听觉阈值以外的声波,其频率范围在 20~60 kHz 之间,超声波在介质中可以产生三种形式的振荡波:横波、纵波和表面波。本实验以空气为介质,用纵波测量距离。发射探头发出 40 kHz 的超声波,在空气中传播速度为 344 m/s,当超声波在空气中碰到不同界面时会产生一个反射波和折射波,其中反射由接收传感器输入测量电路,测量电路可以计算超声波从发射到接收之间的时间差,从而得到传感器与反射面的距离。

本实验原理图如图 11.3 所示。

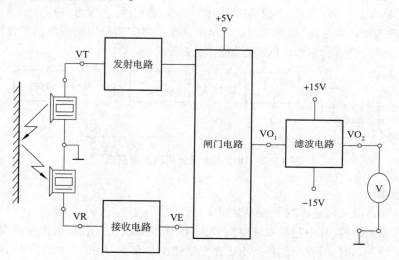

图 11.3 超声波传感器实验原理图

4. 实验步骤

①按照图 11.3 所示连线。

②在距离超声波传感器 20~30 cm(0~20 cm 为超声波测量盲区)处放置反射挡板,接通电源,调节发射探头与接收传感器间的距离(10~15 cm)与角度,使得在改变挡板位置时输出电压能够变化。

③平行移动反射挡板,每次增加 5 cm,读取输出电压,记入表 11.1 中。

表 11.1 电压值

X(cm)											
U_0(V)											

5. 实验报告

①根据表 11.1 的实验数据画出超声波传感器的特性曲线,并计算其灵敏度。

②本实验中的超声波传感器的特性是否是线性的?为什么?其线性度受到什么因素的影响?

11.4 湿度式传感器的原理实验

1. 实验目的

①了解湿度传感器的基本结构。

②掌握湿度传感器的工作原理及其应用。

2. 实验所用单元

湿度传感器、位移台架、直流稳压电源、数字电压表、湿棉花球(自备)、干燥剂(自备)

3. 实验原理及电路

湿敏元件主要有电容式和电阻式两种,电容式采用高分子薄膜为感湿材料,用微电子技术制作,其电容值随湿度呈线性变化,再通过测量电路将电容转换为电压值。电阻式湿敏元件其电阻值的对数与相对湿度接近线性关系,可以用于测量相对湿度。

4. 实验步骤

①固定好位移台架,将湿度传感器置于位移台架上,按图 11.4 所示接线。

②接通电源,预热 3～5 min,然后向湿敏腔中放入干燥剂,放上传感器,等电压表稳定后记录电压值。拿出干燥剂,再在另一腔中放入湿棉花球,放上传感器,等到电压表稳定后记录电压值,比较前后电压值的变化。

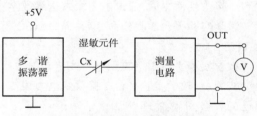

图 11.4 湿度传感器实验原理图

5. 实验报告

①记录放干燥剂与放入湿棉花的两种状态下的电压值;

②比较前后电压值的变化,说明传感器的工作原理。

注:以上试验台参考:(SB-811 型检测与转换(传感器)技术实验箱(上海硕博科教设备有限公司)

11.5 低压电力线中继远程抄表

1. 实验目的与设备

了解电力载波通信的原理和在生活中的重要应用,继续巩固有关 ARM 程序开发环境 IAR、程序调试方法和程序下载方法的技能。本实验是电力线抄表项目的简化版本,实际电力线抄表应用项目可参考本实验的代码。

本实验需要多台(2 台以上)教学实验平台和 1 台 J-Link 下载器。(参考实验平台:电类专业综合实验与创新平台(苏州东奇信息科技股份有限公司)

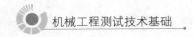

2. 基本原理

参见图 11.5,把教学实验平台 1(ID=1)的以太网模块接入网络,在教学实验平台 1 和服务器之间建立 TCP 连接(教学实验平台 1 为客户端),随后实验分为两种方式操作:

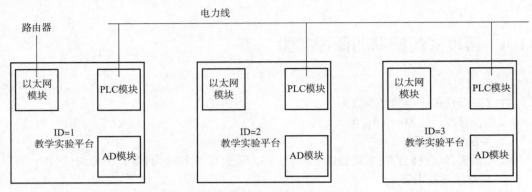

图 11.5　电力线通信原理图

(1)不带中继的电力线通信

服务器通过以太网下发查询教学实验平台 3 的 AD 电压命令给教学实验平台 1,教学实验平台 1 接收到命令后,通过电力线发送给教学实验平台 3;

教学实验平台 3 收到命令后,通过 ADC 模块采集电压,并通过电力线发送给教学实验平台 1;

教学实验平台 1 接收到电力线传来的数据后,通过以太网模块发送给服务器。

实验中,教学实验平台 2 接收到电力线传来的数据,通过中继域和地址域的信息判断不是自己的数据,不做处理。

(2)带中继的电力线通信

服务器通过以太网下发查询教学实验平台 3 的 AD 电压命令给教学实验平台 1,教学实验平台 1 接收到命令后,通过电力线发送给教学实验平台 2;

教学实验平台 2 接收到命令后,通过中继域和地址域的信息判断是需要自己处理的数据,把地址域中的当前级数加 1,并通过电力线发送给教学实验平台 3;

教学实验平台 3 收到命令后,通过 AD 模块采集电压,并通过电力线发送给教学实验平台 2(这里的数据,控制域的方向要改为上行,地址域的当前级数要改为 0,地址域的信息需要反转);

教学实验平台 2 接收到命令后,通过中继域和地址域的信息判断是需要自己处理的数据,把地址域中的当前级数加 1,并通过电力线发送给教学实验平台 1;

教学实验平台 1 接收到电力线传来的数据后,通过以太网模块发送给服务器。

3. 实验步骤

(1)配置 J-Link 调试器

更改调试器的配置,使得调试选择 J-Link,进行实时调试。配置过程如图 11.6 所示。

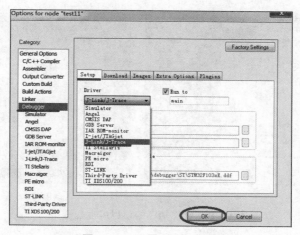

图 11.6　配置 J-Link 仿真

（2）新建项目

①在建立工程之前,先在某个位置建立一个文件夹,将所有与这个项目有关的代码都放在这个文件夹内。此处,我们将文件夹放在桌面,并命名为 test11。

②打开 IAR 软件,单击 File→New→Workspace,再单击 Project→Create New Project,会弹出一个对话框,直接点击 OK 后会弹出一个另存为的对话框,提示用户将新建的工程命名,并存放在哪里。在此我们就命名为 test,保存在刚刚建立的 test11 文件夹内,并单击保存,如图 11.7所示。

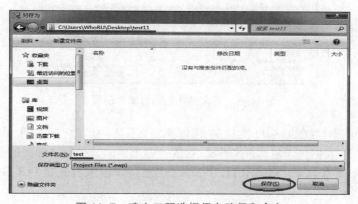

图 11.7　建立工程选择保存路径和命名

③保存后就会自动回到 IAR 的主界面,在左边的 Workspace 中右键点项目名称,选择option,如图 11.8(a)所示。在弹出的对话框中,选择 General Options 中的 Target,并更改 Processor variant 选项,如图 11.8(b)所示。这里选择的芯片型号 STM32F103xE 是本实验所使用的型号,读者应根据以后的具体开发选择对应的芯片型号。

④选择完芯片的型号后,在刚刚的界面中选择 Library Configuration 选项,在右下角的 Use CMSIS 选项中打钩,如图 11.9 所示。最后单击 OK 按钮。

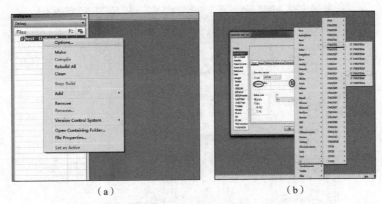

(a)　　　　　　　　　　　(b)

图 11.8　更改 IAR 的项目属性配置 1

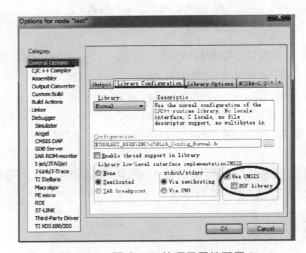

图 11.9　更改 IAR 的项目属性配置 2

⑤再次打开刚刚建立的 test11 文件夹,可以发现文件夹内已经有了一个子文件夹 settings。在 test11 文件夹中,我们再新建几个文件夹,存放一些重要的文件。文件夹的名字可根据习惯随意选取,最好不要有中文。例如图 11.10 所示,注意 settings 文件夹是 IAR 自动生成的,无须建立。

CORE	2015/1/10 16:45	文件夹
HARDWARE	2015/1/10 16:45	文件夹
Lib	2015/1/10 16:45	文件夹
settings	2015/1/10 16:43	文件夹
SYSTEM	2015/1/10 16:45	文件夹
USER	2015/1/10 16:45	文件夹

图 11.10　在 test11 文件夹中新建几个子文件夹

⑥接下来就是放一些很重要的文件到各个文件夹中,请先下载 ST 公司提供的标准库

V3.5 版本,我们所添加的文件都从里面选择。文件夹中的内容如图 11.11 所示。

_htmresc	2015/1/10 16:52	文件夹	
Libraries	2015/1/10 16:52	文件夹	
Project	2015/1/10 16:52	文件夹	
Utilities	2015/1/10 16:52	文件夹	
stm32f10x_stdperiph_lib_um.chm	2011/4/7 10:44	编译的 HTML 帮...	19,189 KB

图 11.11　ST 官方标准库 V3.5

⑦CORE 文件夹。打开官方固件库,定位到目录 STM32F10x_StdPeriph_Lib_V3.5.0\Libraries\CMSIS\CM3\ CoreSupport 下面,将文 core_cm3.c 复制到 CORE 文件夹中。然后定位到目录 STM32F10x_StdPeriph _Lib_V3.5.0\Libraries\CMSIS\CM3\DeviceSupport\ST\STM32F10x\startup\IAR 下,将里面的 startup_ stm32f10x_hd.s 文件复制到 CORE 下面。复制完后,CORE 文件夹如图 11.12 所示。

core_cm3.c	2010/6/7 10:25	C Source file	17 KB
startup_stm32f10x_hd.s	2011/3/10 10:53	Assembler Source	16 KB
startup_stm32f10x_md.s	2011/3/10 10:52	Assembler Source	13 KB

图 11.12　CORE 文件夹

⑧USER 文件夹。定位到目录 STM32F10x_StdPeriph_Lib_V3.5.0\Libraries\CMSIS\CM3\ DeviceSupport\ST\STM32 F10x 下面,将里面的 3 个文件 stm32f10x.h,system_stm32f10x.c,system_stm32f10x.h,复制到 USER 目录下。然后将 STM32F10x_StdPeriph_Lib_V3.5.0\Project\STM32F10x_StdPeriph_ Template 下面的 4 个文件 main.c,stm32f10x_conf.h,stm32f10x_it.c,stm32f10x_it.h 复制到 USER 目录下面。复制完后,USER 文件夹如图 11.13 所示。

main.c	2015/1/9 21:34	C Source file	2 KB
stm32f10x.h	2011/3/10 10:51	C++ Header file	620 KB
stm32f10x_conf.h	2012/9/21 14:10	C++ Header file	4 KB
stm32f10x_it.c	2011/11/13 1:28	C Source file	3 KB
stm32f10x_it.h	2011/4/4 18:57	C++ Header file	2 KB
system_stm32f10x.c	2011/4/4 18:57	C Source file	36 KB
system_stm32f10x.h	2011/3/10 10:51	C++ Header file	3 KB

图 11.13　USER 文件夹

⑨LIB 文件夹。定位到之前准备好的固件库包的目录 STM32F10x_StdPeriph_Lib_V3.5.0\Libraries\STM32F10x_ StdPeriph_Driver 下面,将目录下的 src,inc 文件夹复制到刚才建立的 LIB 文件夹下面。src 存放的是固件库的 .c 文件,inc 存放的是对应的 .h 文件。复制完后,LIB 文件夹如图 11.14 所示。

inc	2015/1/10 16:45	文件夹	
src	2015/1/10 16:45	文件夹	

图 11.14　LIB 文件夹

⑩HARDWARE 文件夹。HARDWARE 文件夹下的头文件和库文件是本讲义为了适应职业教育特点、简化学生编程压力而封装的函数。

　⑪最后是 STSTEM 文件夹。这不是 ST 官方提供的,而是一些常用的函数,包括延时和中断优先级的设置等等,读者可直接将我们提供的 SYSTEM 文件夹复制进来。

　⑫至此已将一些必要的文件全部复制到了我们的项目文件夹中,可是要想程序正常运行,还必须添加到我们的项目中来。首先向项目中添加几个分组,再向分组中添加一些文件。建议将分组名与工程目录中的文件夹名相同,因为每个分组中添加的文件都是从这些文件夹中选择,相同的名字不容易混淆。如图 11.15 是添加 CORE 分组的过程,图 11.16 是向 CORE 分组添加文件的过程。其他的分组与此类似,不再赘述。

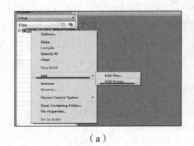　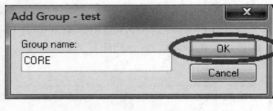

（a）　　　　　　（b）

图 11.15　项目中建立 CORE 分组

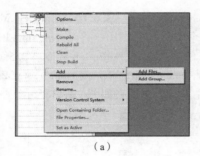　

（a）　　　　　　（b）

图 11.16　CORE 分组中添加文件

　　再次强调,CORE 分组中的文件来自 CORE 文件夹内,其余分组的文件也来自各自的文件夹。项目和文件建立完成后如图 11.17 所示,Output 文件夹是自动生成的。

　⑬在项目属性中添加宏定义和被引用的头文件路径。添加宏定义和头文件路径的位置几乎一样,如图 11.18 所示。

　　如图 11.19 所示,在指定处添加的两个宏定义为 STM32F10X_HD 和 USE_STDPERIPH_DRIVER,再单击 OK 即可。

　　回到刚才的位置继续添加头文件路径。如图 11.20 所示,在指定的地方添加头文件路径。此时,可以手动输入,也可以选择。图 11.20 显示了如何选择路径的方法。点击圆圈圈出来的地方即可弹出第 2 个方框,在方框中根据提示完成操作。添加所有的头文件路径后点击 OK 即可。

图 11.17 所有分组和
文件插入后的项目

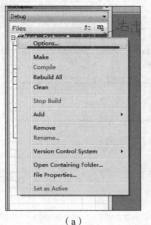

(a)

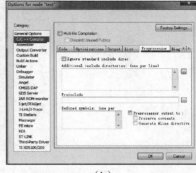

(b)

图 11.18 添加宏定义和头文件路径

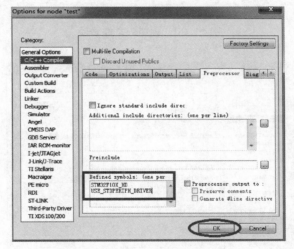

图 11.19 添加宏定义

注意,添加的头文件路径必须是头文件所在的上一级路径,例如头文件 stm32f10x.h 的上一级目录是 USER,因此必须添加到 USER 文件夹。LIB 文件夹中的 inc 文件夹存放的是头文件,src 存放的是源文件,一定不能弄错。

添加完头文件和宏定义后的效果如图 11.21 所示。

最后,添加本讲义提供的接口头文件和库文件。

在项目上右击,选择"Options",选择"General Optons à C/C++Compiler à preprocessor",添加接口头文件,如图 11.22 所示。

选择"General Optons à Linker à Library",添加库文件 ewonder_edu.a,如图 11.23 所示。

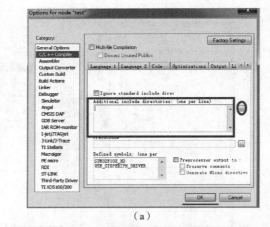

（a）

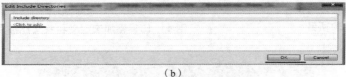

（b）

图 11.20　添加头文件路径

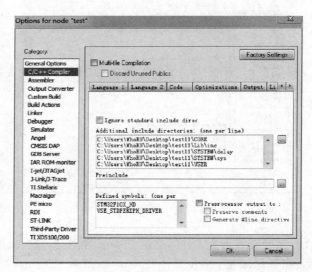

图 11.21　添加头文件路径和宏定义后的效果图

对于本次实验,在该 IAR 工程中主要涉及了如下 4 个函数。

①函数 EW_TCP_Client_Init(uint8_t * edu_ip,uint8_t * server_ip),用于 W5500 相关引脚使能和 GPIO 设置(教学实验平台作为客户端),参数说明如下:

edu_ip:实验平台的 IP 地址,这里要根据具体网关来确定,实验平台出厂默认值为:

图 11.22 通过单击标黑的工具添加平台提供的实验所需的接口的头文件

图 11.23 通过单击标黑的工具添加平台提供的实验所需的库文件

192.168.1.105,不能和局域网中的 IP 地址冲突。

server_ip:服务器的 IP 地址,需要根据使用者租赁的服务器来确定。

②函数 EW_TCP_Client_Recv( ),获取以太网接收到的数据,函数返回值为接收到的数据长度,数据内容存放在 TCP_Rx_Buf 数组中。

③函数 EW_TCP_Client_Send(uint8_t * data,uint8_t len),向以太网发送数据,参数说明如下:

data:发送数据的内容。

len:发送数据的长度。

④函数 EW_CMD_PLC(uint8_t buf[ ],int len),解析电力线协议,函数返回值为命令模式,用来确定教学实验平台的下一步操作,参数说明如下:

buf:待解析的数据内容。

len:待解析的数据长度。

本实验的通信参考了标准的 modbus 协议,并在其基础上进行了修改,弱化了数据域的数据类型,协议格式如下。

| 起始符 | 帧长度 | 控制域 | 中继域 | 地址域 | 数据域 | 校验域 | 结束符 |

①起始符:长度 1 字节,0xFA。

②帧长度:长度 1 字节。除了起始符、检验域、结束符外(包括帧长度本身)的帧数据的长度,取值范围 5~248D。

③控制域:长度 1 字节,结构如下图。

| D7 | D6 | D5 | D4 | D3 | D2 | D1 | D0 |

帧传输方向

D7 = 0 时,表示帧是从主节点发出的(下行)。

D7 = 1 时,表示帧是回传到主节点(上行)。

有无后续帧

D6 = 1 时,表示有后续帧,主要用于大数据采取分帧处理的。

D6 = 0 时,表示无后续帧。

命令域

D5-D0 组成 64 条指令,000011 表示查询,000010 表示控制,其余保留。

④中继域:长度 1 字节,结构如下图。

| D7 | D6 | D5 | D4 | D3 | D2 | D1 | D0 |

a. 相别:D7-D6 主节点发送数据通过那个相别。相别 = 0 时;主节点需要分别对三个相别发送。

b. 中继级数:D5-D3 中继级数为主节点下行数据经过的路由级数。

c. 当前级数:D2-D0 表示当前帧已经发送到那个中继级别。

注:目前中继级别最大支持 7 级路由,当中继级数为 0 时表示不需要中继。

⑤地址域:地址采用 1 字节,长度根据中继级数确定,且至少为 2 字节,默认 00H 地址为主节点地址;FFH 为广播地址。

当为上/下行数据时,地址域如下表:

| 目的地址 | 中继地址 | 源地址 |

注:当中继级数不为 0 时,上行与下行过程中中继地址也需变更顺序。

⑥数据域:

| 数据长度(1字节) | 数据内容 |

本协议对数据域进行了弱化,不具体区分数据类型,直接获取 AD 电压值。

⑦校验域:长度 1 字节,从帧起始符开始到校验码之前的所有字节的和,即各字节二进制算术和,不计超过 256 的溢出值。

⑧结束符:长度 1 字节,0_x2A。

(1)不带中继的电力线通信举例。

①获取 ID 为 03 的教学实验平台的 AD 电压。

FA 06 03 00 01 03 00 CRC2A

起始符:FA

帧长度:06

控制域:03(下行命令)

中继域:00

地址域:01 03

数据域:00

校验域:CRC

结束符:2A

②接收到 ID 为 03 的教学实验平台的 AD 电压。

FA 08 83 00 03 01 02 08 1F CRC2A

起始符:FA

帧长度:08

控制域:83(上行命令)

中继域:00

地址域:03 01

数据域:02 08 1F

校验域:CRC

结束符:2A

(2)带中继的电力线通信举例。

①获取 ID 为 03 的教学实验平台的 AD 电压。

FA 07 03 08 01 02 03 00 CRC2A

起始符:FA

帧长度:07

控制域:03(下行命令)

中继域:08(根据当前级数不断变化)

地址域:01 02 03

数据域:00

校验域:CRC

结束符:2A

②接收到 ID 为 03 的教学实验平台的 AD 电压。

FA 09 83 08 03 02 01 02 08 1F CRC2A

起始符:FA

帧长度:09

控制域:83(上行命令)

中继域:08(根据当前级数不断变化)

地址域:03 02 01

数据域:02 08 1F

校验域:CRC

结束符:2A

注意:

(1)教学实验平台 ID

代码中 EW_EDU_ID 定义了教学实验平台 ID;

同一电力线网络中,ID 号必须唯一;

ID 取值范围 1-255。

(2)AD 电压

AD 模块采集电压的范围为:0~3.3 V;

切勿接入过高的电压!

(3)实验程序源码

①主控 ARM 源码

```
#include "pcmd.h"
#include "plc.h"
#include "usart.h"
#include "tcp.h"
#include "delay.h"
void main()
{
uint8_t Operator_Change_Flg = 0;
uint8_t mode_cmd = 0;
uint8_t edu_ip[4] = {192,168,1,105};
uint8_t server_ip[4] = {47,97,157,3};
//端口默认 8888
delay_init();
EW_PLC_Init();
EW_USART_Init();
EW_TCP_Client_Init(edu_ip,server_ip);
while(1)
{
```

```
if(EW_TCP_Client_Recv()>0)
{
mode_cmd=EW_CMD_PLC(TCP_Rx_Buf,TCP_Rx_Length);
Operator_Change_Flg=1;
}
if(PLC_RX_Finish_Flg==1)
{
PLC_RX_Finish_Flg=0;
mode_cmd=EW_CMD_PLC(PLC_RX_Buf,PLC_RX_Longth);
Operator_Change_Flg=1;
}
if(SLAVE_RX_Finish_Flg==1)
{
SLAVE_RX_Finish_Flg=0;
mode_cmd=EW_CMD_PLC(SLAVE_RX_Buf,SLAVE_RX_Length);
Operator_Change_Flg=1;
}
if(Operator_Change_Flg==1)
{
Operator_Change_Flg=0;
switch(mode_cmd)
{
case 1:
//下行,不是本节点数据,不处理
break;
case 2:
//下行,不是叶子节点,PLC 继续传
EW_USART_Send(UART_PLC,plc_data,plc_len);
break;
case 3:
//下行,叶子节点,发送给 AD 模块
EW_USART_Send(UART_SLAVE,plc_data,plc_len);
break;
case 4:
//上行,不是本节点数据,不处理
break;
case 5:
//上行,不是根节点,PLC 继续传
```

```
EW_USART_Send(UART_PLC,plc_data,plc_len);
break;
case 6:
//上行,根节点,发送给以太网模块
EW_TCP_Client_Send(plc_data,plc_len);
break;
        }
      }
    }
}
```

②ADC 模块源码

```
#include "adc.h"
#include "usart.h"
#include "delay.h"
void main(void)
{
u16 adcx=0;
u8 AD_SGFD_BUF[5]={0};
AD_SGFD_BUF[0]=250;
AD_SGFD_BUF[1]=2;
AD_SGFD_BUF[4]=42;
delay_init();
EW_USART_Init();
EW_ADC_Init();
while(1)
{
if(RS232_RX_Finish_Flg==1)
{
RS232_RX_Finish_Flg=0;
//FA 02 01 03 2A
adcx=(u16)EW_ADC_Get_Avg(ADC_Channel_1,10);
AD_SGFD_BUF[2]=adcx/256;
AD_SGFD_BUF[3]=adcx% 256;
EW_USART_Send(UART_RS232,AD_SGFD_BUF,5);
 }
 }
 }
```

说明:

a. ADC 模块接收到查询命令,采集电压值,发送给主控 ARM。

b. ADC 模块的初始化和获取电压值请参考光盘中的源码。

(2)程序编译和下载

关闭实验平台的电源,将 J-LINK 一端与 PC 的 USB 口相连,另一端插到 STM32 对应的接口上,点击 ▢▢▢▢▢▢ 编译文件,点击 ▢▢▢▢▢▢ 将程序下载到 ARM 模块板上,观察结果。

(3)下载验证结果

观察验证服务器是否接收到指定教学实验平台的电压数据。

4. 实验注意事项

①对实验平台操作时,请先关闭实验平台的电源,再操作。

②下载程序时,确保 JTAG 没有接反,并打开平台的电源。

③电力线通信涉及强电,请不要随意拆卸教学实验平台内部的电力线模块。

5. 思考题

①通过回顾前几次实验来复习 IAR 开发环境的使用,包括新建工程、添加文件、调试、下载等。

②同一电力线网络中,教学实验平台 ID 不唯一会出现什么现象。

③如何确定电力线网络中,某台教学实验平台出现断电、死机等故障。

参考答案:首先确保沿路中继节点通信正常,然后向指定教学实验平台下发命令,3 次没有响应时,我们认为该教学实验平台出现故障。

6. 实验报告

①记录实验过程中遇到的困难以及解决的方法。

②实验报告要整齐、全面,包含全部实验内容。

参 考 文 献

[1] 潘立登,李大字,马俊英.软测量技术原理与应用[M].北京:中国电力出版社,2009.

[2] 唐景林.机械工程测试技术[M].北京:国防工业出版社,2009.

[3] 赵汗青,孙步功.机械测试技术[M].北京:中国电力出版社,2009.

[4] 胡小唐.微纳检测技术[M].天津:天津大学出版社,2009.

[5] 杜向阳.机械工程测试技术基础[M].北京:清华大学出版社,2009.

[6] 郑华耀.检测技术[M].2版.北京:机械工业出版社,2010.

[7] 张朝晖.检测技术及应用[M].2版.北京:中国计量出版社,2011.

[8] 景博,张劼,孙勇.智能网络传感器与无线传感器网络[M].北京:国防工业出版社,2011.

[9] 苏震.现代传感技术:原理、方法与接口电路[M].北京:电子工业出版社,2011.

[10] 刘传玺,袁照平,程丽平.自动检测技术[M].3版.北京:机械工业出版社, 2019.

[11] 孙红春,李佳,谢里阳.机械工程测试技术[M].2版.北京:机械工业出版社,2012.

[12] 祝海林.机械工程测试技术[M].北京:机械工业出版社,2021.

[13] 何广军.现代测试技术原理与应用[M].北京:国防工业出版社,2012.

[14] 杨圣.先进传感技术[M].合肥:中国科学技术大学出版社,2014.

[15] 崔艳荣,周贤善.物联网概论[M].2版.北京:清华大学出版社,2018.

[16] 陈超.机械工程测试技术基础[M].镇江:江苏大学出版社,2014.

[17] 程瑛.检测技术[M].北京:中国水利水电出版社,2015.

[18] 郭颖.检测技术基础与传感器原理[M].北京:中国石化出版社,2015.

[19] 王恒.传感器与测试技术[M].西安:西安电子科技大学出版社,2016.

[20] 韩毅刚.物联网概论[M].2版.北京:机械工业出版社,2018.

[21] 慕丽.机械工程中检测技术基础与实践教程[M].北京:北京理工大学出版社,2018.

[22] 丁飞.物联网概论[M].北京:人民邮电出版社,2021.